2018 全国一级注册建筑师执业资格考试

历年真题解析与模拟试卷

建筑方案设计（作图题）

主编　王湘莉

参编　刘　宁　桑　颖　胡绍炜
　　　贾佩佩　李海娜　罗　茗
　　　刘　颖　罗　荃　白　帆

中国电力出版社
CHINA ELECTRIC POWER PRESS

内 容 提 要

本书分为九章，前七章介绍了考试相关情况及备考建议，并对各种类型建设及设计要点进行了详细讲解，第八章收录了 2003～2014 年的全国一级建筑师执业资格考试建筑方案设计（作图题）科目的全部考试试题，并将这些题目进行分析和解答，归纳了解题思路和方法，每套题目还给出了参考答案和评分标准，第九章给出一套模拟试题（2017 年真题），供考生在复习后进行练习和检验复习效果。

本书可供参加 2018 年全国一级建筑师执业资格考试的考生参考学习。

图书在版编目（CIP）数据

建筑方案设计：作图题／王湘莉主编.—北京：中国电力出版社，2018.1（2018.2 重印）
（2018 全国一级注册建筑师执业资格考试历年真题解析与模拟试卷）
ISBN 978-7-5198-1330-7

Ⅰ.①建… Ⅱ.①王… Ⅲ.①建筑方案-建筑设计-资格考试-题解 Ⅳ.①TU2-44

中国版本图书馆 CIP 数据核字（2017）第 265675 号

出版发行：中国电力出版社
地　　址：北京市东城区北京站西街 19 号（邮政编码 100005）
网　　址：http：//www.cepp.sgcc.com.cn
责任编辑：未翠霞（010-63412611）
责任校对：闫秀英
装帧设计：王英磊
责任印制：郭华清

印　　刷：北京大学印刷厂
版　　次：2018 年 1 月第一版
印　　次：2018 年 2 月北京第 3 次印刷
开　　本：787 毫米×1092 毫米　16 开本
印　　张：15.25
字　　数：375 千字
定　　价：68.00 元

前　言

建筑师是一个外界看来高级而又神秘的职业，对于身处行业中的我们来说，更明白这是一份需要去除浮躁、兼具责任与压力的职业。取得注册建筑师资格对于建筑师来说是一种职业的认可，在一定程度上是一种设计能力和从业资格的肯定，自 1995 年开始实施全国一级注册建筑师考试制度以来的 20 年间，无数工作在建筑设计岗位的同仁们坚持不懈，取得了这一张颇具含金量的证书。考试自 2003 改革至今，考试模式已经相对固定，经历了 2015、2016 停考两年，2017 年恢复考试后大家对考试模式、出题形式等有着诸多的猜测，很多人担心出现回到 2003 年前的情况的巨大变革，考试的热情也是空前高涨。2017 年考试落幕之后，一切猜测尘埃落定，考试形式和出题思路并没有大的变革，曾经的复习经验与考试策略仍可延用。

建筑师核心的工作便是"设计"，既有宏观的概念设计又有微观的细部设计。注册建筑师考试未必能全面评估一名建筑师的能力，也不能以是否通过考试作为衡量建筑师设计水平高下的标准。但已通过注册建筑师考试的考生，一般说明其不仅具备全面的理论和实践经验，熟悉国家的相关法规和制度，对建筑设计也具有一定分析、构思和表达能力，具备成为一名建筑师的基本素质。

九门考试中集中体现设计能力者非建筑方案设计（作图题）这一科莫属，这一科也是令诸多应试者头疼不已并被奉为最难通过的科目，故该门考试的通过率一直不高。从事建筑设计工作的人员很清楚建筑设计虽然受很多主观与客观条件的限制，但是在限制条件内设计建筑的独特性，个人风格性和方案的不唯一性也是这项工作的魅力所在。要用一门考试来衡量这种存在很多不确定因素的设计能力，并用一个分数来判断能否通过考试，便会有一个标准答案，通过考题条件的设置，引导应试者的设计思路向着同一个方向发展，最终得出趋近于标准答案的相对唯一的作答，才能通过考试。

归根结底，建筑方案设计（作图题）是一门考试，而不是一个设计任务，在此门考试中很多方案能力较强的应试者反倒屡战屡败。很多应试者对此门考试存在误区，认为考核内容宽泛，类型众多，无从下手去复习，复习的效果也不佳。既然是一门考试，就有它的判断依据和考核标准。作为应试者，首先要转变观念上的认识，将它视为一门考试而非设计，作答过程中结合平时设计经验，但要抛弃自身设计习惯的执念，按照考试设置的条件去作答，尽管有些条件偏离正常的设计工作经验，但这都是为了指向最终的标准答案；其次就是有的放矢地去复习和练习，摸清试题设置的规律、评分标准、考核重点；另外，还需要掌握一些切实有效的应试方法与技巧，形成符合考试的设计思路、作答步骤和绘图方法。

本书便是从考试角度出发，通过研究历年的考试题目，总结众多已经通过考试的应试者经验，为大家提供一套易于掌握，高效实用的复习方法、解题思路和应试技巧，以期帮助更多的应试者进行有针对性的复习，使其能够顺利地通过这门考试。

书中收录的自 2003 年以来的历年真题来源于各类辅导材料、辅导班及网络资源，所有题目均按比例绘制，但图中所标注的比例为原考题所要求的比例，并非真实比例。

本书由王湘莉主编，参编人员有：刘宁、桑颖、胡绍炜、贾佩佩、李海娜、罗茗、刘颖、罗荃、白帆。

本书编制过程中得到了中国电力出版社编辑梁瑶的支持和帮助，感谢中国昆仑工程有限公司建筑师张艳锋的热心帮助和提供相关资料。由于本书编写过程中正逢 2017 年的一级注册建筑师考试开考，为了给读者提供最新的资料，将 2017 年考题也编纂入内。因此时间有限，书中难免有不妥之处，敬请各位同仁和读者批评指正。有关本书的任何疑问及建议，欢迎加入 QQ 群（群号：392271689）或通过扫描封底的二维码进行讨论。

编　者

2017 年 11 月于北京

目　　录

第一章 考试大纲与评分标准解析

要想顺利通过一门考试，首先要明确考试内容、范围和考试的评判标准，才能做到有的放矢地复习与准备，针对性与效率性更强。考试内容与范围就要有效解读考试大纲，读懂大纲几行字所指向的能力要求；考试的评判标准则需要分析评分标准，了解评分的重点与考核的侧重点。

一、考试大纲的解读

考试大纲对建筑方案设计（作图题）科目的考试要求为："检验应试者建筑方案设计的构思能力和实践能力，对试题应做出符合要求的答案，包括：总平面布置、平面功能组合、合理的空间构成等，并符合法律、标准规范。"从考试大纲的表述中提取出两部分内容，一部分是设计能力的检验；另一部分是构思能力和实践能力。所谓构思能力便是方案形成过程，思维的顺序，方案的逻辑性与合理性，应试者解决问题与平衡矛盾的能力；实践能力则是将构思落到实处，按正确的设计思维和正确的设计方法展开设计的能力。这两部分能力是一名建筑师所需要具备的基本能力，两种能力的检验需要量化衡量，因此考试大纲第二部分的内容才是落到实处的考核内容，也是第一部分能力的考核手段，即"对试题应做出符合要求的答案"，此部分内容也是应试者复习、备考的方向、范围和基础。

"对试题应做出符合要求的答案，包括：总平面布置、平面功能组合、合理的空间构成等，并符合法规规范。"概括了考试的要求、内容和形式。

首先，考试的要求就是"对试题应做出符合要求的答案"，请注意是做出"答案"，而不是做出满意的设计，时刻警醒这是一门考试而不是一项需要自己发挥的设计任务，重点要求就在"符合要求"四个字上，也就是提示应试者作答必须符合题目要求，平时设计时碰撞出的火花和奇思妙想都对考试应答没有好处，对于考题设置的所有要求答案均能符合即视为通过，"认认真真审题，老老实实按题作答"才是通过考试的制胜法宝。

其次，考试的内容和重点就在于以下四个方面："总平面布置、平面功能组合、合理的空间构成、符合法律、标准规范"。这四个方面也是一名合格的建筑师应具备的基本素质，也是建筑设计任务中需要解决的基本问题。总平面布置考核的是建筑与场地的关系，也就是"图"与"底"的布置；平面功能组合侧重于各功能布局、平面流线的逻辑性和合理性；试题虽仅要求绘制平面图，但是建筑平面图不仅可以表达建筑的功能布局，还能够表现出图形"立"起来的三维效果，不同高度空间的排列与组合能够考核应试者空间构思的能力，因此"合理的空间构成"也是考核内容之一；符合法规规范不仅考核应试者根据建筑规范的规定解决建筑安全、防火等问题，同时对于不同类型建筑有各自建筑设计的独特之处，相应的法规规范也会有特殊的规定，这也是试题考核的内容之一。

综上所述，建筑方案设计（作图题）科目旨在考核应试者在掌握各类型建筑设计原理的基础上对平面功能进行合理布局和对相关规范法规恰当运用的能力。

二、评分标准的解析

建筑方案设计（作图题）科目考试改革后的考核结果不是通过与否，而是有具体分数。

评卷方式是依照评分标准进行扣分考核，认真解析历年的评分标准便可知试题的扣分点所在，也是考核的内容所指，将其了然于心，对于通过考试十分必要。本书在后续章节中的历年真题解析中会附上历年评分标准，现举例总结典型的题目扣分点，也是题目考核的具体内容如下：

1. 总平面（15分）

（1）建筑是否超出控制线、建筑总体与单体平面是否相符（5～15分，主要扣分点）。

（2）建筑在场地内的退线、间距要求是否满足。

（3）场地出入口的数量与位置。

（4）场地内的道路系统是否合理。

（5）场地内的停车位的布置是否合理，数量是否满足要求，自行车停车位是否合理。

（6）场地内的绿化是否布置。

（7）建筑出入口的数量。

（8）总平面内的其他特殊要求（如预留发展用地、避让物等）。

2. 一层平面（40分左右）

（1）功能分区是否明确，流线是否交叉相混（20分左右，最主要扣分点）。

（2）各房间之间的关系是否符合功能关系图和设计任务书中的要求（如需要直接联系的房间需相邻布置、有流程需要的房间是否成组布置等）。

（3）设计任务书中对各房间的要求是否体现（如需要有单独出入口、需要面向景观等）。

（4）房间的数量是否满足要求，带"*"号的主要房间面积与面积表规定的是否相符。

（5）自然通风采光是否满足设计任务书的要求，暗房间的数量是否超出题目要求。

（6）各垂直交通的设施是否设置，位置是否合理。

（7）设计任务书中的其他特殊要求（朝向、层高、房间尺寸、门禁等）是否满足。

3. 二层平面（30分左右）

与一层平面一致，最主要的依旧是功能分区是否明确与流线是否交叉相混。

4. 规范与图面（12分）

（1）防火及安全疏散是否符合规范的要求。（5～10分，较重要的扣分点）

（2）无障碍设计是否符合规范要求。

（3）房间名称、各种尺寸、标高、面积等是否按照设计任务书的要求标注。

（4）结构体系是否合理。

（5）图纸表达是否清晰、图面是否粗糙、是否按要求工具制图。

三、考试的评分办法

（1）试卷的评阅采用扣分制原则，将应试者的试卷与评分标准进行对比，按照评分标准的项目进行扣分，但总平面、一层平面、二层平面、规范和图面每一大项都设置扣分上限，如大项中的小项已经超出扣分上限，则其余小项不阅卷，按照大项上限扣除。例如，2011年图书馆试题，总平面扣分上限为15分，其中建筑控制线扣15分，如果试卷答案建筑超出控制线则扣除15分，总平面的其他小项均不阅卷。

（2）阅卷的操作办法是由两名阅卷人对同一份试卷进行评阅，若两者评阅结果均合格则此试卷合格；若两者皆认为不合格，则此份试卷为不合格；若两名评卷人对试卷的合格与否评判不一致，则由第三名阅卷人再进行阅卷评判。

建筑方案设计（作图题）采用评分阅卷的方式，主要是为了确定合格标准，统一评价体系，保证考试公平公正。虽然考试不能全面准确地考核应试者的方案设计能力，但作为一门考试是十分必要的一种模式，因此应试者既不必因为分数而质疑自己的设计能力，也需要通过考试掌握应试方法，按照考试的要求与规则准备即可。

第二章 试题类型分析

自 2003 年考试改革之后，建筑方案设计（作图题）考试的试题在命题思路、题型选择、规模控制、考点设置等方面都在摸索与尝试中改革，经过十余年的考试实践，考试的命题思路逐渐趋于稳定和固定，经历两年的停考后，2017 年复考的题目仍旧沿袭了之前的方式与方法，我们不妨从 2003 年考试改革之后的考试题目中探究一下命题思路。

一、历年试题总结与分析

历年试题情况见表 2-1。

表 2-1 历 年 试 题 情 况

年份	试题内容	需设计建筑面积/m²		建筑性质	附注
2003	小型航站楼	一层建筑面积：9020		交通建筑	规模较大 作图比例1:300
		二层建筑面积：5120			
2004	医院病房楼	三层（内科病区）：1040		医疗建筑的变形	高层建筑
		八层（手术室）：1128			
2005	法院审判楼	一层建筑面积：3170		观演建筑	以法庭为中心的专业建筑
		二层建筑面积：3170			
2006	城市住宅	标准层建筑面积：1578		居住建筑	9层住宅
2007	旧厂房改扩建工程（南方某城）	改建建筑面积：4050		体育建筑	老厂房改扩建
		扩建建筑面积：2330			
2008	公路汽车客运站	一层建筑面积：4665		交通建筑	作图比例1:300
		二层建筑面积：3500			
2009	中国驻某国大使馆	一层建筑面积：3150		专用建筑	综合功能
		二层建筑面积：1550			
2010	门急诊楼改扩建	一层建筑面积：3337		医院建筑	改扩建
		二层建筑面积：3018			
2011	图书馆	一层建筑面积：4900		文化建筑	中型图书馆
		二层建筑面积：4100			
2012	博物馆	一层建筑面积：5300		文化建筑	大型博物馆
		二层建筑面积：4750			
2013	超级市场	一层建筑面积：6200		商业建筑	中型商业建筑
		二层建筑面积：6240			
2014	老年养护院	一层建筑面积：3750		医疗建筑	养老建筑
		二层建筑面积：3176			
2017	旅馆扩建项目	一层建筑面积：4100		旅馆建筑	改扩建 高层建筑
		二层建筑面积：3800			

上表已经概括了 2003～2017 年考试题目的基本情况，现将历年题目的特点及难点总结如下：

1. 2003 年小型航站楼

该年为考试改革的第一年，命题思路发生了较大的转变，该年的题目特点一是题目类型较陌生，是平时设计任务中较少接触的类型；二是建筑体量巨大，单层接近 1 万 m²，不好掌控，同时对于 6h 的设计时间来说很难完成。三是该题目为交通建筑，试题的侧重点在于流线，不同的流线之间要严格区分。

2. 2004 年医院病房楼

2004 年的题目是在 2003 年题目的基础上进一步调整，建筑面积大幅缩减，但是设计难度并未缩减。首先，总平面的布置增加了很多陷阱条件。其次，本次的题目无论是三层的病房还是八层的手术室都是一般应试者不常见的。病房注重医务区与护理区的区分，手术室则侧重洁污流线的严格区分，尤其是污物流线这一特殊流线的引入使整个题目的平面布局难度升级。最后，就是此次题目的防火安全疏散涉及了高层建筑防火规范。

3. 2005 年法院审判楼

2005 年的题目进一步探索，值得关注的是建筑面积的控制较为适中，对于 6h 的考试比较合适，这种建筑规模也成为后续考题中相对固定的面积控制。虽然面积适中，但是考试的难度还是没有减少。首先，在总平面布局中需要考虑新旧建筑之间的联系；其次，考题更加注重功能分区和流线布置；第三，本次考题中仍有一个特殊流线的设置，就是犯罪嫌疑人流线给平面的布置制造了麻烦。

4. 2006 年城市住宅

2006 年的住宅虽然是大家最熟悉的一种建筑类型，但是住宅却不是公共建筑，没有明确的功能分区与流线，在这两方面的考点很难设置，因此也是剑走偏锋的一年。首先，总平面布局障碍颇多，环境条件设置苛刻；其次，对功能要求十分严苛，"每户至少应有 2 个主要居住空间和一个阳台朝南并尽量争取看到湖面，其余房间（含卫生间）均应有直接采光和自然通风"，这样的功能要求加之苛刻的环境条件设置使得题目难度直线上升。

5. 2007 年旧厂房改扩建工程

2007 年的题目又是改革创新的一年。首先，厂房保留结构主体，平面功能重新设计，同时进行扩建，将扩建部分与改造部分整体考虑，有机组合；其次，本次试题的功能需求设置并未按照一层、二层任务书提供的房间进行布置，而是按改造和扩建部分设置，同时由于旧有建筑是厂房，空间构成上与扩建部分不相同，因此需要统筹考虑各功能的布局，这样的平面功能布局设置也是目前考题中唯一的一次。

6. 2008 年公路汽车客运站

自 2008 年开始，试题改革的探索趋于稳定，建筑规模、功能分区、流线设置等方面的综合难度相对趋同。2008 年的类型也是交通建筑，相比较 2003 年的题目而言，2008 年的题目首先是建筑规模相对合理，其次对总平面的布局提出了更多的条件限制，再次是功能分区与流线布置更加强化。

7. 2009 年中国驻某国大使馆

大使馆这一类型给试题增加了几分神秘感，但试题的内核实际上就是办公建筑，单一的办公建筑考点较少，为了增加难度，加入了大使官邸这一居住建筑，成为一种混合类型的建筑，达到考试所需的难度。总平面的限制条件中首次加入了保留大树，成为一个新的总平面考点。"气候类似于我国华东地区"使得本次试题对自然采光和自然通风提出了严格的要求。

8. 2010年门急诊楼改扩建

这是第二次出现医院类建筑，又加入了改扩建工程的结合使得试题的难度增加。试题强调单元式的平面布局，二次候诊的布局方式以及医护和患者流线的严格区分颠覆了传统医院就诊方式的体验，需要根据条件的设计与任务的描述进行平面布局与流线组织。同时，这一年试题的绘图量十分巨大，给考试增加了难度。

9. 2011年图书馆

试题从2011年的图书馆开始，建筑规模、试题难度、功能分区、流线组织等各方面进入一个较稳定的阶段，也就是2003年试题改革以来，经过一系列的探索与修正，逐步进入了正轨。2011年的试题中，总平面的布局中的环境条件相对简单，建筑控制线的范围紧缩，首次提出了预留用地的条件。在平面布局中对功能分区的划分更加明确，形成公众、服务区、办公后勤区和报告厅区四个大的功能分区，流线设置方面读者流线、书籍流线、办公人员流线、报告厅流线严格区分，避免交叉。建筑的出入口在建筑任务书和功能关系图中明确体现。同时由于是图书馆建筑，对自然采光和自然通风有了具体的要求。2011年的试题中各种条件的设置，包括建筑控制线的紧缩，单面采光阅览室进深不大于12m，明确建筑入口的数量和方位等使得应试者可发挥的余地进一步缩小，应试者的答案的种类也进一步减少，这也是试题设置合理的表现。

10. 2012年博物馆方案设计

2012年的博物馆方案设计延续了2011年图书馆试题设置的规则，除了博物馆一些特殊的要求外，跟图书馆的设计要求如出一辙。不同的地方体现在以下两个方面：一是建筑规模有所扩张，单层面积超过了5000m²，需要考虑划分防火分区和安全疏散的相关问题。二是藏品流线的处理更加困难，总平面中提出可持续发展的要求，因此藏品库的位置要兼顾未来的发展；藏品需经过技术用房的处理进入藏品库再进入陈列室与珍品鉴赏室，出现了顺序要求的流线，并需要门禁控制进出；最让应试者伤脑筋的莫过于贵宾流线，既要与报告厅贵宾共用入口，还要能够直达距离较远的珍品鉴赏和陈列室，并且不能与藏品流线有所交叉。因此，流线是2012年试题的重中之重，也是考试的难点所在。

11. 2013年超级市场

2013年的超级市场题目，从建筑的类型看应该是应试者最为熟悉，生活体验最多的类型，但是难度却不减。首先，总平面中环境条件的设置不局限于地块内布置道路、停车、控制线等，而是设置了周边地块对建筑布局的影响，用地北面的居住区和东面的商业区都是建筑分区的限制和提示条件；其次，建筑的规模进一步扩张，但是在绘图量上没有过多的增加，因为超市内部的布置是区块式的；再次，功能分区与流线设置仍旧是题目的核心，使用区、商铺区、办公区、货物区四大分区明确，流线不容忽视，使用区内并不是布置房间而是区块划分的布置让部分应试者不知所措。本次考题还隐藏着一个巨大的考点，就是安全疏散的问题，单层建筑面积超过5000m²，且卖场属于人员密集场所，首次在试题中提出了疏散宽度最小为9.6m和卖场内任一点至最近安全出口的直线距离最大为37.5m的要求，为应试者增加了难度，足够数量和位置合适的疏散楼梯的布置可以说是本年试题的最大难点。

12. 2014 年老年养护院

2014 年老年养护院的试题又进行了一些变革,试题的侧重点从大的功能分区转移到设计细节的要求。而且功能单元较多,功能单元之间的流线也较多,处理起来较为困难,尤其一些特殊的流线,例如,交往厅(廊)既是交通空间,又是诸多流线联系的纽带,这在以往的试题中没有出现;再如,厨房、洗衣房又各自要分洁、污流线;再有,临终关怀与失能养护单元之间的专用流线等。因此侧重于各功能单元之间的联系是 2014 年题目的考核重点。

13. 2017 年旅馆扩建项目方案设计

在 2015、2016 年两年停考之后,2017 年考试之前应试者有诸多的担心,例如,命题思路会不会有巨大的转变,建筑类型会不会生僻等,这使得考试气氛格外紧张。实际上,2017年的命题依旧延续了之前已经成熟并走入正轨的模式。首先,环境条件的设置极为简单,因为是改扩建工程,因此要注意总平面布局中与旧有建筑的关系,同时设置了景观条件限制,要求中餐厅与西餐厅均需面向大树景观;其次,题目回归了对大的功能分区的考核重点,而且今年的题目并不是单一类型功能的公共建筑,集合了餐饮、会议、住宿多种功能于一身,大的功能分区也就是餐饮、会议、住宿、后勤四大分区,流线之间相互联系。本次试题最独特的地方在于宾馆住宿部分是高层建筑,这也是继 2004 年医院病房楼以来第二次出现高层建筑,而 2017 年考题主要的考点也集中在了高层建筑的部分:第一,高层建筑安全疏散的要求较多层建筑更为严格,同时出现了消防电梯的设置问题;第二,"不考虑同层排水"这一条件的设置是 2017 年试题关键要点之一,这一条件转化为设计要求就是住宿部分的卫生间不能与餐厅及厨房有所重叠,这也是出现最多的扣分点;第三,对宾馆部分的建筑长度限制,同时还要满足每层一半以上的房间要为南向。2017 年的试题对自然采光和自然通风要求也极严格,除了仓库、卫生间等个别用房外,其余房间均需自然采光和自然通风。

二、命题思路的探索

通过对 2003~2017 年的题目的回顾与剖析,可以看出试题的命题思路已从改革探索中起起伏伏转至较为稳定。接下来对这 13 次考试试题的命题思路做一总结并对未来命题方向做一概念性的探索:

1. 建筑类型固定为公共建筑

考题在建筑类型方面基本圈定了公共建筑这一基本的建筑类型,相对于住宅、工业建筑来说,承载的功能性较多,其变形种类较多,便于在功能分区中设置考点,同时能够设计出若干条相对独立、又有机联系的流线,对于考点的设置较便利。公共建筑对于应试者来说体验相对较多,较均衡,适合作为考试题目出现。以往 13 次的考试题目中以单一功能的公共建筑为主,比如交通建筑、医疗建筑、文化建筑等,今后的题目很可能继续在这些建筑类型内挖掘其他适合的公共建筑,例如,交通建筑类的铁路客运站,医疗建筑类的传染病医院,文化建筑类的演播中心等,这是今后命题的一个方向。同时,2017 年的题目也给我们一个新的信号就是综合性的公共建筑,集多种功能于一体的综合体等,这也符合时代发展的趋势。同时高层公共建筑也会形成新的考点,也可能是未来命题的方向。另外,地下建筑是目前没有涉猎的部分,而且地下部分与地上部分的联通也较容易设置考点,拥有地下建筑的公共建筑也是未来命题的方向之一。

2. 紧缩建筑控制线

紧缩建筑控制线这一思路随着题目改革探索的不断深入而逐渐固定了下来,在总平面的考点中有指北针的干扰条件,有自身地块内的环境条件限制如保留大树、预留发展用地等,有改扩建工程扩建地块与原有地形的衔接，还有地块周边的其他地块对该地块的影响与制约，这些环境条件每年选择性出现，但是紧缩建筑控制线却一直在"坚守阵地"，原因就在于紧缩建筑控制线配合一定的建筑规模使得建筑设计的走向区域同一化，更符合题目的要求。紧缩建筑控制线在未来的试题中应该还会继续设置。

3. 建筑规模相对固定

以往 13 次的试题中建筑规模大至单层面积近万平方米，小至单层面积 1000m²，最终固定在单层面积 5000m² 左右的面积规模，这对于 6h 的考试时间相对合理。但是建筑规模也不是单纯从面积这一个方面去判断是否适合考试，面积、绘图的复杂程度是相互平衡着设置的。如果建筑面积大，则大空间较多，或者是采用区域性分隔，绘图较省时；反之，建筑面积小，则可能小房间较多，增大绘图量。

4. 功能分区和流线组织是重中之重

改革后的 13 次试题中除 2006 年城市住宅（住宅不是公共建筑）试题外，其他所有试题均将功能分区与流线组织作为主要考点的设置点，也是评分标准中试题最大分值的扣分点，因此我们可以得出判断：在公共建筑类型试题中，解决好功能分区与流线组织，基本一只脚就跨过了及格线。关于未来命题方向的预测中，我们也探索过公共建筑仍旧是未来命题的主要方向，因此明确的功能分区与合理的流线组织仍旧是未来考试成败的两大决定因素。同时我们从以往的试题中可以看出功能分区与流线组合在题目中的难易程度也是互相平衡的，功能分区较混乱的，则流线简洁；功能分区明确的，则流线复杂，甚至有特殊流线的干扰制造解题的障碍。因此应试者大可不必猜题，掌握正确的解题的思路才是克敌制胜的法宝。

5. 总平面设计、平面设计、规范与绘图互相制衡

从之前对评分标准的剖析我们可以看出考试的落脚点在以下三个方面：总平面设计、平面设计、规范与绘图。其中平面设计的分值居首位。从历年试题的考点设置来看，这三方面的难度可以说是此消彼长的，总平面设置了过多环境条件，则平面设计相对简洁，绘图量较少；反之则其他两方面障碍较多，等等。因此三方面的难易程度是相互制衡以保持试题难度的同一性和稳定性。虽然历年考试完后应试者对考试难度有所评估，给出大小年的判断，但实际上应试感受到的难度与自身的设计实践和生活体验有很大的关系，有很大的主观因素掺杂其中，对于出题者而言则是要尽量维持一贯的试题难度，体现考试的公平性与延续性。因此未来应试者对试题难度的不必过分猜测，只要在总平面、平面、规范与绘图三方面充分复习，发现规律，就可以顺利通过考试。

6. 空间概念必不可少

虽然，建筑方案设计（作图题）是一门考试，但是也是一项设计任务，空间的合理性必不可少。虽然在评分标准中不会因为空间比例不适宜、空间组合不匹配而扣过多的分，但是平面上的很多条件设置则剑指空间的合理性。例如，2011 年图书馆中的报告厅是高大空间，如果将其与预览室等布置在一起显然不合适，单独布置才是解决之道；再如，阅览室要求单面采光进深不大于 12m，双面采光进深不大于 24m，实际上也对阅览室的空间形态做出了相应的暗示。对于阅卷人来说，空间的比例等也是印象分所在，可谓一出手便知有没有，对于空间比例和组合的把握是建筑师的基本素质，图面中尽是房间比例超过 1:2 的空间，高低空间混为一谈，便可知应试者最基本的建筑师素养欠缺，做设计缺乏章法，这样的作答想要通过考试也不是易事。

第三章　解题策略与时间分配

前序章节我们已经对考试大纲、评分标准、试题类型进行了深入的剖析，对试题考核的内容、评判的标准以及命题的思路有了较为清晰的了解与判断。本章内容继续探讨解题的策略与作答的时间分配问题，即如何去战才能克难制胜，顺利通过考试。

一、读懂任务书

好的开始是成功的一半。

每名应试者到今时今日可以说经历了无数场考试，也算是身经百战了，审题之于考试的重要性不言而喻。应对建筑方案设计（作图题）考试，第一件事便是读懂任务书，使得我们后续的步骤能够有的放矢。任务书有四项重要内容：设计要求、用房及要求表、功能关系图、总平面图，这四项内容涵盖了试题所有的任务，包含了限制条件、隐藏条件、提示条件，如何辨别达到有效果有效率的审题是作答至关重要的开始。

1. 设计要求的解读

设计要求包含以下五方面的内容：任务描述、用地条件、总平面设计要求、建筑设计要求和制图要求，要从这些方面的内容中迅速提取出设计条件。

（1）任务描述：设计项目所在地区、建筑类型、建筑规模。

（2）用地条件：地形地势、用地周边的道路、用地内外其他建筑情况、建筑控制线的范围、特殊的用地条件（是否有预留用地、是否有避让物等）。

（3）总平面设计要求：建筑控制线的布置要求（台阶、踏步等是否可超出、是否有退线要求）、场地出入口的布置、场地内停车位的数量与位置、场地内绿化景观的布置要求。

（4）建筑设计要求：功能分区与流线的要求、建筑出入口的要求、建筑层高的要求、自然采光和通风的要求、建筑结构类型、规范标准的要求、特殊房间的要求。

（5）制图要求：总平面、平面所需的绘制内容。

设计要求的解读只是初步了解了我们的考题内容，后续需要结合另外的三项内容来吃透我们的设计任务与设计条件。

2. 用房及要求表的解读

用房及要求表罗列了试题中所有房间、房间的面积以及特殊房间的要求，用房及要求表内容信息十分丰富，应试者在审题环节要在众多的信息中快速的提取有效信息，要按以下步骤分析用房及要求表：

（1）一层与二层用房及要求表最后一行中的一层与二层的建筑面积以及允许的面积浮动范围。通过比较一层和二层的建筑面积对建筑的基本构成有个基本的概念，两层面积一样，则说明布置相仿，如果上小下大则首层会有大空间等。

（2）用房及要求表的第一列功能区，对两层建筑大的功能分区做到心知肚明。有时试题中的功能分区分得较为细碎，需要将相同性质的功能区合并，形成几大区块，便于后面方案的布置。同时需要将一层与二层的功能区做一个比较，如果分区一致则需要在平面布置中考虑相同功能分区的联通与垂直交通的设置。

（3）用房及要求表的第二列、第三列的房间名称与建筑面积，只需要浏览一遍，大概有哪些房间，对大的房间特殊留意一下，在之后布置平面安排房间的时候再仔细阅读，不要在这个环节浪费过多的时间。

（4）用房及要求表的最右一列设计要求，通过快速浏览，对于特殊的要求提醒自己注意，尤其是在之前的设计要求中文字明确提出过的特殊设计要求是最需要注意的地方。

3. 功能关系图的解读

对于应试者来说，相对于文字与表格的描述，对于图形的敏感度要更高，功能关系图就是最直观描述功能分区、流线组织、房间联系的重要信息，在审题阶段我们要从功能关系图的图形信息中有效提取如下设计信息：

（1）建筑出入口的数量与相对位置，建筑出入口的设置也是功能分区与流线设置的暗示，通常情况下每个出入口代表了一个大的功能分区，也代表了一条流线的起始。

（2）功能关系图各功能分区的布置，功能关系图有的时候会把部分相近功能用虚线框成一个大的功能分区（如2009年中国驻某国大使馆），但是绝大部分题目需要应试者自己去做这项工作，将功能关系图中的功能区整合为几个大的功能分区，方便方案形成过程中功能布局，同时要与房间及要求表相对应。

（3）各功能区之间的连线，也就是各功能区之间的联系。联系的方式会通过虚实线、单双线、线型粗细来区分。不同的线型体现的信息不一，有时是联系紧密度的表述，有时是不同流线的区分。不同的试题方式不一，具体问题具体分析，功能关系图的线型附注也会给出提示。例如，2010年的门急诊楼改扩建题目中功能关系图的连线分为双线与单线，附注中表明功能关系图并非简单的交通图，双线表示两者之间紧邻并相通，应试者在平面布局中就要特别注意双线连接的房间是否紧邻或相通。功能关系图不仅可以反映出功能区之间的联系，也可以反映出流线的组织，例如，2011年图书馆试题中功能关系图实线表示读者流线，虚线表示内部业务流线，这就提示应试者：读者与内部是该试题最主要的两条流线。

应试者应从功能关系图中明确功能分区及流线设置这两个试题最主要的考核点。

4. 总平面图的解读

总平面图的解读需要配合设计要求中的总平面设计要求使用，提取出有关总平面的全部信息，同时分辨出这些信息究竟是限制条件、无用条件还是提示条件。总平面的全部信息包含：

（1）指北针的指向是否是常规的上北下南。

（2）用地尺寸与建筑控制线的尺寸以及建筑控制线在用地中的位置。

（3）用地周边的道路情况，确定场地出入口的大致位置。

（4）用地周边是否有相邻地块，相邻地块内的建筑类型，是否对设计建筑产生影响。

（5）场地内特殊的建筑条件：是否有保留的建筑，与新建建筑的关系和相对位置。

（6）场地内特殊的环境条件：湖面、保留大树等，对新建建筑有何要求。

（7）场地内停车场的布置是集中还是分散布置。

在提取信息时需要从众多的题目条件中寻找出题目考查点，从而提取出有效的指导设计的信息，处理好限制条件，忽略无用条件，紧抓提示条件。

总平面图的有效解读。

（1）限制条件：限制或误导应试者的条件。例如，指北针的方向，不是常规的上北下南，旋转了一个角度，建筑布局的方向则发生根本的变化，这一陷阱如果忽略，则满盘皆输。

（2）无用条件：所设置条件对设计并未产生影响，可忽略的条件。例如，2004年试题中场地北侧的办公会议餐厅等均对设计没有任何限制，均是无用条件。

（3）提示条件：对应试者起暗示作用的条件，对于应试者正确作答十分重要。通常是一些暗示建筑布局的条件，例如，2012年的博物馆设计预留扩建用地在建筑控制线的北侧，同时题目中明确指出预留扩建用地主要考虑今后陈列及藏品区扩建使用，这就提示应试者藏品及陈列区应布置在建筑控制线范围的北侧。又如，场地中的一些湖面、保留大树等景观条件通常也是一些提示条件，会要求特殊区域面向景观条件，也就决定了特殊区域的布局位置。

二、方案形成过程

有条不紊，有序推进。

通过四项内容的仔细解读，提取出相关设计的有效信息，应试者应该对建筑设计的大致方向、场地布局、功能分区、流线设置有了大概的轮廓，打好了方案形成的坚实基础。进入到真正的方案设计阶段，依照由外至内，由大到小的原则有序推进。所谓由外至内就是先进行总平面设计后进行平面布局；由大到小则是先功能布局后房间布置的原则。

方案形成到完成作答分为小草图、定稿图、完稿图三个阶段，在三个阶段中方案不断推进，在此过程中还要兼顾两个相互，即总平面与平面设计相互协调，首层平面与二层平面相互对照。

1. 总平面设计——小草图（1:500）

（1）确定场地的出入口。

（2）根据地形条件确定建筑的出入口的方向。

（3）根据建筑的大致功能分区与场地条件确定机动车、自行车等停车位布置的区域和布置方式，是形成集中的停车场抑或是道路两侧布置（仅划定区域即可，不需要详细布置）。

（4）根据题目要求划定绿化布置范围（有退线要求的画出退线范围）。

（5）遇改扩建项目需要确定好新建建筑与既有建筑的连接方式。

2. 首层平面设计——小草图（1:500）

为什么采用1:500的小草图进行平面设计？第一，1:500的草图范围较小，绘制和修改都是十分便捷的；第二，最终的成图中总平面图的绘制比例是1:500，利用1:500的首层平面小草图便可轻松绘制出建筑轮廓与建筑出入口，为总平面图的绘制节省时间。

（1）确定建筑形式。前序章节我们已经说到试题的建筑控制线的范围是紧缩的，因此通过建筑控制线面积、用房及要求表中的面积确定建筑布局方式，如果两者面积相仿，则建筑为集中式布置的"实心"建筑；反之如果首层面积明显小于建筑控制线面积，则建筑应为有内庭院的"空心"建筑。无论是空心建筑还是实心建筑，除特殊地形外，矩形的建筑轮廓对于考试最为实用。

（2）计算功能分区面积。在审题阶段已经将建筑的各功能进行了合并，形成大的功能区，根据用房及要求表中提供的面积计算各功能分区的面积，抓住大的功能分区，计算出面积后便对每个功能区的规模有了大致的认识。

（3）确定轴网打方格线。从通过考试的角度出发，又结合快速设计的要求，方格轴网最为实用，同时轴网的尺寸以整数为宜，6m、7m、8m、9m有利于提高绘图速度，同时对总建筑面积的影响很小，且便于布置房间。轴网尺寸的确定来自试题的提示：一是设计条件中所给出的提示，例如，2008 年试题中汽车客运站站台的柱距，2013 年试题中超市结算台的尺寸等；二是通过用房及要求表中房间面积的模数判断。通过以上信息确定出轴网尺寸再结合建筑控制线的尺寸绘制出建筑的轴线方格网。

（4）功能分区布局。将第（2）步大功能分区依据计算出的面积以及功能关系图布置到第（3）步的轴线方格网中，需要布置内庭院的一并将内庭院的布置完成，同时结合总平面设计中确定的建筑出入口的大致方位确定建筑的出入口位置。

（5）房间布置。在已经分好的功能分区内依据用房及要求表以及功能关系图布置具体的房间，布置原则是先大后小，同类合并，成组布置。先大后小不难理解，就是先大房间后小房间；同类合并就是在 1:500 的小草图中并不需要绘制得十分仔细与到位，讲究的是快速高效，因此像同一功能不同数量的房间留出足够的空间即可，不需要一一绘制出来，如办公室 5 间仅需要画出 5 间的区域，不需要一一划分出五间房间；成组布置即用房及要求表的设计要求中需要按顺序成组布置或是功能关系图设计要求中要求紧邻的房间一起布置。

（6）布置楼梯与卫生间。根据规范的疏散要求及题目的要求布置楼梯与卫生间，绘制不需要详细，仅划定区域即可。

3. 二层平面设计——小草图（1:500）

（1）复制首层。二层平面的设计相对首层应更为简单。需要做的第一个工作便是将首层的轴网、楼梯、卫生间、内庭院复制下来，为设计做准备。

（2）重复首层平面设计的（2）、（4）、（5）步。

（3）复核楼梯及卫生间。对照设计要求及房间及要求表复核卫生间和楼梯的位置是否合理，与首层联动调整。

4. 首层与二层平面深入设计——定稿图（成图比例，通常为 1:200）

将首层与二层平面的 1:500 的小草图按照成图比例绘制定稿图。定稿图的绘制是深入设计的过程，也是复核方案是否满足设计要求的过程。绘制定稿图要仔细核对设计要求、功能关系图、用房及要求表，尤其是用房及要求表中的最右侧设计要求列对各房间的设计要求，均要体现在图纸中，房间的数量更是不能缺少，功能关系图中房间的联系关系是否满足，有需要调整的地方在定稿图中修改完成，同时 1:500 小草图中合并的房间也需要一一绘制出来，房间的门、房间名称、需要标注面积的房间、标高及出入口的台阶、坡道、楼电梯等均需绘制出来。定稿图的完成标志着方案设计的完成，需要满足题目的全部要求，不再修改。

5. 描图

将首层与二层的定稿图直接复制到相应答题纸中，注意此步骤仅是描图，不再对方案进行修改，所有方案设计与修改均在定稿图中完成。平面图成图中需要标注如下内容：房间名称、需要标注面积的房间要标注面积、标高、轴线和总尺寸线、出入口的台阶及坡道、楼电梯、在答题纸相应的部位填写该层建筑面积。

6. 总平面定稿图及成图的绘制

总平面绘制成图前也需要绘制定稿图，将首层 1:500 的小草图与之前的总平小草图相结合按照成图比例形成总平面定稿图，在此过程中需要核对设计要求中对总平面的设计要求，将其全部反映到图纸中，总平面图需要绘制的内容标注信息如下：场地出入口、建筑屋顶轮廓（标注建筑层数、标高及轮廓尺寸）、建筑各出入口、场地内道路、机动车及自行车的停车位、绿化布置、需要标注的尺寸（如绿化退线尺寸等题目要求标注的尺寸）。

三、考试时间的分配

不慌不忙、保持节奏。

建筑方案设计（作图题）科目考察的是应试者快速设计的能力，所谓快速设计即在规定时间内完成设计工作，时间的限制也是考试的考察点之一，如何能在 6h 的时间内完成题目，对时间的把控和设计节奏至关重要。通过亲身考试经历以及身边同事的经验总结如下时间分配方案，供应试者参考：

（1）审题阶段：任务书的解读——20min。

（2）方案初期：总平面、首层、二层小草图（比例 1:500）——60min。

（3）方案深入：首层、二层定稿图（比例：成图要求比例）——120min。

（4）平面成图：首层、二层描定稿图形成成图（比例：成图要求比例）——120min。

（5）总平面成图：总平面定稿图及成图（比例 1:500）——30min。

当然对自己绘图能力有把握的应试者，可以将定稿图与描图过程合一，在定稿过程就在答题纸上绘制，以节省时间，但要留出必要的修改时间。

第四章 应试复习与备考

很多应试者对建筑方案设计（作图题）科目的考试存在一定的误区，尤其是建筑设计从业人员，认为这门考试与自己平时从事的工作十分相近，不需要复习和准备，裸考即可，只是看运气题目的类型是否自己熟悉。所以，有些应试者平时设计工作做得十分优秀，但是经过多年考试，屡战屡败，并将其归因为没有遇到适合自己的那款题目。在本书的前言部分已经对考试与设计的区别做了充分的论述，这里不再赘述。

要强调的是建筑方案设计（作图题）是一门考试，不是一项设计任务，需要认真复习与备考，且复习与备考所需要花费的时间与精力远不低于其他科目的考试。既然是考试，就存在着一定的套路与定式，通过有章法地复习，充分地备考能够训练出符合考试思维的设计思路和应试方法。对于应试者来说，不论自身设计基础的好坏，都应从设计原理及规范、动手练习和工具准备三方面入手积极地复习与备考。

一、设计原理及规范储备，打好应试基础

作为建筑设计从业者，所接受的设计任务相对单一，平时的设计工作总是重复做着某种或某几种类型的建筑，其中还不乏住宅建筑与工业建筑，而建筑方案设计（作图题）科目圈定的建筑类型多为公共建筑，而且种类丰富。应试者遇到自己并不熟悉的建筑类型只能依靠设计任务书提供的相关信息，而试题中的信息总会出现偏颇，加之应试者的错误理解，导致方案设计走向歧途，在考试中败北。因此熟知各类建筑设计原理、防火规范等试题常考规范对于考试通过极为重要，本书通过第六、七章梳理、归纳和总结了常见公共建筑的设计原理及防火规范的相关要点，为应试者顺利通过考试添砖加瓦。

二、动手练习，探明设计思路

根据众多应试者的经验，建筑方案设计（作图题）的复习与备考最终还是要落实到动手练习中才最有效。很多应试者都有这样的经验，复习时看看真题，看看人家的解题思路，方案形成过程，感觉这个题目会做了，功能分区、流线设置都没问题，可是真正让应试者动手将方案绘制出来，则发现困难重重，很多房间的布置，流线的设置都存在问题。因此动手练习才是复习的王道，也只有沉下心来动手练习才能真正探究出题者的命题思路，关键部位的常规处理方式等。

接下来问题又来了，动手练习的内容是什么？答案是历年真题。目前市面上也有各种的模拟题甚至是猜题版本出现，但是只有历年真题才是真正体现命题思路、试题难度最具真实性的练习题目。从2003~2017年，共有13套历年真题，2006年的住宅题目不具有代表性，且住宅考点虽户型改变不可确定，可以不用练习，依靠工作经验应试。剩下的 12 个题目可以分为四轮进行练习，每轮题目应试者自选，建议每轮所选3道题目建筑类型不相同。

1. 第一轮：审题+小草图（总平面、平面）

本轮复习的目的在于训练审题的方法、锻炼设计思路，实践应试者自身容易掌握的解题方法和思路，因此本轮的复习在设计过程中不必把控时间，认真研究试题及设计思路。

2. 第二轮：审题+小草图（总平面、平面）+"抄标答"

本轮复习每道题目审题+小草图的时间要有所限制，最好在 1.5h 内完成，最多不能超过 2h。本轮复习中出现了"抄标答"的环节，所谓"抄标答"就是将题目的标准答案描一遍，题目的"标答"是出题人命题思路的体现，试题的考点也是为了得出相对唯一的"标答"而设置的，自己做完一遍试题再抄一遍"标答"。对于做题过程中应试者认为的难点和不好处理的点，"标答"给出了答案，同时也能体现出出题者为什么要如此设置条件与要求，在今后的考试中遇到类似的问题便可以迎刃而解。同时，在第一轮中应试者在摸索形成自己的解题策略与方法，这轮则是根据标答的思路方向进一步调整，形成适合应试者本身特点又符合命题思路的设计方法。

3. 第三轮：审题+小草图（总平面、平面）+定稿图（平面）+"抄标答"+自我阅卷

本轮审题+小草图+定稿图要严格按照时间控制来做，用时在 3.5h 以内。本轮练习的目的在于小草图到定稿图方案的推进与落实，同时能够进一步强化前两轮探索出的适合应试者又符合命题思路的设计方法与解题策略。在本轮增加了自我阅卷环节，就是要讲自己的答案与评分标准仔细对照，给自己阅卷。在本书的前序章节已经论述过评分标准的重要性和对设计的指导意义，通过对照评分标准判定自己的设计，一是知道扣分点在何处，自己的解题有多少是符合题意，有多少是失误；二是通过不同扣分点的对比可以看出大分值和小分值的扣分点的区别，从而分辨出设计的主要矛盾与次要矛盾，今后的考试中在时间有限的前提下，能够做到抓大放小，集中火力解决主要矛盾；三是从自我阅卷中可以反映出审题有效性以及转化为设计的效率。

4. 第四轮：完整答题+"抄标答"+自我阅卷

本轮练习完整答题算是考试的实战演习，时间把握上要严格执行 6h，答题成果也要形成最后按比例的成图。本轮练习的目的在于两个方面：一是继续巩固设计方法与解题策略；二是把握时间分配，掌握答题节奏。

从上述的四轮练习中可以看出，考试需要大量时间与精力的付出，鉴于应试者多是从事建筑设计的建筑师，工作较繁忙，经常加班，练习的时间和内容根据自身情况进行调整。既可以减少练习的数量，每轮仅练习 1～2 年的真题试题；也可以化整为零，每次只练习一到两个步骤，仅花费 3h 左右的时间，但是要把握住相应步骤的时间，不能超时，才能达到效果。对于那些总是画不完图的应试者，建议增加描图的专项练习，拿出平时练习的定稿图，专门进行描图练习；对于考试中设计时间过长的应试者则建议多练小草图+定稿图的步骤。

总而言之，若想通过考试，不付出是万万不能的。根据自身情况，灵活掌握练习时间，沉下心来动笔练习才能通过考试。

三、工具得心应手，增加通过胜算

工欲善其事必先利其器，工具的准备对于通过建筑方案设计（作图题）科目的考试也是十分重要的，得心应手的工具有利于提高绘图的速度，同时对于成图的表达效果也起到至关重要的作用，可以增加印象分。不仅要为考试准备工具，在练习中更要试用，才能做到真正的得心应手。应试者所需的工具如下：

（1）2 号图板：2 号图板的大小最适宜考试，既便于来往路途携带，考场上应试者移动位置更加便利。自备的 2 号图板可自行裱一张白纸，方便绘图。

（2）铅笔与橡皮：铅笔与自动铅均可，视应试者的习惯而定。铅笔的软硬度以 HB、B

为最适宜，过硬的铅笔容易划破草图纸，绘制出的线条过轻，过软的铅笔容易污染图面。

（3）针管笔：建议使用一次性的针管笔，准备 0.3、0.2 两种即可。有关目前流行的双线笔，笔者认为视应试者的习惯而定，从理论上将双线笔确实可以提高绘图速度，并且墙线的距离一致，对图面的美观也有所帮助。但是实现这些的前提是能够熟练正确的使用双线笔，如果没有练习直接上手可能会出现双线一粗一细，或者是有一根线断断续续，歪歪扭扭，弄巧成拙，如若想使用此利器，先要掌握好使用方法。

（4）黑色马克笔：用于绘制柱子，最好是圆头，绘制圆柱即可，快为主要目的。

（5）丁字尺：60cm 的丁字尺与 2 号图板最搭配，携带也方便。

（6）比例尺：必不可少的尺子，用于小草图与定稿图，1:200、1:500、1:300 一定得有，否则很难 6h 完成绘图。

（7）三角板：与丁字尺搭配使用。

（8）长直尺或滚尺：40cm 的最适宜，描图时使用，快速便捷。

（9）其他工具：圆模板、圆规、刀片、美纹纸、拷贝纸这些工具不再赘述，尤其是拷贝建议要自备 A4 大小和 A2 大小两种。

第五章　应试技巧与备考建议

应试者的设计能力对于顺利通过考试至关重要，历年考试中很多应试者累积下来的应试技巧犹如考试的锦囊，用对用好则能产生事半功倍的效果。

一、应试技巧

1. 熟知设计原理，遇题胸有成竹

应试者参加这一科目的考试，首先就应广泛地学习和了解各类型公共建筑的设计原理，主要了解不同类型的独特之处、特殊流线、有别于其他类型的设计要求等，具备了这些设计的基本知识，不管在考场上遇到什么样的题目，都不会因为陌生的题型产生心理恐惧影响后续的发挥。

2. 采用最简洁的设计思路，避免误入歧途

建筑方案设计（作图题）是一门有 6h 时限的快速设计科目，设计思路不容偏颇，一旦误入歧途便捉襟见肘、应对不暇。应试者应采用最简洁的设计思路，完成题目的各项设计要求才是王道，标新立异、与众不同都是浮云，不仅没有任何好处，还将宝贵而有限的考试时间白白浪费。

3. 抓大放小，直击主要矛盾

建筑方案设计（作图题）科目考试试题提出的设计要求颇多，需要解决的矛盾众多，在考场上的应试者可谓是千头万绪，要想在规定的时间内一一解决，绘出完美答案可谓不可能。应试者在考试中一定要抓大放小，直击主要矛盾，解决好功能分区、流线设置才能拿到大部分分值，对于一些纠结的问题不要恋战，例如，究竟是 7.8m 的柱网还是 8m 的柱网，卫生间布局合理与否等。不影响大局即是次要矛盾，该放弃就放弃，集中力量处理好主要矛盾才能增加通过考试的概率。

4. 合理分配时间，掌握考试节奏

在本书的前序章节中已经为广大应试者提供了相对合理的考试时间分配方案，应试者在备考练习时摸索出适合自己的时间分配方案，在考试时严格执行，掌握有条不紊的考试节奏，才能在有限的时间完成考试，也才能增加考试通过的胜算。成图一定最后绘制总平面图，如果时间不足，可以放弃总平面图的一些深度，从历年评分标准看，缺总图是可以评分的，但缺平面图直接不予阅卷。

5. 掌握一定的绘图技巧，完美体现设计成果

建筑方案设计（作图题）科目的考试最终的成果通过图纸呈现，绘图的质量高低对阅卷者的印象至关重要。首先，绘图要按照题目要求进行，需要绘制的一项不落，没有要求的坚决不画，浪费时间；其次，总平面图、首层平面图、二层平面图绘制的程度深浅一致，均衡发力，厚此薄彼有所偏颇均会影响考试效果；第三，图面需要清晰明了，表达清楚，不要画蛇添足，更不能徒手绘制。

二、备考建议

1. 身心具备，状态最佳

应试者参加考试需要做好生理和心理的双重准备。首先，心理上要强大，建筑方案设计

（作图题）考试是一门通过率较低的考试，很多应试者参考数年，败北而归，心灰意冷，这样大可不必。应试者在心理上藐视考试，战术上重视考试即可，同时积极备考也可增加考试信心，强大的心理建设是应试者必不可少的备考项目。其次，对于应试者来说 6h 的考试是对身体的考验，再加之应试者从事的工作强度高、压力大，还要在工作之余挤出时间练习备考，这都需要良好的身体条件做保障。

2. 积极备考，事半功倍

不复习裸考且一考通过的应试者比比皆是，个中原因种种，并不是可参考的对象。但是绝大多数的应试者要想通过这门考试，积极备考是必不可少的环节，只有相应的付出才可获得通过考试的硕果。鉴于这门考试是实操考试，动手练习才能事半功倍，练习时间较长，应试者应提早准备，化整为零，制订好适合自己的复习计划，为通过考试增加胜算。

3. 适合自己，才是王道

无论是书籍还是网络，各式各样的解题方法，设计策略比比皆是，这些方法和策略也是众多应试者根据自身经历总结而成的。本书提供的信息也是给每位应试者起到抛砖引玉的作用，使得应试者能够少走弯路，最终能够顺利通过考试。但是每个应试者都有自己的独特性，长短处只有自己最清楚，因此只有通过不断的练习，在前人的基础上探索出适合自己的设计方法、解题思路和时间分配方案，最终方可通过考试。

第六章　公共建筑类型及设计要点

一、公共建筑的类型及设计要点

1. 公共建筑的类型

公共建筑的类型有：医疗建筑、文教建筑、办公建筑、商业建筑、体育建筑、交通建筑、邮电建筑、博览建筑、观演建筑、会展建筑、宾馆建筑、金融建筑、餐饮建筑、纪念建筑以及景观建筑等。

具体到建筑方案设计（作图题）考试中，如果建筑的功能复杂，如医疗建筑、交通建筑等，有着多条流线，那么考题可能是一种建筑类型；如果功能较为单一，如办公建筑等，就会是几种建筑类型综合起来考查考生。因此考前需要大家对各种建筑类型要有个大概了解，这样才能做到考试心中有数。

2. 公共建筑设计要点

公共建筑的设计要点包括很多内容，突出在考试过程中体现在以下几个主要方面：功能分区、人流组织与疏散、空间构成、交通联系等内容。其中突出的重点则是建筑空间的功能、流线和交通组织问题。

（1）公共建筑的功能分区是将建筑空间按不同功能要求进行分类，并根据它们之间联系的密切程度加以组合划分。功能分区的原则是：分区明确、联系方便；并按主、次，内、外，闹、静的关系合理安排，使其各得其所，同时还要根据实际使用要求，按人流活动的顺序关系安排位置。空间组合、划分时要以主要空间为核心，次要空间的安排要有利于主要空间功能的发挥；对外联系的空间要靠近交通枢纽，供内部使用的空间要相对隐蔽，空间的联系与隔离要在深入分析的基础上恰当处理。

（2）公共建筑的人流组织与疏散，是建筑流线组织中的一个重要内容，公共建筑人流疏散一般分为平面和立体两种方式、正常和紧急两种情况。在考题中，要满足正常的疏散要求。正常的疏散又可分为连续的（如商店）、集中的（如剧场）和兼有的（如展览馆）。公共建筑的人流疏散要求通畅，要考虑枢纽处的缓冲地带的设置，必要时可适当分散，以防过度的拥挤。连续性的活动宜将出口与入口分开设置。

（3）公共建筑的空间构成类型是多种多样的，但是概括起来，可以划分成为主要使用部分、次要使用部分（或称辅助部分）和交通联系部分。设计中应首先抓住这三大部分的关系进行排列和组合，逐一解决各种矛盾问题以求得功能关系的合理与完善，在这三部分的构成关系中，交通联系空间的配置往往起关键作用。

公共建筑的交通联系一般可分为：水平交通、垂直交通和枢纽交通三种基本空间形式。水平交通空间布置应直截了当，勿曲折多变，与各部分空间有密切联系，宜有较好的采光和照明。垂直交通位置与数量依功能需要和消防要求而定，应靠近交通枢纽，布置均匀并有主次，与使用人流数量相适应。交通枢纽布置要使用方便，空间布置得体，结构合理，经济有效，且应兼顾使用功能和空间意境的创造。

（4）公共建筑的空间组合分为五类：分隔性空间组合、连续性空间组合、观演性空间组合、高层性空间组合、综合性空间组合。

分隔性空间组合是以交通空间作为联系手段，组织各类房间，通常称作"走道式"建筑布局，常用于办公建筑、学校建筑、医疗建筑等。2004 年的考题——医院设计就属于这种空间组合形式的内容。

连续性空间组合是通过串联、放射、综合大厅等空间组合形式的方法将主要空间按一定的序列的组合，主要用于展览性建筑等建筑形式。

观演性空间组合是以大型空间作为主体穿插辅助空间的组合。建筑中大型空间作为主要使用空间及组合中心，围绕大型空间布置辅助性的服务性空间，共同构成完整的空间整体。这种空间组合适用于体育馆、影剧院、车站、空港、大型综合会展中心、大型商场等。根据历年的考题类型分析来看，这种空间组合方式是常考察的类型。例如，2003 年的考题机场、2008 年的考题长途客运站、2013 的考题超市都属于这种类型，而且 2005 年考题法院也是这种类型的变形。

高层公共建筑的空间组合主要反映在交通组织上，以垂直交通为主。反映在考题中，一般会是考察功能较为复杂的裙房外，附加高层的标准层。例如，2017 年考题宾馆的标准客房层。

综合性的空间组合建筑功能要求比较复杂，常采用多种空间组合形式，例如，文化宫、俱乐部以及大型的会议办公场所等，是一种综合形式的空间组合。例如，2007 年考题体育俱乐部和 2009 年考题大使馆属于这种类型。

掌握公共建筑设计的基本原理，有助于我们在考试时能够冷静分析考题，掌握方案的大方向，顺利地完成考试。

二、主要类型公共建筑设计分析

本节一些常见公共建筑类型的简要分析，希望帮助考生能够在短时间内对常见建筑类型有个大概了解，能够沉着应对考试。

（一）医院建筑

综合医院建筑功能复杂，包含很多设计内容。医院设计中医疗工艺的流程主导着整个医院的设计，分为医院内各医疗功能单元之间的流程和各医疗功能单元内部的流程，这其中存在多条流线，这是考察的重点内容。在 2004 年和 2001 年的考题中都出现了医院的内容，所以建议考生对于医院设计的内容可以好好了解一下，搞清设计内容和其中的流线关系。

首先，综合医院的建设规模：按病床数量分别为 200、300、400、500、600、700、800、900、1000 床九种，现实中，许多医院都做到了 1500 床甚至更多，有些时候会用日门诊量来衡量医院规模，一般日门诊量与病床数是 3∶1 的关系。

1. 功能组成

医院的组成：综合医院建筑由急诊部、门诊部、住院部、医技（诊疗部）、保障系统、行政管理和院内生活设施等七大系统构成。现在医院一般还会增加体检中心。而前 4 部分内容是医院设计考察中的重点内容。综合医院功能关系图如图 6-1 所示，医疗功能单元的划分见表 6-1。

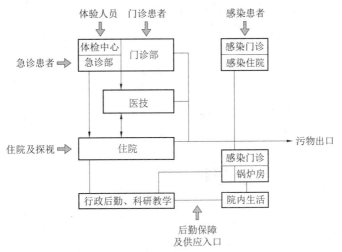

图 6-1 综合医院功能关系图

表 6-1　　　　　　　　　　医疗功能单元的划分

分类	门诊、急诊	预防保健管理	临床科室	医技科室	医疗管理
各功能单元	分诊、挂号、收费、各诊室、急诊、急救、输液、留院观察等	儿童保健、妇女保健等	内科、外科、眼科、耳鼻喉科、儿科、妇产科、手术部、麻醉科、重症监护科（ICU、CCU 等）、介入治疗、放射治疗、理疗科等	药剂科、检验科、医学影像科（放射科、核医学、超声科）、病理科、中心供应、输血科等	病案、统计、住院管理、门诊管理、感染控制等

2. 设计要点

（1）平面设计：

1）应合理进行功能分区，洁污、医患、人车等流线组织清晰，并应避免院内感染。

2）病房宜能获得良好朝向，病房建筑的前后间距应满足日照和卫生间距要求，且不宜小于 12m。

3）医院出入口不应少于两处，人员出入口不应兼作尸体或废弃物出口。

4）在门诊、急诊和住院用房等入口附近应设车辆停放场地。

5）太平间、病理解剖室应设于医院隐蔽处；应与主体建筑隔离；尸体运送路线应避免与出入院路线交叉。

（2）建筑设计：

1）二层医疗用房宜设电梯。三层及三层以上的医疗用房应设电梯，且不得少于二台。

2）医院住院部宜增设供医护人员专用的客梯、送餐和污物专用货梯。

3）主楼梯宽度不得小于 1.65m，踏步宽度不应小于 0.28m，高度不应大于 0.16m。

4）通行推床的通道，净宽不应小于 2.40m。有高差者应用坡道相接，坡道坡度应按无障碍坡道设计。

5）50%以上的病房日照应符合《民用建筑设计通则》（GB 50352）的有关规定。

3. 各个功能分析

（1）急诊部用房。急诊功能关系图如图 6-2 所示。

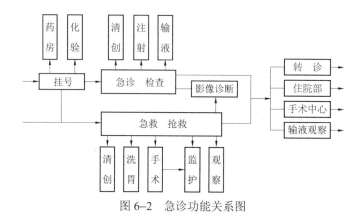

图 6-2 急诊功能关系图

1）急诊部设置应符合下列要求：

① 应自成一区，应单独设置出入口，应便于急救车、担架车、轮椅车的停放。

② 急诊、急救应分区设置。

③ 急诊部与门诊部、医技部、手术部应有便捷的联系。

2）急诊用房设置应符合下列要求：

① 应设接诊分诊、护士站、输液、观察、污洗、杂物贮藏、值班更衣、卫生间等用房。

② 急救部分应设抢救、抢救监护等用房。

③ 急诊部分应设诊查、治疗、清创、换药等用房。

④ 可独立设挂号、收费、病历、药房、检验、X 线检查、功能检查、手术、重症监护等用房。

⑤ 输液室应由治疗间和输液间组成。

⑥ 当门厅兼用于分诊功能时，其面积不应小于 24.00m²。

3）抢救用房及观察用房设置应符合下列要求：

① 抢救室应直通门厅，有条件时，宜直通急救车停车位，面积不应小于每床 30.00m²，门的净宽不应小于 1.40m。

② 观察用房可设置隔离观察室或隔离单元，并应设单独出入口，入口处应设缓冲区及就地消毒设施。

（2）门诊部用房。门诊部应设在靠近医院交通入口处，应与医技用房邻近，并应处理好门诊内各部门的相互关系，流线应合理并避免院内感染。

1）门诊用房 设置应符合下列要求：

① 公共部分应设置门厅、挂号、问讯、病历、预检分诊、记账、收费、药房、候诊、采血、检验、输液、注射、门诊办公、卫生间等用房和为患者服务的公共设施。

② 各科应设置诊查室、治疗室、护士站、污洗室等。

③ 可设置换药室、处置室、清创室、X 线检查室、功能检查室、值班更衣室、杂物贮藏室、卫生间等。

2）候诊用房。设置应当符合下列要求：

① 门诊宜分科候诊，门诊量小时可合科候诊。

② 利用走道单侧候诊时，走道净宽不应小于 2.40m，两侧候诊时，走道净宽不应小于 3.00m。

③ 可采用医患通道分设、电子叫号、预约挂号、分层挂号收费等。

3）诊查用房。设置应符合下列要求：

① 双人诊查室的开间净尺寸不应小于 3.00m，使用面积不应小于 12.00m²。

② 单人诊查室的开间净尺寸不应小于 2.50m，使用面积不应小于 8.00m²。

4）各科室用房设置要求，见表 6-2。

表 6-2　　　　　　　　　　　　　门诊各科室用房设置要求

科室	设置要求	用房设置要求
妇科、产科、计划生育科	应自成一区，可设单独出入口	1. 妇科应增设隔离诊室、妇科检查室及专用卫生间，宜采用不多于二诊室合用一个妇科检查室的组合方式。 2. 产科和计划生育应增设休息室及专用卫生间。 3. 妇科可增设手术室、休息室；产科可增设人流手术室、咨询室。 4. 各室应有阻隔外界视线的措施
儿科	应自成一区，可设单独出入口	1. 应增设预检、候诊、儿科专用卫生间、隔离诊查和隔离卫生间等用房。隔离区宜有单独对外出口。 2. 可单独设置挂号、药房、注射、检验和输液等用房。 3. 候诊处面积每患儿不应小于 1.50m²
耳鼻喉科		1. 应增设内镜检查（包括食道镜等）、治疗的用房。 2. 可设置手术、测听、前庭功能、内镜检查（包括气管镜、食道镜等）等用房
眼科		1. 应增设初检（视力、眼压、屈光）、诊查、治疗、检查、暗室等用房。 2. 宜设置专用手术室
口腔科		1. 应增设 X 线检查、镶复、消毒洗涤、矫形等用房。 2. 可设资料室
预防保健		1. 应设宣教、档案、儿童保健、妇女保健、免疫接种、更衣、办公等用房。 2. 宜增设心理咨询用房
门诊手术	门诊手术用房宜与手术部合并设置	1. 门诊手术用房应由手术室、准备室、更衣室、术后休息室和污物室组成。 2. 手术室平面尺寸不宜小于 3.60m×4.80m

5）门诊部用房中其他类型。

① 感染疾病门诊用房。

A. 消化道、呼吸道等感染疾病门诊均应自成一区，并应单独设置出入口。

B. 感染门诊应根据具体情况设置分诊、接诊、挂号、收费、药房、检验、诊查、隔离观察、治疗、医护人员更衣、缓冲、专用卫生间等功能用房。

② 生殖医学中心用房：

A. 生殖医学中心应设诊查、B 超、取精、取卵、体外授精、胚胎移植、检查、妇科内分泌测定和精子库等用房。

B. 生殖医学中心可设影像学检查、遗传学检查等用房。

（3）住院部用房。住院部应自成一区，应设置单独或共用出入口，并应设在医院环境安静、交通方便处，与医技部、手术部和急诊部应有便捷的联系，同时应靠近医院的能源中心、营养厨房、洗衣房等辅助设施。当设传染病房时，应单独设置，并应自成一区，住院功能关系图如图 6-3 所示。住院部用房设计要求见表 6-3。

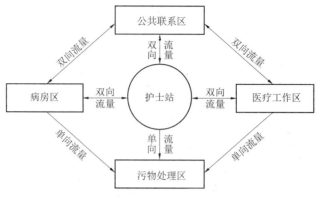

图 6-3 住院功能关系图

表 6-3　　　　　　　　　　　住院部用房设计要求

房间内容	设 计 要 求
监护用房	1. 重症监护病房（ICU）宜与手术部、急诊部邻近，并应有快捷联系。 2. 心血管监护病房（CCU）宜与急诊部、介入治疗科室邻近，并应有快捷联系。 3. 应设监护病房、治疗、处置、仪器、护士站、污洗等用房。 4. 护士站的位置宜便于直视观察患者。 5. 单床间不应小于 12.00m²
儿科病房	1. 宜设配奶、奶具消毒、隔离病房和专用卫生间等用房。 2. 可设监护病房、新生儿病房、儿童活动室。 3. 每间隔离病房不应多于 2 床
妇产科病房	1. 妇科应设检查和治疗用房。 2. 产科应设产前检查、待产、分娩、隔离待产、隔离分娩、产期监护、产休室等用房。隔离待产和隔离分娩用房可兼用。 3. 妇、产二科合为 1 个单元时，妇科的病房、治疗室、浴室、卫生间应与产科的产休室、产前检查室、浴室、卫生间分别设置。 4. 产科宜设手术室。 5. 产房应自成一区，入口处应设卫生通过和浴室、卫生间。 6. 待产室应邻近分娩室，宜设专用卫生间。 7. 分娩室平面净尺寸宜为 4.20m×4.80m，剖腹产手术室宜为 5.40m×4.80m。 8. 洗手池的位置应使医护人员在洗手时能观察Ⅰ临产产妇的动态。 9. 母婴同室或家庭产房应增设家属卫生通过，并应与其他区域分隔
婴儿室设置	1. 应邻近分娩室。 2. 应设婴儿间、洗婴池、配奶、奶具消毒、隔离婴儿、隔离洗婴池、护士室等用房。 3. 婴儿间宜朝南，应设观察窗，并应有防鼠、防蚊蝇等措施。 4. 洗婴池应贴邻婴儿间，水龙头离地面高度宜为 1.20m。 5. 配奶室与奶具消毒室不应与护士室合用
烧伤病房	1. 应设在环境良好、空气清洁的位置，可设于外科护理单元的尽端，宜相对独立或单独设置。 2. 应设换药、浸浴、单人隔离病房、重点护理病房及专用卫生间、护士室、洗涤消毒、消毒品贮藏等用房。 3. 入口处应设包括换鞋、更衣、卫生间和淋浴的医护人员卫生通过通道。 4. 可设专用处置室、洁净病房
血液病房	1. 血液病房可设于内科护理单元内，也可自成一区。可根据需要设置洁净病房，洁净病房应自成一区。 2. 洁净病区应设准备、患者浴室和卫生间、护士室、洗涤消毒用房、净化设备机房。 3. 入口处应设包括换鞋、更衣、卫生间和淋浴的医护人员卫生通过通道。 4. 患者浴室和卫生间可单独设置，并应同时设有淋浴器和浴盆。 5. 洁净病房应仅供一位患者使用，并应在入口处设第二次换鞋、更衣
液透析室用房	1. 可设于门诊部或住院部内，应自成一区。 2. 应设患者换鞋与更衣、透析、隔离透析治疗、治疗、复洗、污物、配药、水处理设备等用房。 3. 入口处应设包括换鞋、更衣的医护人员卫生通过通道

1）护理单元（1个护理单元宜设40张——50张病床）用房设置应符合下列要求：

① 应设病房、抢救、患者和医护人员卫生间、盥洗、浴室、护士站、医生办公、处置、治疗、更衣值班、配餐、库房、污洗等用房。

② 可设患者就餐、活动、换药、患者家属谈话、探视、示教等用房。

③ 一般一个楼层为一个或两个护理单元。每个护理单元配给一个护士站及相关功能。每个病房中设2～3个床位。病房设计采用7800的柱网尺寸（一个柱网分为两间病房）比较合理也是最经济的当然如果条件允许做到8400的柱网，也就是4200则是病房的最佳开间尺寸。

2）病房设置应符合下列要求：

① 病房门应直接开向走道。

② 抢救室宜靠近护士站。

③ 病房门净宽不应小于1.10m，门扇宜设观察窗。

3）护士站设置应符合下列要求：护士站宜以开敞空间与护理单元走道连通，并应与治疗室以门相连，护士站宜通视护理单元走廊，到最远病房门口的距离不宜超过30m。

4）其他要求。

① 医护人员卫生间应单独设置。

② 配餐室应靠近餐车入口处，并应有供应开水和加热设施。

③ 污洗室应邻近污物出口处。

（4）医技（诊疗部）部用房。

医技（诊疗部）部用房分为手术部、放射科用房、磁共振检查室、磁共振检查室、放射治疗科、核医学科用房、介入治疗用房、检验科用房、病理科用房、功能检查科用房、药剂科用房等。

其中，手术部的内容较为复杂，手术部设有手术室、洗手室、消毒室、器械室、打包室、敷料存放室、洗涤室、石膏室、值班室、办公室、更衣室和浴厕。手术活动一般分三个流线：病人流线、医护人员流线和医疗器械流线。手术中心内部流程如图6-4所示。

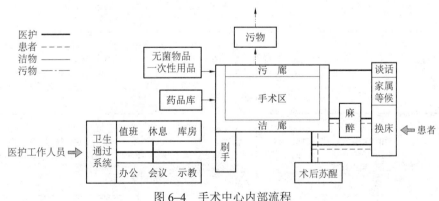

图6-4 手术中心内部流程

1）手术部分，分为一般手术部和洁净手术部。

① 手术部用房位置和平面布置应符合下列要求：

A. 手术部应自成一区，宜与外科护理单元邻近，并宜与相关的急诊，介入治疗科、ICU、病理科、中心（消毒）供应室、血库等路径便捷。

B. 手术部不宜设在首层。

C. 平面布置应符合功能流程和洁污分区要求。

D. 入口处应设医护人员卫生通过，且换鞋处应采取防止洁污交叉的措施。

② 手术部用房设置应符合下列规定：

A. 应设手术室、刷手、术后苏醒、换床、护士室、麻醉师办公室、换鞋、男女更衣、男女浴室和卫生间、无菌物品存放、清洗、消毒、污物和库房等用房。

B. 可设洁净手术室、手术准备室、石膏室、冰冻切片、敷料制作、麻醉器械贮藏、教学、医护休息、男女值班和家属等候等用房。

C. 手术室平面尺寸及设计要求，见表6-4。

表6-4　　　　　　　　　　　　　手术室平面尺寸及设计要求

手术室类型	平面尺寸/（m×m）	设　计　要　求
特大型	7.50×5.70	1. 每2~4间手术室宜单独设立1间刷手间，可设于清洁区走廊内。刷手间不应设门。洁净手术室的刷手间不得和普通手术室共用。 2. 推床通过的手术室门，净宽不应小于1.40m，且宜设置自动启闭装置。 3. 手术台长向宜沿手术室长轴布置，台面中心点宜与手术室地面中心点相对应。头部不宜置于手术室门一侧
大型	5.70×5.40	
中型	5.40×4.80	
小型	4.80×4.20	

2）其他部分用房设计要求，见表6-5。

表6-5　　　　　　　　　　　　　其他部分用房设计要求

内容	位置设置	设　计　要　求
放射科用房	宜在底层设置，并应自成一区，且应与门急诊部、住院部邻近布置，并有便捷联系。有条件时，患者通道与医护工作人员通道应分开设置	1. 应设放射设备机房（CT扫描室、透视室、摄片室）、控制、暗室、观片、登记存片和候诊等用房。 2. 可设诊室、办公、患者更衣等用房。 3. 胃肠透视室应设调钡处和专用卫生间。 4. 照相室最小净尺寸宜为4.5m×5.4m，透视室最小净尺寸宜为6.0m×6.0m
磁共振检查室	宜自成一区或与放射科组成一区，宜与门诊部、急诊部、住院部邻近，并应设置在底层	1. 应设扫描、控制、附属机房（计算机、配电、空调机）等。 2. 可设诊室、办公和患者更衣等用房。 3. 扫描室门的净宽不应小于1.20m，控制室门的净宽宜为0.90m，并应满足设备通过。磁共振扫描室的观察窗净宽不应小于1.20m，净高不应小于0.80m
放射治疗科	放射治疗用房宜设在底层、自成一区，并应符合国家现行有关防护标准的规定，其中治疗机房应集中设置	1. 应设治疗机房（后装机、钴60、直线加速器、丫刀、深部X线治疗等）、控制、治疗计划系统、模拟定位、物理计划、模具间、候诊、护理、诊室、医生办公、卫生间、更衣（医患分开设）、污洗和固体废弃物存放等用房。 2. 可设会诊和值班等用房
核医学科用房	应自成一区，并应符合国家现行有关防护标准的规定。放射源应设单独出入口。平面布置应按"控制区、监督区、非限制区"的顺序分区布置	1. 控制区应设于尽端，并应有贮运放射性物质及处理放射性废弃物的设施。 2. 非限制区应设候诊、诊室、医生办公和卫生间等用房。 3. 监督区应设扫描、功能测定和运动负荷试验等用房，以及专用等候区和卫生间。 4. 控制区应设计量、服药、注射、试剂配制、卫生通过、储源、分装、标记和洗涤等用房

内容	位置设置	设 计 要 求
介入治疗用房	应自成一区，且应与急诊部、手术部、心血管监护病房有便捷联系。洁净区、非洁净区应分设	1. 应设心血管造影机房、控制、机械间、洗手准备、无菌物品、治疗、更衣和卫生间等用房。 2. 可设置办公、会诊、值班、护理和资料等用房
检验科用房	应自成一区，微生物学检验应与其他检验分区布置	1. 微生物学检验室应设于检验科的尽端。 2. 应设临床检验、生化检验、微生物检验、血液实验、细胞检查、血清免疫、洗涤、试剂和材料库等用房。 3. 可设更衣、值班和办公等用房。 4. 危险化学试剂附近应设有紧急洗眼处和淋浴
病理科用房	病理科用房应自成一区，宜与手术部有便捷联系。病理解剖室宜和太平间合建，与停尸房宜有内门相通，并应设工作人员更衣及淋浴设施	1. 应设置取材、标本处理（脱水、染色、蜡包埋、切片）、制片、镜检、洗涤消毒和卫生通过等用房。 2. 可设置病理解剖和标本库用房
功能检查科用房	超声、电生理、肺功能宜各自成一区，与门诊部、住院部应有便捷联系	1. 功能检查科应设检查室（肺功能、脑电图、肌电图、脑血流图、心电图、超声等）。 2. 处置、医生办公、治疗、患者、医护人员更衣和卫生间等用房
内窥镜科用房	应自成一区，应与门诊部有便捷联系。各检查室宜分别设置。上、下消化道检查室应开设设置	1. 应设内窥镜（上消化道内窥镜、下消化道内窥镜、支气管镜、胆道镜等）检查、准备、处置、等候、休息、卫生间、患者、医护人员更衣等用房。下消化道检查应设置卫生间、灌肠室。 2. 可设观察室
理疗科用房	理疗科可设在门诊部或住院部，应自成一区	
输血科 St 库用房	宜自成一区，并宜邻近手术部	1. 贮血与配血室应分别设置。 2. 输血科应设置配血、贮血、发血、清洗、消毒、更衣、卫生间等用房
药剂科用房	药库和中药煎药处均应单独设置房间	1. 门诊、急诊药房与住院部药房应分别设置。 2. 儿科和各传染病科门诊宜设单独发药处。 3. 门诊药房应设发药、调剂、药库、办公、值班和更衣等用房。 4. 住院药房应设摆药、药库、发药、办公、值班和更衣等用房。 5. 中药房应设置中成药库、中草药库和煎药室。 6. 可设一级药品库、办公、值班和卫生间等用房。 7. 发药窗口的中距不应小于 1.20m

4. 防火与疏散

医院建筑耐火等级不应低于二级。

（1）防火分区。

1）医院建筑的防火分区应结合建筑布局和功能分区划分。

2）防火分区的面积除应按建筑物的耐火等级和建筑高度确定外，病房部分每层防火分区内，尚应根据面积大小和疏散路线进行再分隔。同层有二个及二个以上护理单元时，通向公共走道的单元入口处，应设乙级防火门。

3）高层建筑内的门诊大厅，设有火灾自动报警系统和自动灭火系统并采用不燃或难燃材料装修时，地上部分防火分区的允许最大建筑面积应为 4000m²。

4）医院建筑内的手术部，当设有火灾自动报警系统，并采用不燃烧或难燃烧材料装修时，地上部分防火分区的允许最大建筑面积应为 4000m²。

（2）安全出口。

1）每个护理单元应有二个不同方向的安全出口。

2）尽端式护理单元，或"自成一区"的治疗用房，其最远一个房间门至外部安全出口的距离和房间内最远一点到房门的距离，均未超过建筑设计防火规范规定时，可设一个安全出口。

医疗建筑是一个非常庞大复杂的多系统综合体，非简单的几句能说全部，这里就不再一一介绍。感兴趣的考生可以自己找到相关的书籍进行进一步的了解。

（二）观演类建筑（剧场）

观演类建筑所包括的建筑类别有音乐厅、剧院、电影院、文化艺术中心等。这类建筑的设计原则为："观"与"演"要有适当的区分，要组织好人流及交通运输路线。现代的观演类建筑的功能构成更为复杂，除了核心的"观演"功能外，还会包含以"博览"为中心的展示功能、文化培训功能以及餐饮、办公管理等功能。这种包含多种功能的建筑形式是会常常出现在考题中的。

剧场设计非常复杂，除了复杂的流线设计外，还包含声学设计、视线分析等很多方面的内容，这也是历年来考题很少出现这方面的内容的原因之一。下面介绍一些剧场设计的基本点，在考试中能够快速应用。设计中这类建筑的流线大致相同，这里以剧场设计为例，进行分析。让考生对这类建筑的功能分区和人流流向有个大致了解。

根据使用性质及观演条件，剧场建筑可用于歌舞剧、话剧、戏曲等三类戏剧演出。当剧场为多用途时，其技术要求应按其主要使用性质确定，其他用途应适当兼顾。

剧场建筑的规模按观众座席数量进行划分，可分为：特大型（大于1500座）、大型（1201～1500座）、中型（801～1200座）、小型（300～800座）。

1. 功能组成

剧场功能分区图如图6-5所示。

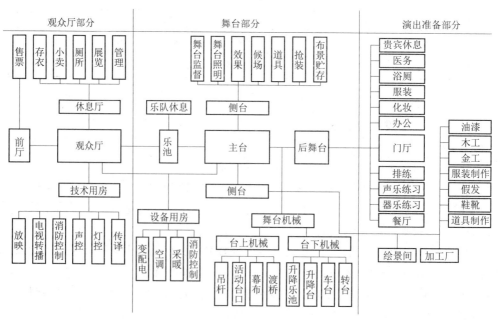

图6-5　剧场功能分区图

图6-5是功能复杂的大型剧场的功能关系图。考生首先需要了解剧场设计有哪些内容，

其次要明白各个部分之间的关系如何，在复习中同时参考看看几个设计实例，看看功能图转化成实例是如何实现的，以便对这部分内容加深了解。

2. 设计要点

设计中注意"观"和"演"的分区，各类人流和车流避免交叉，保证足够的疏散场地。而流线设计是首要要求掌握的，剧场设计的流线内容包括：观众流线、后台演员流线、后勤流线、货运（道具）流线、vip流线等。

（1）根据基地的具体情况来进行观众流线组织，见表6-6。

表6-6　　　　　　　　　　　　　观众流线组织

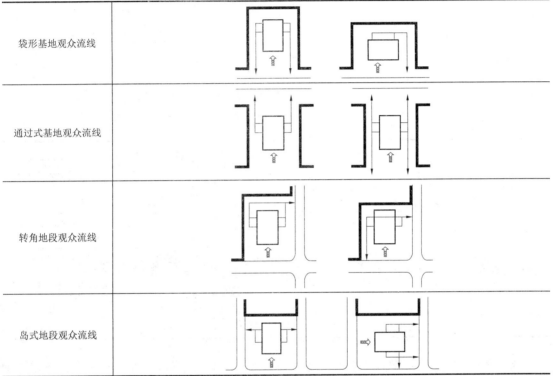

袋形基地观众流线	
通过式基地观众流线	
转角地段观众流线	
岛式地段观众流线	

（2）后台演员的活动流线：后台是剧场的演出准备部分，后台流线关系图如图6-6所示。大型剧场的后台包含：化妆室及其他演出服务用房、排练厅或练功房、舞台仓库、技术设备用房、行政管理用房等。

（3）化妆室的平面布置位置见表6-7。

（4）观众厅的平面形式有矩形、钟形、扇形、六角形、马蹄形、圆形等多种。在作图考试中，通常采用矩形平面形式。

（5）观众厅座椅排列方式：短排法及长排法。

1）短排法：双侧有走道时不超过22个，单侧时不超过11个，每超一个排距增加25mm。

2）长排法：双侧有走道时不超过50个，单侧时不超过25个，每超一个排距增加25mm。

观众席应预留残疾人轮椅座席，座席深应为1.10m，宽为0.80m，位置应方便残疾人出入及疏散。

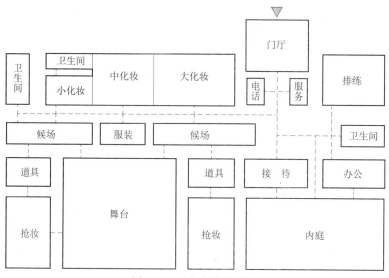

图 6-6 后台流线关系图

表 6-7 化妆室的布置位置

平面	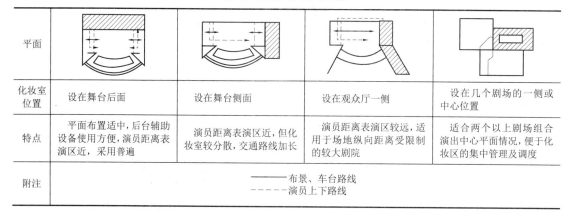			
化妆室位置	设在舞台后面	设在舞台侧面	设在观众厅一侧	设在几个剧场的一侧或中心位置
特点	平面布置适中,后台辅助设备使用方便,演员距离表演区近,采用普遍	演员距离表演区近,但化妆室较分散,交通路线加长	演员距离表演区较远,适用于场地纵向距离受限制的较大剧院	适合两个以上剧场组合演出中心平面情况,便于化妆区的集中管理及调度
附注	——— 布景、车台路线 ----- 演员上下路线			

（6）视线设计：包含视距与视角。对于镜框式舞台剧场，视点一般选在舞台面台口线中心处。注意观众仰俯视角及水平视角控制。

1）无障碍视线设计：平行排座，每排座椅升高 c=0.12m。

2）允许部分遮挡设计：错位排列，隔排升起 0.12m。

（7）舞台按形式分为箱式舞台、半岛式舞台、岛式舞台，侧台设计主要为存放和变换布景用，面积不小于主台的 1/3。

3. 防火要求及疏散要求

（1）一些要注意的防火要求：

1）大型、特大型剧场舞台台口应设防火幕。

2）中型剧场的特等、甲等剧场及高层民用建筑中超过800个座位的剧场舞台台口宜设防火幕。

3）舞台区通向舞台区外各处的洞口均应设甲级防火门或设置防火分隔水幕，运景洞口应采用特级防火卷帘或防火幕。

4）当高、低压配电室与主舞台、侧舞台、后舞台相连时，必须设置面积不小于 6m² 的前室，高、低压配电室应设甲级防火门。

5）剧场应设消防控制室，并应有对外的单独出入口，使用面积不应小于 12m²。大型、特大型剧场应设舞台区专用消防控制间，宜靠近舞台，使用面积不应小于 12m²。

6）舞台内严禁设置燃气设备。当后台使用燃气设备时，采用耐火极限不低于 3h 的隔墙和甲级防火门分隔，且不应靠近服装室、道具间。

7）当剧场建筑与其他建筑合建或毗连时，应形成独立的防火分区，并应采用防火墙隔开，且防火墙不得开洞；当设门时，应采用甲级防火门。防火分区上下楼板耐火极限不应低于 1.5h。

（2）一些要注意的疏散要求：

1）观众厅出口应符合下列规定：

① 出口应均匀布置，主要出口不宜靠近舞台。

② 楼座与池座应分别布置安全出口，且楼座宜至少有两个独立的安全出口，面积不超 200m² 时且不超过 50 座时，可设一个安全出口。楼座不应穿越池座疏散。

2）观众厅的出口门、疏散外门及后台疏散门应符合下列规定：

① 应设双扇门，净宽不应小于 1.40m，并应向疏散方向开启。

② 靠门处不应设门槛和踏步，踏步应设置在 1.40m 以外。

③ 不应采用推拉门、卷帘门、吊门、转门、折叠门、铁栅门。

3）观众厅外的疏散通道应符合下列规定：

① 室内部分的坡度不应大于 1:8，室外部分的坡度不应大于 1:10，并应采取防滑措施，为残疾人设置的通道坡度不应大于 1:12。

② 地面以上 2.00m 内不得有任何突出物，并不得设置落地镜子及装饰性假门。

③ 当疏散通道穿过前厅及休息厅时，设置在前厅、休息厅的商品零售部及衣物寄存处不得影响疏散的畅通。

4）后台应设置不少于两个直接通向室外的出口。

5）舞台区宜设有直接通向室外的疏散通道，当有困难时，可通过后台的疏散通道进行疏散，且疏散通道的出口不应少于 2 个。舞台区出口到室外出口的距离，当未设自动喷水灭火系统和自动火灾报警系统时，不应大于 30m，当设自动喷水灭火系统和自动火灾报警系统时，安全疏散距离可增加 25%。开向该疏散通道的门应采用能自行关闭的乙级防火门。

6）乐池和台仓的出口均不应少于两个。

7）舞台天桥、栅顶的垂直交通和舞台至面光桥、耳光室的垂直交通，应采用金属梯或钢筋混凝土梯，坡度不应大于 60°，宽度不应小于 0.60m，并应设坚固、连续的扶手。

8）剧场与其他建筑合建时，应符合下列规定：

① 设置在一、二级耐火等级的建筑内时，观众厅宜设在首层，也可设在第二、三层；确需布置在四层及以上楼层时，一个厅、室的疏散门不应少于 2 个，且每个观众厅的建筑面积不宜大于 400m²；设置在三级耐火等级的建筑内时，不应布置在三层及以上楼层。

② 应设独立的楼梯和安全出口通向室外地坪面。

9）室外疏散及集散广场不得兼作停车场。

10）建筑总平面设计要符合城市无障碍设计的要求。

以上内容是对剧场建筑的一个简要描述，许多内容没有涉及，如果考生还有余力，想深入了解剧场的设计内容，可以参考一些剧场设计的专用书籍。

（三）文化类建筑

文化类建筑包涵图书馆、博物馆等公共建筑，这类建筑类型功能，会有大小空间的组合与穿插，多条流线的设计同样是设计中的重点，是设计者在设计过程中要着重考虑的问题。

2011年、2012年的考题中涉及此部分的内容。

1. 图书馆设计

图书馆根据规模分为大型（20 000m²）、中型（4500～20 000m²）、小型（1200～4500m²）。在注册考试时，由于时间和图纸的限制，一般按中型规模考虑，但为了提升设计难度，试题中可能会涉及大型图书馆的一些设计内容。

首先我们来梳理一下图书馆各部分的功能组合，脉络清晰才能做到心中有数。

（1）功能组成。图书馆设计一般包含以下设计内容：藏书部分、公共活动部分、阅览部分、内部业务部分。此外，还有一些辅助空间，如门厅、存物处及厕所等。

图书馆空间设计具有一定的灵活性，设计中考虑分区。把各个功能空间根据关系远近合理布置，找到设计的关键点所在，熟记于心，才能在考试中运筹帷幄。

1）入口区——整个图书馆人流交通组织的枢纽。

2）信息咨询服务区——为读者提供快捷的查询服务与入口大厅紧密联系。

3）读者区——图书馆中最重要的部分（可分为：阅览区、信息咨询、图书借阅），注意不同种类的读者流线要清晰，互不干扰。

4）办公区——包括行政办公、计算机用房及内部业务用房（采编、典藏、装订、美工、复印、装裱整修等部门）。

5）藏书区——要与阅览区密切相通，对于业内部门要有单独的出入口。

6）公共活动区——动态开放的公共活动区域（包含报告厅、展览厅、录像厅、商店、餐厅、书店等设施），应靠近门厅布置，方便人员的出入及疏散。

7）技术设备区——该区域房间应尽量远离其他分区。

（2）设计要点。图书馆设计中，流线关系是设计的重点。一般大型图书馆的流线关系如图6-7所示。

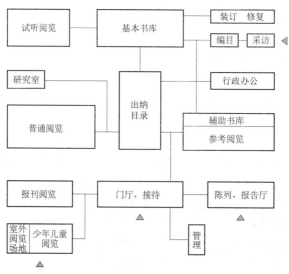

图6-7　大型图书馆的流线关系

（3）防火分区及疏散。对于未设置自动灭火系统的一、二级耐火等级的基本书库、特藏书库、密集书库、开架书库的防火分区最大允许建筑面积，单层建筑不应大于 1500m²，并应符合表 6-8 规定。

表 6-8 防火分区最大面积

分　类	防火分区最大面积
建筑高度 $h \leqslant 24m$ 的多层建筑	≤1200m²
建筑高度 $h > 24m$	≤1000m²
地下室或半地下室	≤300m²

当防火分区设有自动灭火系统时，其允许最大建筑面积可按本规范规定增加 1.0 倍。

安全疏散：图书馆每层的安全出口不应少于两个，并应分散布置。

2. 博物馆设计

博物馆是重要的文化建筑，博物馆建筑物的规模按其藏品数量分为：

① 大型馆：馆藏文物在 10 万件以上者，其建筑面积应大于 10 000m²。

② 中型馆：馆藏文物在 1 万～10 万件之间，建筑规模为 4000～10 000m²。

③ 小型馆：馆藏文物在 1 万件以下者，建筑面积可小于 4000m²。

（1）博物馆的功能组成。博物馆应由藏品库区、陈列展区、观众服务区、技术业务区、设备机房区和行政管理区等组成。其中，藏品库区和陈列展区为博物馆的主要空间。在建筑布局上，根据实际情况分别采取不同的布局形式，即集中布局、分散布局和集中与分散结合布局。但必须有严格的功能分区，合理的流线组织等要求。博物馆的流线关系如图 6-8 所示。

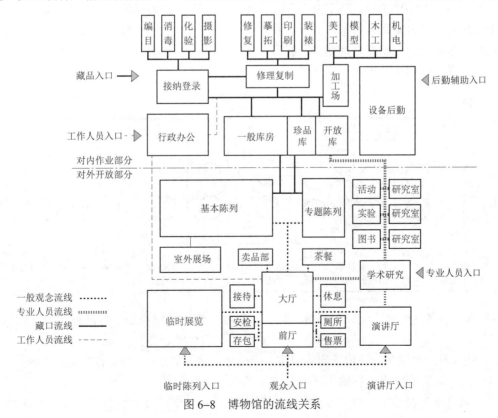

图 6-8　博物馆的流线关系

1）博物馆的工艺设计是博物馆建筑设计的基础，它既是龙头关系，又是互相渗透、相辅相成的关系。

2）藏品库区——由藏品库房、缓冲间、藏品暂存库房、鉴赏室、保管装具贮藏室、管理办公室等部分组成。藏品库区平面组合方式见表6-9。

表6-9 藏品库区平面组合方式

组合方式	特 点
核心式	藏品库房置于其他用房之间，外部空气入库时，先经过一个过滤层
单廊式	将库房走廊与保管部办公室合并，加大走廊宽度，提高走廊的空气过滤作用
双廊式	位于城市繁华地段的藏品库房，由于建筑物立面或环境要求，必须开窗者。宜将库房做成双廊式，两廊一宽一窄，窄廊仅起过滤空气，保持温湿度恒定的作用
庭院式	将藏品库房围合成庭院，院内布置有水面并绿化，以调节环境小气候。建筑物的通风口、气窗宜设在内侧，外侧利用通廊包围，形成外封闭、内敞开的布局，此种布局还有利于库房的增建

收藏对温湿度较敏感的藏品，应在藏品库区或藏品库房的入口处设缓冲间，面积不应小于6m²。

每间藏品库房应单独设门。藏品库房不宜开设除门窗以外的其他洞口。

3）陈列区——应由陈列室、美术制作室、陈列装具贮藏室、进厅、观众休息处、报告厅、接待室、管理办公室、警卫值班室、厕所等部分组成。

陈列室应布置在陈列区内通行便捷的部分，并远离工程机房。每一陈列主题的展线长度不宜大于300m。大、中型馆宜设置报告厅，位置应与陈列室较为接近，并便于独立对外开放。大、中型馆宜设置教室和接待室，分间面积宜为50m²。

陈列室布局要参观路线灵活明确、简洁，避免西晒，合理安排观众休息场所，见表6-10。同时陈列室要与陈列室工作人员房间联系方便，注意各自流线互不交叉。

表6-10 陈列室布局方式

方式	串联式	放射式	放射串联式	走道式	大厅式
示意图					
特点	各陈列室互相串联，观众参观流线连贯、方向单一	各陈列室环绕放射枢纽来布置，参观路线灵活	陈列室与交通枢纽直接相连，各室间彼此串联	各陈列室用走道串联或并联，参观路线明确而灵活	利用大厅综合展出或分隔为小空间，布局紧凑灵活

4）观众服务区——设施应包括售票处、存物处、纪念品出售处、食品小卖部、休息处、厕所等。

5）技术及办公用房——由鉴定编目室、摄影室、熏蒸室、实验室、修复室、文物复制室、标本制作室、研究阅览室、行政管理办公室及其库房等部分组成。

鉴定编目室、摄影室、修复室等用房应接近藏品库区布置，专用的研究阅览室及图书资料库应有单独的出入口与藏品库区相通。

（2）其他一些设计要点。

1）陈列室不宜布置在 4 层或 4 层以上。大、中型馆内 2 层或 2 层以上的陈列室宜设置货客两用电梯；2 层或 2 层以上的藏品库房应设置载货电梯。

2）陈列室单跨时的跨度不宜小于 8m，多跨时的柱距不宜小于 7m。

3）藏品的运送通道应防止出现台阶，楼地面高差处可设置不大于 1:12 的坡道。

4）藏品库房和陈列室内不应敷设给排水管道，在其直接上层不应设置饮水点、厕所等有可能积水的用房。

5）陈列展区与藏品库区的面积比，一般要求：大型馆为 1:2～1:1；中型馆为 1:1～2:1；小型馆为 2:1。

6）文化休闲将成为博物馆活动的重要项目，博物馆建筑设计时，必须有一定比例文化休闲的场所。

（3）建筑防火及安全疏散。

1）藏品库区的防火分区面积，单层建筑不得大于 1500m²，多层建筑不得大于 1000m²，同一防火分区内的隔间面积不得大于 500m²。陈列区的防火分区面积不得大于 2500m²，同一防火分区内的隔间面积不得大于 1000m²。

2）藏品库区的电梯和安全疏散楼梯应设在每层藏品库房的总门之外，疏散楼梯宜采用封闭楼梯间。

3）陈列室的外门应向外开启，不得设置门槛。

（四）科研办公建筑

1. 办公建筑类设计

普通的办公科研类建筑建筑功能较为单一，流线也相对简单，高层办公楼设计相对复杂，但这种类型建筑复杂在竖向设计上，而考题考察重点在平面的各种功能关系上，所以在历年考题中没有单独出现这种建筑类型的考题，这类型经常与其他类建筑综合在一起，来考察考生的综合分析能力，例如，2009 年的考题——大使馆建筑设计就是综合了办公、住宅等内容的考题。下面就简单介绍一些办公建筑设计中的基本要求、规范以及要注意的内容。

办公建筑分为三类：一类——特别重要的办公建筑（设计使用年限 100 年或 50 年）；二类——重要办公建筑（设计使用年限 50 年）；三类——普通办公建筑（设计使用年限 25 年或 50 年）。

（1）设计要点。

1）当办公建筑与其他建筑共建在同一基地内或与其他建筑合建时，应满足办公建筑的使用功能和环境要求，分区明确，宜设置单独出入口。

2）基地内应设置机动车和非机动车停放场地（库）。

3）特殊重要的办公建筑主楼的正下方不宜设置地下汽车库。

4）办公建筑由办公室用房、公共用房、服务用房和设备用房等组成。

5）五层及五层以上办公建筑应设电梯。

6）电梯数量应满足使用要求，按办公建筑面积每 5000m² 至少设置 1 台。超高层办公建筑的乘客电梯应分层分区停靠。

7）严寒和寒冷地区的门厅应设门斗或其他防寒设施。

8）办公建筑的走道宽度应满足防火疏散要求，最小净宽走道最小净宽应满足以下要求：

① 走道长度≤40m 时，走道最小净宽为：单面布房 1.30m，双面布房 1.50m。

② 走道长度＞40m 时，走道最小净宽为：单面布房 1.50m，双面布房 1.80m。

③ 高层内筒结构的回廊式走道净宽最小值同单面布房走道。

9）普通办公室每人使用面积不应小于 4m²，单间办公室净面积不应小于 10m²。

10）大会议室应根据使用人数和桌椅设置情况确定使用面积，平面长宽比不宜大于 2:1。

11）对外办事大厅宜靠近出入口或单独分开设置，并与内部办公人员出入口分开。

12）行政办公建筑的群众来访接待室宜靠近基地出入口，与主体建筑分开单独设置。

13）公用厕所应符合下列要求：

① 对外的公用厕所应设供残疾人使用的专用设施；

② 距离最远工作点不应大于 50m；

③ 应设前室；公用厕所的门不宜直接开向办公用房、门厅、电梯厅等主要公共空间。

14）动力机房宜靠近负荷中心设置，电子信息机房宜设置在低层部位。

15）产生噪声或振动的设备机房应采取消声、隔声和减振等措施，并不宜毗邻办公用房和会议室，也不宜布置在办公用房和会议室的正上方。

（2）防火及疏散要求。

1）办公建筑的开放式、半开放式办公室，其室内任何一点至最近的安全出口的直线距离不应超过 30m。

2）综合楼内的办公部分的疏散出入口不应与同一楼内对外的商场、营业厅、娱乐、餐饮等人员密集场所的疏散出入口共用。

3）机要室、档案室和重要库房等房间应采用甲级防火门。

（3）其他要求。

办公建筑中超高层办公建筑竖向分隔区域、核心筒的布置以及避难层的设置是设计的重点，通常建筑高度在 250m 左右时建筑其标准层的面积为 2200～2500m² 为宜。

另外超高层办公建筑的标准层房间进深尺度以 10～15m 为宜。核心筒以中央型的布置是常见布置形式，考生要对核心筒的常见布置要有一定的了解。这样如果考试涉及标准层平面，以至可以能够快速的布置出标准的核心筒形式，节约考试时间。

2. 科研建筑设计

科研实验建筑是以科研实验为主要用途的建筑类型，其中的实验室部分是建筑的核心。与普通办公建筑不同的是：科研建筑一般会有工艺专业的设计，建筑平面设计需要符合科研实验中工艺设计的要求与工艺流程。

科研建筑常规的功能空间分为：接待空间、办公实验空间、后勤保障空间及在此基础上根据现实需要衍生出的学术交流空间（包括接待、报告厅、培训室等），除此之外还有一些休闲娱乐、健身及科研成果展示空间。在具体设计中，建筑空间大小会根据科研实验及工艺设计的实际要求来布置。

所以科研建筑在设计过程中要注意的点是：建筑的房间布置比普通的办公建筑设计要多考虑建筑的工艺流线，另外，除了建筑中的正常科研人员的工作、实验流线外，供人参观、浏览学习的游人流线也是设计时需要考虑的。

（五）教育类建筑

教育类建筑近几年考题中尚未涉及，主要因为教育类建筑是由各类型教学建筑组合而成，规模较大不适应考试时间及试卷表达，如单独考查单类型的教学建筑如教学楼、实验楼等功能又较为单一，难度不大，不宜设置考点；教育类建筑其他类型中较复杂的建筑，如体育设施、餐饮设施等类型题目已在别的类型考题中出现过，未纳入教育类建筑类型中。虽然如此，但不排除今后的考题中出现多功能组合类的教育类建筑考题，如体育加教学，餐饮加教学，观演加教学等综合性、特殊的专业教学楼。

1. 中小学校设计

中小学的设计，首先应要考虑校园整体的设计。也就是校园的总平面设计，建筑、运动场地、绿化布置、道路广场等要分区合理、流线清晰。

其次，具体到建筑设计，要了解建筑的组成，具体的设计内容有哪些。

（1）功能组成。中小学建筑组成见表6-11。

表6-11   中 小 学 建 筑 组 成

	普通教室	教学等
教学及辅助功能空间	专用教室	1. 计算机教室、语言教室、美术教室、书法教室、音乐教室、舞蹈教室、体育建筑设施（风雨操场、游泳池、游泳馆）。 2. 小学增设：科学教室、劳动教室。 3. 中学增设：（化学、物理、生物、综合演示）实验室、史地教室、技术教室
	公共教学空间	合班教室、图书室、学生活动室、体质测试室、心理咨询室、德育展览室、任课教师办公室
	教学辅助空间	教师休息室、实验员室、仪器室、药品室、准备室、陈列室、资料室、教具室、乐器室、更衣室
行政办公功能空间		行政办公室、档案室、会议室、学组及学社办公室、文印室、广播室、值班室、安防监控室、网络控制室、卫生室（保健室）、传达室、总务仓库、维修工作间
生活服务功能空间		饮水处、卫生间、配餐室、发餐室、设备用房——应设内容 食堂、淋浴室、停车库——宜设内容 学生宿舍、食堂、浴室——寄宿制学校设置内容

（2）设计要点。

1）学校主要教学用房的开窗外墙距铁路路轨的距离应大于或等于300m；距离高速路、地上轻轨线、城市主干道的距离应大于等于80m，当小于80m时应采取有效的隔音措施。

2）中学服务半径≤1000m，小学服务半径≤500m。校门不宜开向机动车流量≥300辆/h的马路。

3）运动场地小学≥2.3m^2/人，中学≥3.3m^2/人，运动场地的长轴宜南北向布置。

4）各类小学的主要教学用房不应设在四层以上，各类中学的主要教学用房不应设在五层以上。

5）普通教室冬至日满窗日照不应少于2h。

6）中小学校至少应有1间科学教室或生物实验室的室内能在冬季获得直射阳光。

7）化学实验室宜设在一层；其窗不宜为西或西南向布置。试验室内应设置一个事故急救冲洗龙头。

8）各类教室的外窗与相对的教学用房或室外运动场地边缘间的距离不应小于25m。

9）各教室前端侧窗窗端墙的长度不应小于1.00m。窗间墙宽度不应大于1.20m。

10）在寒冷或风沙大的地区，教学用建筑物出入口应设挡风间或双道门。

（3）防火及疏散要求。

1）中小学校内，每股人流的宽度应按0.60m计算。中小学校建筑的疏散通道宽度最少应为2股人流，并应按0.60m的整数倍增加疏散通道宽度。

2）中小学校教学用房的内走道净宽度不应小于2.40m，单侧走道及外廊的净宽度不应小于1.80m。

3）校园疏散：中小学校的校园应设置2个出入口。

4）校园建筑疏散：校园内除建筑面积不大于200m²，人数不超过50人的单层建筑外，每栋建筑应设置2个出入口。

5）楼梯疏散：中小学校教学用房梯段宽度不应小于1.20m，并应按0.60m的整数倍增加梯段宽度。每个梯段可增加不超过0.15m的摆幅宽度。

6）教室疏散：每间教学用房的疏散门均不应少于2个，疏散门的宽度应通过计算；同时每樘疏散门的通行净宽度不应小于0.90m。当教室处于袋形走道尽端时，若教室内任一处距教室门不超过15.00m，且门的通行净宽度不小于1.50m时，可设1个门。

2. 托儿所、幼儿园设计

幼儿园的规模：大型：10～12个班；中型：6～9个班；小型：5个班，幼儿园规模宜以3的倍数。现实中的幼儿园往往大大超出这个规模。托儿所、幼儿园的服务半径宜为300～500m。

托儿所、幼儿园的总平面布置应包括建筑物、室外活动场地、绿化、道路布置等内容，设计应功能分区合理、方便管理、朝向适宜、日照充足，创造符合幼儿生理、心理特点的环境空间。

托儿所、幼儿园应设室外活动场地：每班应设专用室外活动场地，面积不宜小于60m²，各班活动场地之间宜采取分隔措施；应设全园共用活动场地，人均面积不应小于2m²；共用活动场地应设置游戏器具、游戏器具下面及周围应设软质铺装；室外活动场地应有1/2以上的面积在标准建筑日照阴影线之外。

（1）功能组成。托儿所、幼儿园建筑应由幼儿生活用房、服务管理用房和供应用房等部分组成。托儿所、幼儿园建筑宜按幼儿生活单元组合方法进行设计，各班幼儿生活单元应保持相对独立性，如图6-9所示。

（2）设计要点。托儿所、幼儿园房间设计要求见表6-12。

1）托儿所、幼儿园在供应区内宜设杂物院，并应与其他部分相隔离。杂物院应有单独的对外出入口。

2）托儿所、幼儿园出入口不应直接设置在城市干道一侧；其出入口应设置供车辆和人员停留的场地，且不应影响城市道路交通。

3）托儿所、幼儿园的幼儿生活用房应布置在当地最好朝向，冬至日底层满窗日照不应小于3h。

4）夏热冬冷、夏热冬暖地区的幼儿生活用房不宜朝西向；当不可避免时，应采取遮阳措施。

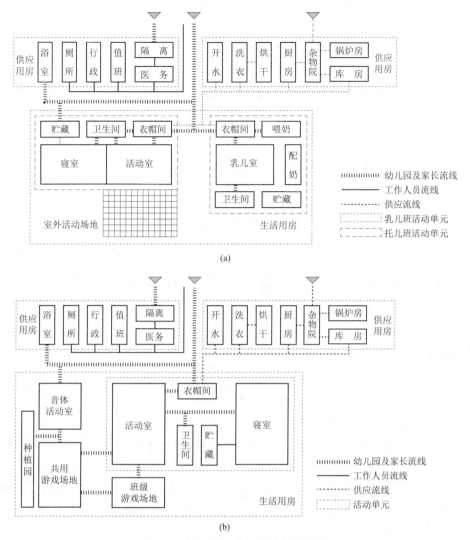

图 6-9　托儿所、幼儿园功能分区图

表 6-12 　　　　　　　　　　　　　托儿所、幼儿园房间设计要求

托儿所生活用房	1. 托儿所应包括托儿班（2 周岁～3 周岁的幼儿）和乳儿班（2 周岁以下幼儿）。 2. 每个托儿班和乳儿班的生活用房均应为每班独立使用的生活单元。当托儿所和幼儿园合建时，托儿所生活部分应单独分区，并应设单独出入口。 3. 喂奶室、配乳室应临近乳儿室，喂奶室应靠近对外出入口
幼儿园生活用房	1. 幼儿园的生活用房应由幼儿生活单元和公共活动用房组成。 2. 幼儿生活单元应设置活动室、寝室、卫生间、衣帽储藏间等基本空间。 3. 幼儿园生活单元房间的最小使用面积：活动室 70m²，寝室 60m²，卫生间、厕所 12m²，盥洗室 8m²，衣帽储藏间 9m²，当活动室与寝室合用时，其房间最小使用面积不应小于 120m²。 4. 单侧采光的活动室进深不宜大于 6.60m。 5. 同一个班的活动室与寝室应设置在同一楼层内。 6. 卫生间应由厕所、盥洗室组成，并宜分间或分隔设置。 7. 卫生间应临近活动室或寝室，且开门不宜直对寝室或活动室。盥洗室与厕所之间应有良好的视线贯通。 8. 夏热冬冷和夏热冬暖地区，托儿所、幼儿园建筑的幼儿生活单元内宜设淋浴室；寄宿制幼儿生活单元内应设置淋浴室，并应独立设置。 9. 多功能活动室的位置宜临近幼儿生活单元，单独设置时宜与主体建筑用连廊连通，连廊应做雨篷，严寒和寒冷地区应做封闭连廊

服务管理用房	1. 服务管理用房应包括晨检室（厅）、保健观察室、教师值班室、警卫室、储藏室、园长室、财务室、教师办公室、会议室、教具制作室等房间，注：① 晨检室（厅）可设置在门厅内；② 教师值班室仅全日制幼儿园设置。 2. 托儿所、幼儿园建筑应设门厅，门厅内宜附设收发、晨检、展示等功能空间。 3. 晨检室（厅）应设在建筑物的主入口处，并应靠近保健观察室。 4. 保健观察室设置应符合下列规定：① 应设有一张幼儿床的空间；② 应与幼儿生活用房有适当的距离，并应与幼儿活动路线分开；③ 宜设单独出入口；④ 应设独立的厕所，厕所内应设幼儿专用蹲位和洗手盆。 5. 教职工的卫生间、淋浴室应单独设置，不应与幼儿合用
供应用房	1. 供应用房应包括厨房、消毒室、洗衣间、开水间、车库等房间，厨房应自成一区，并与幼儿活动用房应有一定距离。 2. 当托儿所、幼儿园建筑为二层及以上时，应设提升食梯。 3. 寄宿制托儿所、幼儿园建筑应设置集中洗衣房。 4. 托儿所、幼儿园建筑应设玩具、图书、衣被等物品专用消毒间。 5. 当托儿所、幼儿园场地内设汽车库时，汽车库应与儿童活动区域分开，应设置单独的车道和出入口

5）活动室、寝室、多功能活动室等幼儿使用的房间应设双扇平开门，门净宽不应小于1.20m。

6）严寒和寒冷地区托儿所、幼儿园建筑的外门应设门斗。

7）托儿所、幼儿园建筑走廊最小净宽，见表6-13。

表6-13 走 廊 最 小 净 宽

房间名称	走廊布置	
	中间走廊	单面走廊或外廊
生活用房	2.4	1.8
服务、供应用房	1.5	1.3

（六）旅馆建筑

旅馆建筑功能较复杂，从总平面布置、分区、流线设计等都存在一定难点，是非常适合考试的一类公共建筑。虽然近年考题已经出现过，但熟悉和掌握旅馆建筑的基本设计要求还是必要的。

根据旅馆的使用功能，按建筑质量标准和设备、设施条件，旅馆建筑由高至低划分为一～六级6个建筑等级。建筑基地应至少一面临接城镇道路，其长度应满足基地内组织各功能区的出入口、客货运输、防火疏散及环境卫生等要求。主要出入口必须明显，并能引导旅客直接到达门厅。主要出入口应根据使用要求设置单车道或多车道，入口车道上方宜设雨篷。

1. 功能组成

合理划分旅馆建筑的功能分区，组织各种出入口，使人流、货流、车流互不交叉。如果在综合性建筑中，旅馆部分应有单独分区，并有独立的出入口；对外营业的商店、餐厅等不应影响旅馆本身的使用功能。

旅馆建筑功能分析如图6-10所示。

2. 设计要点

（1）主要乘客电梯位置应在门厅易于看到且较为便捷的地方。一、二级旅馆建筑3层及3层以上，三级旅馆建筑4层及4层以上，四级旅馆建筑6层及6层以上，五、六级旅馆建筑7层及7层以上，应设乘客电梯。

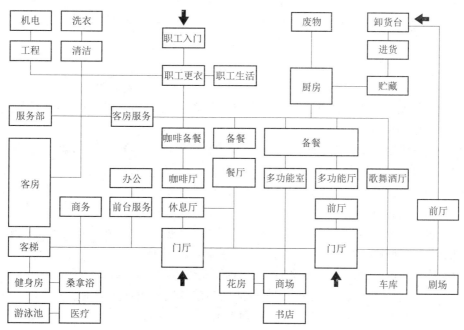

图 6-10 旅馆建筑功能分析

（2）客房类型分为：套间、单床间、双床间（双人床间）、多床间。多床间内床位数不宜多于4床。客房内应设有壁柜或挂衣空间。客房的长宽比以不超过 2:1 为宜。

（3）卫生间不应设在餐厅、厨房、食品贮藏、变配电室等有严格卫生要求或防潮要求用房的直接上层。卫生间不应朝向客房或走道开窗。

（4）服务用房宜设服务员工作间、贮藏间和开水间，可根据需要设置服务台。如果客房层全部客房附设卫生间时，应设置服务人员厕所。

（5）同楼层内的服务走道与客房层公共走道相连接处如有高差时，应采用坡度不大于1:10 的坡道。

（6）门厅内交通流线及服务分区应明确，对团体客人及其行李等，可根据需要采取分流措施；总服务台位置应明显。旅馆建筑门厅内或附近应设厕所、休息会客、外币兑换、邮电通信、物品寄存及预订票证等服务设施；四、五、六级旅馆建筑门厅内或附近应设厕所、休息、接待等服务设施。

（7）旅馆建筑应设不同规模的餐厅及酒吧间、咖啡厅、宴会厅和风味餐厅，桌椅组合形式应多样化，以满足不同顾客的要求。注意餐厅要靠近厨房，大型宴会厅应设置备餐服务廊。

（8）大型及中型会议室不应设在客房层。会议室的位置、出入口应避免外部使用时的人流路线与旅馆内部客流路线相互干扰。会议室附近应设盥洗室。

（9）职工用房包括行政办公、职工食堂、更衣室、浴室、厕所、医务室、自行车存放处等项目，并应根据旅馆的实际需要设置。职工用房的位置及出入口应避免职工人流线与旅客人流路线互相交叉。

（10）洗衣房设置应靠近服务电梯。

3. 建筑防火及安全疏散

（1）集中式旅馆的每一防火分区应设有独立的、通向地面或避难层的安全出口，并不得少于2个。

（2）旅馆建筑内的商店、商品展销厅、餐厅、宴会厅等火灾危险性大、安全性要求高的功能区及用房，应独立划分防火分区或设置相应耐火极限的防火分隔，并设置必要的排烟设施。

（3）消防控制室应设置在便于维修和管线布置最短的地方，并应设有直通室外的出口。

（七）商业建筑

商业建筑在历年考试中出现过，如2013年的超级市场，但商业存在类型复杂多样，商业形态、地产结合等方面也发生诸多变化。该类型的考题应该还会出现，例如，一些专业性很强的商店、与其他建筑结合的商场等，题目可以设置很多考点，所以应了解商店的基本设计要求，形成设计概念以储备设计经验。

商店建筑的规模应按单项建筑内的商店总建筑面积进行划分，小型：建筑面积＜5000m²；中型：建筑面积5000～20 000m²；大型：建筑面积＞20 000m²。

大型商店建筑的基地沿城市道路的长度不宜小于基地周长的1/6，并宜有不少于两个方向的出入口与城市道路相连接。大型和中型商店建筑的基地内应设置专用运输通道，且不应影响主要顾客人流，其宽度不应小于4m，宜为7m。运输道路设在地面时，可与消防车道结合设置。

商店建筑基地内车辆出入口数量应根据停车位的数量确定，当设置2个或2个以上车辆出入口时，车辆出入口不宜设在同一条城市道路上。

1. 功能组成

商店建筑可按使用功能分为营业区、仓储区和辅助区等三部分，如图6-11所示。商店建筑的内外均应做好交通组织设计，人流与货流不得交叉。营业区、仓储区和辅助区等的建筑面积应根据零售业态、商品种类和销售形式等进行分配，并应能根据需要进行取舍或合并。

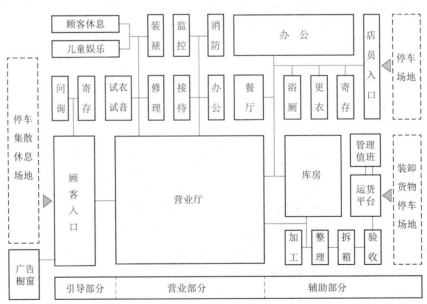

图6-11　商店建筑的功能分析

2. 设计要点

（1）商店建筑楼梯梯段最小净宽应符合的规定：营业区的公共楼梯≥1.40m，专用疏散楼梯≥1.20m，室外楼梯≥1.40m。

（2）大型和中型商店的营业区宜设乘客电梯、自动扶梯、自动人行道；多层商店宜设置货梯或提升机。

（3）营业区：营业厅设计应按商品的种类、选择性和销售量进行分柜、分区或分层，且顾客密集的销售区应位于出入方便的区域；营业厅内的柱网尺寸应根据商店规模大小、零售业态和建筑结构选型等进行确定，应便于商品展示盒柜台、货架布置，并应具有灵活性。通道应便于顾客流动，并应设有均匀的出入口。

（4）商业建筑柱网参数及平面布置，见表 6-14。

表 6-14　　　　　　　　　　　商业建筑柱网参数及平面布置

柱距与柱跨参数	平面布置内容
9.00m 柱网	柜区布置方式很灵活，可设 5.00m 宽通道，或>3m 宽通道和两组货架后背间设散仓位
7.50m 柱网	柜内布置方式灵活、紧凑，可设 3.70m 宽通道，或>2.20m 宽通道和两组货架后背间设散仓位
大于或等于 6.00m 柱网	柜区布置以条式和岛式相结合为宜，可设 2.20m 宽通道，仅可利用部分靠墙处及角隅设散仓位
<6.00m 柱网	一般做条式柜区布置，双跨时稍灵活，可布置条式和岛式各一行柜区

（5）营业厅内或近旁宜设置附加空间或场地，并应符合的规定有：① 服装区宜设试衣间；② 宜设检修钟表、电器、电子产品等的场地；③ 销售乐器和音响器材等的营业厅设试音室，且面积不应小于 2m²。

（6）大型和中型商店建筑内连续排列的商铺应符合的规定有：① 各店铺的作业运输通道宜另设；② 商铺内面向公共通道营业的柜台，其前沿应后退至距通道边线不小于 0.50m 的位置。

（7）大型和中型商店建筑内连续排列的商铺之间的公共通道最小净宽度应符合表 6-15 的规定。

表 6-15　　　　　　　　　　　连续排列店铺间的公共通道最小净宽度

通道名称	最小净宽度/m	
	通道两侧设置商铺	通道一侧设置商铺
主要通道	主要通道 4.00，且不小于通道长度的 1/10	3.00，且不小于通道长度的 1/15
次要通道	3.00	2.00
内部作业通道	1.80	—

注：主要通道长度按其两端安全出口间距离算。

（8）大型和中型商店应设置为顾客服务的设施，并应符合的规定有：宜为顾客设置顾客休息室或休息区，且面积宜按营业厅面积的 1.00%～1.40%计；应设置为顾客服务的卫生间，并宜设服务问讯台。

（9）一些其他商业类型的设计要求，见表 6-16。

表 6-16 一些商业类型的设计要求

菜市场	1. 在菜市场内设置商品运输通道时，其宽度应包括顾客避让宽度； 2. 商品装卸和堆放场地应与垃圾废弃物场地相隔离
大型和中型书店	1. 营业厅宜按书籍文种、科目等划分范围或层次，顾客较密集的售书区应位于出入方便区域； 2. 营业厅可按经营需要设置书展区域； 3. 设有较大的语音、声像销售区时，宜提供试听设备或试试听、试看室； 4. 当采用开架书廊营业方式时，可利用空间设置夹层，其净高不应小于 2.10m； 5. 开架书廊和书库储存面积指标，可按 400~500 册/m² 计；书库底层入口宜设置汽车卸货平台
中药店	1. 营业部分附设门诊时，面积可每一名医师 10m² 计（含顾客候诊面积），且单独诊室面积不宜小于 12m²； 2. 饮片、药膏、加工场和熬药间均应符合国家现行有关卫生和防火标准的规定
西医药店	按药品性质与医疗器材种类进行分区、分柜设置
家居建材商店	1. 底层宜设置汽车卸货平台和货物堆场，并应设置停车场； 2. 应根据所售商品的种类和商品展示的需要，进行平面分区； 3. 楼梯宽度和货梯选型应便于大件商品搬运

（10）仓储区：商店建筑应根据规模、零售业态和需要等设置供商品短期周转的储存库房、卸货区和商品出入库及销售有关的整理、加工和管理等用房。储存库房可分为总库房、分部库房和散仓。

（11）分部库房和散仓应靠近营业厅内的相关销售区，并宜设置货运电梯。储存库房内存放商品应紧凑、有规律，注意货架或堆垛间的通道净宽度要求。

（12）储存库房内电瓶车通道宜取直，或设置不小于 6m×6m 的回车场地。

（13）辅助部分：大型和中型商店辅助区包括外向橱窗、商品维修用房、办公业务用房，以及建筑设备用房和车库等，并应根据商店规模和经营需要进行设置。

（14）大型和中型商店应设置职工更衣、工间休息及就餐等用房。

（15）大型和中型商店应设置职工专用厕所，小型商店宜设置职工专用厕所。

（16）商店建筑内部应设置垃圾收集空间或设施。

3. 防火及安全疏散

（1）除为综合性建筑配套服务且建筑面积小于 1000m² 的商店外，综合性建筑的商店部分应采用耐火极限不低于 2.00h 的隔墙和耐火极限不低于 1.50h 的不燃烧体楼板与其他部分隔开；商店部分的安全出口必须与建筑其他部分隔开。

（2）商店营业厅的疏散门应为平开门，且应向疏散方向开启，其净宽不应小于 1.40m，并不宜设置门槛。

（3）大型商店的营业厅在五层及以上时，应设置不少于 2 个直通屋顶平台的疏散楼梯间。屋顶平台上无障碍物的避难面积不宜小于最大营业层建筑面积的 50%。

（八）体育建筑

体育建筑在 2007 年曾经出现，但大型体育建筑考试改革后尚未出现，估计原因是体育场馆结构体型复杂、场内空间单一，体育工艺、设备多样，防火措施特殊等，设计难度较大。虽然如此，但参考 2003 年航站楼题目也有类似的问题，还是可以形成合理的考题的。例如，2007 年体育俱乐部，小型、综合的体育健身设施如练习场馆、游泳、健身相结合的建筑，还是可以控制规模，简化结构体型来形成考题，且易设置考点。结合现在大力推广体育健身的形势，以及在申请冬奥会成功的大环境下应该了解各种体育设施的基本要求。

（1）根据体育设施规模大小，建筑基地至少应分别有一面或二面临接城市道路。总平面设计应布局合理，功能分区明确，交通组织顺畅，管理维修方便，并满足当地规划部门的相关规定和指标。

（2）总出入口布置应明显，不宜少于两处，并以不同方向通向城市道路。观众出入口的有效宽度不宜小于0.15m/百人的室外安全疏散指标。

（3）道路应满足通行消防车的要求，净宽度不应小于3.5m。观众出入口处应留有疏散通道和集散场地，可充分利用道路、空地、屋顶、平台等。

1. 功能组成及设计要点

比赛场馆基本功能组织，如图6-12所示。

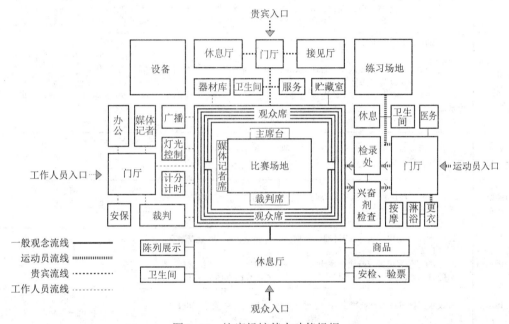

图6-12 比赛场馆基本功能组织

（1）通用建筑设计及要点。

1）比赛建筑主要由比赛场地、练习场地、看台、各种辅助用房和设施等组成。

2）根据比赛和训练的使用要求，建筑功能分区可分为竞赛区、观众区、运动员区、竞赛管理区、新闻媒体区、贵宾区、场馆运营区等。依据分区妥善安排各部分之间的位置，解决好各部分之间的联系和分隔要求。

3）根据功能分区应合理安排各类人员出入口。比赛用建筑和设施应保证观众的安全和有序入场及疏散，应避免观众和其他人流（如运动员、贵宾等）的交叉。

4）看台安全出口和走道应均匀布置，独立的看台至少应有两个安全出口，安全出口宽度不应小于1.1m，主要纵横过道不应小于1.1m（指走道两边有观众席）；次要纵横过道不应小于0.9m（指走道一边有观众席）。

5）看台各排地面升高应符合下列要求：

① 视线升高差（c 值）应保证后排观众的视线不被前排观众遮挡，每排 c 值不应小于0.06m。

② 在技术、经济合理的情况下，视点位置及 c 值等可采用较高的标准，每排 c 值宜选用 0.12m。

6）辅助用房应包括观众（含贵宾、残疾人）用房、运动员用房、竞赛管理用房、新闻媒介用房等，见表 6-17，其功能布局应满足比赛要求，便于使用和管理，并应解决好平时与赛时的结合，具有通用性和灵活性。

表 6-17　　　　　　　　　　　　　　辅助用房的设计要求

辅助用房	设 计 要 求	流 线
观众用房	1. 观众用房（含贵宾，残疾人）应与其看台区接近，面积应与其使用要求及使用人数一致，并配置相应的服务设施。 2. 贵宾休息区应与一般观众休息区分开，并设单独出入口。 3. 观众使用的厕所应设前室，厕所门不得开向比赛大厅	观众：观众安检、验票入口→公共活动区域观众厅→观众看台→出口 贵宾：贵宾入口→贵宾休息室→贵宾区看台/主席台→颁奖→贵宾出口
运动员用房	1. 运动员用房应包括运动员休息室、兴奋剂检查室、医务急救室和检录处等。 2. 运动员休息室应由更衣室、休息室、厕所盥洗室，淋浴等成套组合布置，根据需要设置按摩台等。 3. 医务急救室应接近比赛场地或运动员出入口，门外应急救护车停放处。 4. 检录处应位于比赛场地运动员入场口和热身场地之间	田径运动员：运动员入口→热身场地→第一检录处→室内准备活动场地→第二检录处→比赛场地→混合区→赛后控制中心→新闻发布厅→兴奋剂检查室→运动员看台→出口
竞赛管理用房	应包括组委会、管理人员办公、会议、仲裁录放、编辑打字、复印、数据处理、竞赛指挥、裁判员休息室、颁奖准备室和赛后控制中心等	竞赛管理人员：竞赛管理入口→更衣/休息→工作区/技术官员看台/比赛场地→出口
新闻媒介用房	新闻媒介用房应包括新闻官员办公、记者工作用房、电传室、邮电所和无线电通信机房等	媒体入口→新闻媒体工作区→文字摄影记者看台→混合区→新闻发布厅→出口
计时记分用房	1. 计时记分用房应包括计时控制，计时与终点摄影转换，屏幕控制室，数据处理室。 2. 计时记分牌位置应能使全场绝大部分观众看清，室外计时记分装置显示面宜朝北背阳，室内馆侧墙上计时记分装置底部距地面应大于 2.5m	
广播电视用房	宜设置广播电视人员专用出入口和通道，出入口附近应能停放电视转播车	媒体入口→电视转播工作区→评论员看台/转播机位→混合区→新闻发布厅→出口
技术设备用房	1. 应包括灯光控制室、消防控制室、器材库、变配电室和其他机房等； 2. 灯光控制室应能看到主席台、比赛场地和比赛场地上空的全部灯光； 3. 消防控制室宜位于首层并与比赛场内外联系方便，应有直通室外的安全出口； 4. 器材库和比赛、练习场地联系方便；器材应能水平或垂直运输	

（2）体育场。

1）体育场的标准方位：纵向轴平行南北方向，也可北偏东或北偏西。观众的主要看台最好位于西南方，即观众面向东方。

2）体育场的正式比赛场地应包括径赛用的周长 400m 的标准环形跑道、标准足球场和各项田赛场地。除直道外侧可布置跳跃项目的场地外，其他均应布置在环形跑道内侧。

3）比赛场地的综合布置应紧凑合理，铁饼、链球、标枪、铅球的落地区应设在足球场内，投掷圈或助跑道应设在足球场端线之外；跳高、铅球场地应设在跑道弯道与足球场端线之间的半圆区内；跳远和三级跳远，撑竿跳高场地宜设在跑道直道的外侧，也可设在两个半圆区内。当设在直道外侧时起跑点距看台宜大于 5m。

4）西直道外侧场地宽度应满足起终点裁判工作、颁奖仪式等活动的需要。

5）比赛场地和观众看台之间应采取有效的隔离措施。

6）比赛场地至少应有两个出入口，且每个净宽和净高不应小于 4m，当净宽和净高有困难时，至少其中一个出入口满足宽度和高度要求，供入场式用的出入口，其宽度不宜小于跑道最窄处的宽度，高度不低于 4m。

（3）体育馆。

1）体育馆规模根据观众席容量（座）可分为：特大型（10 000 座以上）、中型（3000～6000 座）、大型（6000～10 000 座）、小型（3000 座以下）。

2）体育馆除体育项目外应为多功能使用留有余地和灵活性。

3）当体育馆进行正式比赛时，除比赛场地外，应考虑热身场地和练习场地的要求。

4）综合体育馆比赛场地上空净高不应小于 15.0m。

5）体育馆的比赛场地要求及最小尺寸，见表 6–18。

表 6–18　　　　　　　　　体育馆的比赛场地要求及最小尺寸　　　　　　　　（m）

分类	要　求	最小尺寸（长×宽）
特大型	可设置周长 200m 田径跑道或室内足球、棒球等比赛	根据要求确定
大型	可进行冰球比赛或搭设体操台	70×40
中型	可进行手球比赛	44×24
小型	可进行篮球比赛	38×20

6）体育馆基本功能构成，如图 6–13 所示。

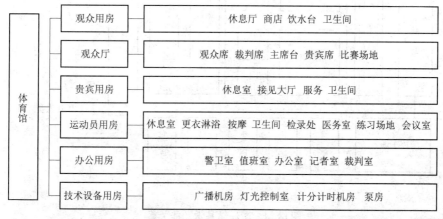

图 6–13　体育馆基本功能构成

7）体育馆的辅助用房和设施应包括：观众用房、贵宾用房、运动员用房、竞赛组织工作用房、新闻工作用房、广播电视技术用房、计时记分用房、其他技术用房及体育器材库等。

8）体育馆练习房与比赛厅之间应联系方便，练习房的规格和内容应结合比赛和练习项目的要求确定，以满足比赛热身或平时练习要求。其更衣、淋浴、存衣等服务设施可以独立设置，也可与比赛厅合并集中设置。

（4）游泳设施。

1）当游泳设施进行多项水上项目赛事和训练时，可根据设施等级和使用性质，确定游泳池、跳水池的专用、合用或兼用，并满足各水上项目的技术要求。

2）比赛池规格，见表6-19。

表6-19 比 赛 池 规 格 （m）

等级	比赛池规格（长×宽×深）	
	游泳池	跳水池
特级、甲级	50×25×2	21×25×5.25
乙级	50×21×2	16×21×5.25
丙级	50×21×1.3	—

3）比赛池长度分为50m和25m两种。

4）泳道宽度2.5m，最外一条分道线距池边至少50cm。

5）游泳馆基本功能关系如图6-14所示。

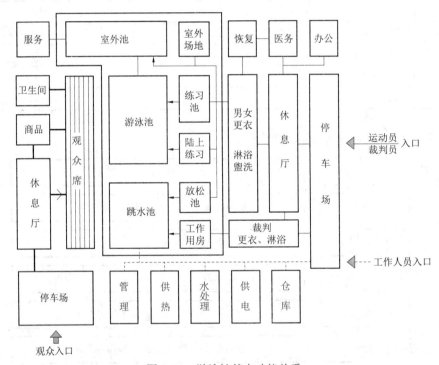

图6-14 游泳馆基本功能关系

6）其他类型比赛池的设计要求见表6-20。

表6-20 其他类型比赛池的设计要求

比赛池类型	设 计 要 求
水球比赛池	1. 水球比赛池最小尺寸应为33.0m×21.0m，场地内水深不得小于1.80m； 2. 水球比赛池可采用符合尺寸和深度要求的比赛池或跳水池

比赛池类型	设 计 要 求
花样游泳比赛池	1. 比赛区最小尺寸为 12.0m×25.0m，世界级比赛池要求 30m×20m； 2. 花样游泳比赛池可采用符合比赛要求的标准比赛池
跳水池	1. 跳水池最小尺寸为 16.0m×21.0m；当跳水池与游泳比赛池合为一池并为群众使用时，在水深变换处应设分隔栏杆，以保证安全； 2. 应有楼梯到达各层跳台，通向 10m 跳台的楼梯应设若干休息平台； 3. 观众看台应设置在比赛跳台的两侧，避免布置在跳台后面和对面
热身池	1. 大型正式游泳比赛，邻近比赛池应有一个长 50m、至少 5 条泳道，水深不低于 1.2m 的热身池，并至少在一端有出发台； 2. 跳水池的跳水设施后方应有一个放松池，并配备相应淋浴设备
池岸	池壁与平台间应设置构造合理、便于清扫和维护的溢水槽，槽上应设溢水箅子
水下观察窗	1. 专业训练和正式比赛的游泳池和跳水池的池壁宜设水下观察窗或观察廊，其位置和尺寸根据要求确定； 2. 其外部廊道应为封闭的防水结构，并应设紧急泄水设施和人员安全疏散口

7）辅助用房与设施。

辅助用房与设施应符合表 6-21 的要求。

表 6-21　　　　　　　　　　　　辅助用房与设施要求

辅助用房	设 施 要 求
淋浴，更衣和厕所用房	其设置应满足比赛时和平时的综合利用
医务急救、广播用房	—
技术设备用房	应包括水处理室、水质检验室、水泵房、配电室等及有关机房及仓库等
竞赛组织用房	应包括各项工作用房如检录室、兴奋剂检查室，工作人员和裁判用房等，还应包括设备用房，如电子服务系统、计算机、技术摄像、计时记分等用房
控制中心	其位置应设于跳水池处的跳水设施一侧，面积不应小于 5.0m×3.0m；在游泳池处应设于距终点 3.5m 处，面积不应小于 6.0m×3.0m。地面高出池岸 0.5~1.0m，并能不受阻碍地观察到比赛场区

8）进入游泳跳水区前应设有强制预淋浴和消毒洗脚池等设施。消毒洗脚池长度不应小于2m，宽度与通道相同，深度不应小于 0.2m。

9）观众区与游泳跳水区及池岸间应有良好的隔离设施，观众的交通路线不应与运动员、裁判员及工作人员的活动区域交叉，供观众使用的设施不应与运动员合并使用。观众区的污水、污物不得进入池区内。

10）训练设施：游泳设施的训练部分按使用可分为跳水训练馆、游泳训练馆、综合训练馆和陆上训练房等类型。训练设施使用人数可按 4m²/人水面面积计算。

11）训练池应包括根据竞赛规则及国际泳联的规定的热身池和供初学和训练用的练习池。

2. 防火与安全疏散

（1）体育建筑的防火分区尤其是比赛大厅，训练厅和观众休息厅等大间处应结合建筑布局、功能分区和使用要求加以划分，并应报当地公安消防部门认定。

（2）观众厅、比赛厅或训练厅的安全出口应设置乙级防火门。

（3）体育建筑应合理组织交通路线，并应均匀布置安全出口，内部和外部的通道，使分区明确，路线短捷合理。

（4）疏散门的净宽度不应小于1.4m，并应向疏散方向开启；不得做门槛，在紧靠门口1.4m范围内不应设置踏步；应采用推闩外开门，不应采用推拉门，转门不得计入疏散门的总宽度。

（5）观众厅外的疏散走道室内坡道坡度不应大于1:8，室外坡道坡度不应大于1:10，并应有防滑措施。

（6）疏散楼梯踏步深度不应小于0.28m，踏步高度不应大于0.16m，楼梯最小宽度不得小于1.2m，转折楼梯平台深度不应小于楼梯宽度。直跑楼梯的中间平台深度不应小于1.2m。

（九）展览建筑

展览建筑可按总展览面积划分为：特大型（＞100 000m²）、大型（30 000～100 000m²）、中型（10 000～30 000m²）和小型（≤10 000m²）。展览建筑不同于博物馆类文化建筑，它是一种大型公共建筑，小型展览馆与博物馆有些类似。这类型公共建筑非常强调流线组织，适合用于方案作图考试。

1. 功能组成

展览建筑应根据其规模、展厅的等级和需要设置展览空间、公共服务空间、仓储空间和辅助空间。建筑布局应与规模和展厅的等级相适应。展览建筑功能关系如图6-15所示。

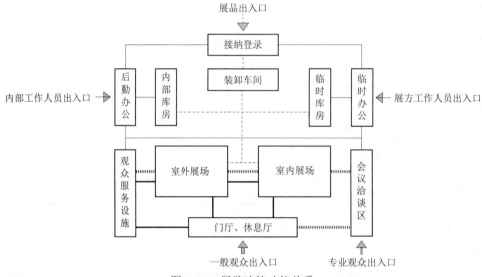

图6-15　展览建筑功能关系

2. 设计要点

（1）展览馆设计要注意参观路线的组织，尽量组织完整的参观路线，同时尽量减少往返交叉现象，见表6-22。

表6-22　　　　　　　　　　　　　　　展览建筑的设计要点

空间	内容	设　计　要　点
展览空间	包括展厅和展场	1. 公众参观流线应便捷，并应避免迂回、交叉。 2. 展品及工作人员流线应与公众观参流线分开。 3. 展厅设计应便于展品布置，并宜采用无柱大空间。当展厅有柱时，甲等、乙等展厅柱网尺寸不宜小于9m×9m。 4. 展厅内展位通道尺寸除应满足安全疏散的要求外，甲等、乙等展厅主要展位通道净宽不宜小于5m，次要展位通道净宽不宜小于3m。丙等展厅展位通道净宽不宜小于3m。 5. 展览建筑内部空间应考虑持票观展时的分区使用，特大型、大型展览建筑宜设置安检设施

空间	内容	设 计 要 点
公共服务空间	前厅	1. 展览建筑的前厅宜集中设置。前厅应分为外区和内区，内外区之间应设置检票系统；外区应设置为展方服务的检录空间和设施。 2. 前厅外区应设置票务、咨询、寄存、监控、邮政、海关等，并宜设置观众休息、公共电话、饮水处等；并应设置公共厕所
	过厅	当展览建筑有多个展厅时，展厅与前厅之间应设置过厅。过厅可与前厅的内区结合，同时过厅应为展厅提供缓冲空间
	贵宾休息室	贵宾休息室宜设置单独门厅同时应设置独立的厕所和服务间
	新闻中心	新闻中心应具备新闻发布、媒体登录、记者服务等功能。新闻中心宜紧邻前厅或主入口区域
	会议空间	会议空间可分为大型多功能厅、大中型会议空间、商务会议室、商务洽谈空间
	餐饮空间	当配备商务餐厅时，应根据需要设置厨房。当就近设置快餐供应点时，应便于快餐的配送和垃圾的收集
展览建筑仓储空间	分为室内库房及室外堆场	1. 展方库房和装卸区应采用大柱网设计，柱网尺寸不宜小于9m×9m。 2. 集装箱卡车应能直接到达装卸区。装卸区与展方库房之间交通联系应直接、便捷
	行政办公用房	1. 行政办公用房宜包括行政管理用的办公室、会议室、文印室、值班室、员工休息室、员工卫生间和员工机动车、自行车停放处等。 2. 行政办公用房可设置在展览建筑内，也可单独设置；行政办公用房的位置及出入口不应造成内部员工流线与观众流线的交叉
辅助空间	临时办公用房	临时办公用房宜设置在展厅附近，并宜与公共服务空间和仓储空间有便捷的联系
	设备用房	设备用房的位置应接近服务负荷中心，并应避免其噪声和振动对公共区和展览区造成干扰

（2）展厅的布置形式见表6-23。

表6-23　　　　　　　　　展 厅 的 布 置 形 式

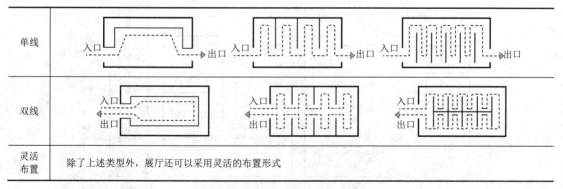

单线	
双线	
灵活布置	除了上述类型外，展厅还可以采用灵活的布置形式

3. 防火与安全疏散

（1）仓储空间应与展厅分开布置，公共服务空间和辅助空间宜与展厅分开布置。

（2）供垂直运输物品的客货电梯宜设置独立的电梯厅，不应直接设置在展厅内。

（3）展厅内任何一点至最近安全出口的直线距离不宜大于30m，当单、多层建筑物内全部设置自动灭火系统时，其展厅的安全疏散距离可增大25%。

（4）展厅内的疏散走道应直达安全出口，不应穿过办公、厨房、储存间、休息间等区域。

（十）交通建筑

交通建筑是经常会出现在考题里的一种建筑形式，因其功能分区、流线种类多，组织复杂且大多为一、二层结构，对这种建筑的方案设计非常能显现设计师的水平，特别适合考试。掌握多种类型的交通建筑一些设计要点和手法对应试者是必需的。下面简单分析一些常见交通建筑类型。

1. 汽车客运站建筑

汽车客运站的建筑等级应根据车站的年平均日旅客发送量划分为四级，见表6-24。

表6-24   汽车客运站的建筑等级

等级	发车位	年平均日旅客发送量/人次
一级	20~24	10 000~25 000
二级	13~19	5000~9999
三级	7~12	1000~4999
四级	6 以下	1000 以下

（1）设计要点。

1）汽车客运站总平面布置包括站前广场、站房、停车场、附属建筑、车辆进出口及绿化等内容。布局合理，分区明确，使用方便，流线简捷，应避免旅客、车辆及行包流线的交叉。

2）汽车站建筑功能关系如图6-16所示。

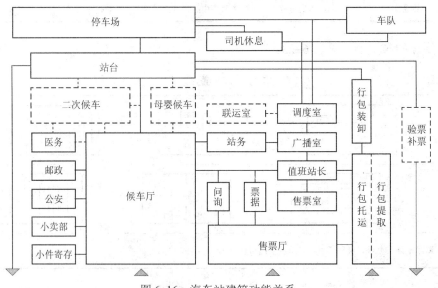

图6-16 汽车站建筑功能关系

3）汽车进站口、出站口应分别独立设置；汽车进站口、出站口宽度均不应小于4m；汽车进站口、出站口与旅客主要出入口应设不小于 5m 的安全距离，并应有隔离措施；汽车进站口、出站口距公园、学校、托幼建筑及人员密集场所的主要出入口距离不应小于 20m；汽车客运站站内道路应按人行道路、车行道路分别设置。双车道宽度不应小于 6m；单车道宽度不应小于 4m；主要人行道路宽度不应小于 2.5m。

4）站前广场应与城市交通干道相连。站前广场应明确划分车流路线、客流路线、停车区域、活动区域及服务区域。旅客进出站路线应短捷流畅；应设残疾人通道。

5）站房设计应由候车、售票、行包、业务及驻站、办公等用房组成。站房设计应做到功能分区明确，客流、货流安排合理，有利安全营运和方便使用。站房的设计要点见表6-25。

表6-25 站房的设计要点

设计内容	设 计 要 点
候车厅	1. 一、二级站候车厅内宜设母婴候车室，且应邻近站台并单独设检票口。 2. 候车厅内应设检票口。当检票口与站台有高差时，应设坡道。 3. 候车厅设置座椅排列方向应有利于旅客通向检票口，每排座椅不应大于20座。 4. 候车厅内应设饮水点；候车厅附近应设男女厕所及盥洗室
售票厅	1. 一、二级站候车厅内宜设母婴候车室，母婴候车室应邻近站台并单独设检票口。 2. 候车厅内应设检票口。当检票口与站台有高差时，应设坡道。 3. 候车厅设置座椅排列方向应有利于旅客通向检票口，每排座椅不应大于20座。 4. 候车厅内应设饮水点；候车厅附近应设男女厕所及盥洗室
售票室票据库	1. 售票室的使用面积按每个售票口不应小于5m²计算。 2. 一、二、三级站应设票据库，使用面积不应小于9m²
行包托运、行包提取、小件寄存处	1. 行包托运处、行包提取处，一、二级站应分别设置；三、四级站可设于同一空间。 2. 行包托、取受理处与行包托、取厅之间的门，宽度不应小于1m
站台行包装卸廊发车位	1. 汽车客运站应设置站台。 2. 站台设计应有利旅客上下车、行包装卸和客车运转，站台净宽不应小于2.50m。 3. 发车位为露天时，站台应设置雨篷，雨篷净高不得低于5m。 4. 站台雨篷承重柱净距不应小于3.50m；柱子与候车厅外墙净距不应小于2.50m。 5. 行包装卸廊与站场间应设简捷的垂直交通设施。其宽度不应小于3.60m。 6. 客流不得通过行包装卸廊
其他用房	1. 问讯处应邻近旅客主要入口处，问讯处前应设不小于8m²的旅客活动场地。 2. 广播室宜设在便于观察候车厅、站场、发车位的部位。 3. 调度室应邻近站场、发车位，应设外门。 4. 一、二级站应设医务室。医务室应邻近候车厅。 5. 旅客使用的厕所及盥洗台应设置前室，一、二级站应单独设盥洗室；一、二、三级站应设到站旅客使用的厕所
驻站用房	1. 按有关部门需要设置公安、海关、检疫、邮电等部门的用房。 2. 公安用房应与候车厅、售票厅、值班站长室有较方便联系。 3. 海关、检疫用房的布局应有利于各方面工作联系，并有各自单独出入口。 4. 邮电业务用房位置宜邻近候车厅

6）附属建筑应有维修车间、洗车台、办公室等，其内容和规模可根据站级及需要设置。维修车间应按一级维护及小修规模设置。维修车间场地宜与城镇道路直通，并与站场有隔离设施。一、二级站旅客出站口处应设验票、补票室。

7）停车场的停车数大于50辆，其汽车疏散口不应少于2个，停车总数不超过50辆时可设一个疏散口；停车场的进、出站通道，单车道净宽不应小于4m，双车道净宽不应小于6m。

8）发车位和停车区前的出车通道净宽不应小于12m。

（2）防火与安全疏散。

1）候车厅内安全出口不得少于2个，每个安全出口的平均疏散人数不应超过250人。

2）候车厅安全出口必须直接通向室外，室外通道净宽不得小于3m。

3）候车厅安全出口净宽不得小于1.40m，太平门应向疏散方向开启，严禁设锁，不得设门槛。如设踏步应距门线1.40m处起步，如设坡道，坡度不得大于1/12，并应有防滑措施。

4）楼层设置候车厅时，疏散楼梯不得小于2个，疏散楼梯应直接通向室外，室外通道净宽不得小于3m。

2. 机场航站楼建筑

旅客航站楼的建筑面积取决于建设目标年典型高峰小时旅客吞吐量和年旅客吞吐量，同时，为满足工艺流程需要，航站楼建筑面积不宜小于2000m²。

旅客航站楼与站坪的构形在平面布局上可选用前列式、指廊式、卫星式等，旅客航站楼在旅客流程上可选用一层式、一层半式、两层式、多层式，旅客航站楼与站坪的构形根据机场性质、旅客航站楼的规模确定，见表6-26。

表6-26　　　　　　　　航站楼平面布局与建筑构形

航站楼平面布局	航站楼建筑构形
前列式、短指廊式	一层式、一层半式
指廊式、前列式及两者结合式	一层半、二层式
卫星式（集中式航站楼）、单元式航站楼	二层式、多层式

根据航站楼建筑构形可以确定航站楼剖面流程见表6-27。

表6-27　　　　　　　　　　航 站 楼 剖 面 流 程

	一层式	一层半式	两层式	两层半式	多层式
陆侧道路	出港到港平层划分	单层，出港到港平面划分	两层，出港在上，到港在下	两层，出港在上，到港在下	两层或多层，出港在上，到港在下
旅客主要功能区	办票、候机厅、行李提取均在首层	办票、行李提取在首层，候机厅到港通道在二层	出港功能在二层，到港通道在二层，其他到港功能均在一层	出港功能在二层，到港功能在二层，其他到港功能均在一层	出港功能在上层，到港功能在下层，功能复杂
登机模式	无近机位，站坪步行，旋梯登机	近机位通过平层登机桥登机	近机位通过平层登机桥登机	近机位通过剪刀式登机桥登机	近机位通过剪刀式登机桥登机或登机桥内扶梯登机

（1）功能分区及设计要点。

1）功能分区见表6-28。

表6-28　　　　　　　　　　航 站 楼 分 区

空侧/安全控制区		航站楼内旅客、工作人员及其行李、物品需经安全检查才能进入的区域
国际控制区		航站楼内旅客、工作人员极其行李、物品必须经过出入境管理部门检查和安全检查才能进入的区域
陆侧	公共区	旅客和非旅客公众不经安全检查可出入的区域
	后勤区	工作人员不经安全检查可进出的区域
贵宾区		有特殊身份或经特殊允许才能进入的区域
其他安全控制区		经过特殊允许和检查的工作人员才能进入的区域

2）各功能区设计要点见表6-29。

表 6-29 　　　　　　　　　　各 功 能 区 设 计 要 点

办票大厅	1. 前端方便联系陆侧交通设施，后端连接国内安检大厅及国际联检大厅。 2. 办票柜台的布置形式一般为：岛式或前列式
安检工作区	1. 每条安检区设置验证区、检查区、整理区。 2. 候检区长度应不小于20m，安检通道长度不应小于12m
国际联检工作区	1. 检验检疫：候检区长度不小于10m；柜台布置采用通过式。 2. 海关：边防检查排队候检区域深度不小于15m；排队方式可采用蛇形或直列。 3. 安全检查
候机厅	1. 包括：登机口、旅客座位区、头等舱商务舱旅客候机厅、母婴候机室、服务设施、问讯处、卫生间、吸烟室、儿童活动区等。 2. 布置形式一般分为：带状候机厅（单侧候机、双侧候机）、集中式候机厅（岛式候机、尽端式候机）
行李提取大厅	1. 设计内容包括：行李提取转盘、行李查询、行李手推车存放处、休息座椅、卫生间、更衣室等。 2. 行李提取转盘的形式可分为：岛式、半岛式
迎客大厅	1. 服务到港旅客和迎客人员。 2. 内容包括：接客口、航空公司服务、航班信息显示、城市交通接驳、连接办票大厅
商业服务设施	1. 商业设施和旅客流程结合，旅客类型、旅客流程是商业设施布点和选型的重要依据。商业区布置灵活，可集中布置也有分散的商业点。 2. 在国际机场的空侧有免税店

（2）防火与安全疏散。

1）航站楼公共区与非公共区之间应采取防火分隔措施。公共区中的商业设施宜相对集中布置在靠建筑外墙一侧。

2）航站楼应设置环形消防车道。

3）一类航站楼的出发、等候区可划分为一个防火分区；行李提取区应独立划分防火分区。位于局部夹层的到达区可与出发区、等候区划分为同一个防火分区。

4）航站楼内非公共区内、等候区以及地下层与地上层之间设置的中庭、自动扶梯、敞开楼梯等上下层相连通的开口时，其防火分区面积应按上下层相连通的面积叠加计算。

5）书报、服装、箱包、玩具等商店不应连续布置，且每个隔间的面积不应大于200m²。其他物品的商店当连续布置时，其每个隔间的面积不应大于 500m²，总建筑面积不应大于2000m²。休息室、咖啡店、餐厅等设施，其建筑面积不应大于500m²。

6）航站楼内设置的房间的疏散出口不应少于2个，但建筑面积小于或等于50m²的房间可设一个疏散出口。

7）航站楼内非公共区的安全疏散距离应符合下列规定：

① 位于两个安全出口之间的疏散出口至最近安全出口的距离不应小于40m，位于袋形走道两侧或尽端的疏散出口至最近安全出口的距离不应小于22m；

② 房间内任一点到该房间疏散出口的距离，不应大于22m。

8）航站楼公共区内任何一点均应有2条不同方向的疏散路径。一类航站楼公共区内任何一点至最近安全出口的直线距离不应大于 60m，二类航站楼公共区内任何一点至最近安全出口的直线距离不应大于40m。

9）公共区的疏散楼梯可采用敞开楼梯，航站楼内的其他疏散楼梯应符合下列规定：

① 疏散楼梯的净宽不应小于1.2m；

② 办公的楼层数为2层及2层以上时，应采用封闭楼梯间或室外疏散楼梯；

③ 当地下层数为3层及3层以上或地下室内地面与室外出入口地坪高差大于10m时，

应采用防烟楼梯间。

10）当登机桥设置直通地面的楼梯时，通向登机桥的出口可作为安全出口。

11）自动扶梯和电梯不应作为安全疏散设施。

12）航站楼的高架桥可作为疏散安全区。

3. 铁路旅客车站

铁路旅客车站的总平面布置应使用功能分区明确，各种流线简捷、顺畅。车站广场交通组织方案遵循公共交通优先的原则，交通站点布局合理。铁路旅客车站的流线设计应注意：旅客、车辆、行李、包裹和邮件的流线应短捷，避免交叉；进、出站旅客流线应在平面或空间上分开；减少旅客进出站和换乘的步行距离。

（1）功能分区及设计要点。

设计内容包括：车站广场、站房设计、站场客运建筑等方面。下面介绍这些方面的一些设计时需要了解和注意的要点。铁路旅客车站的功能分区如图6-17所示。

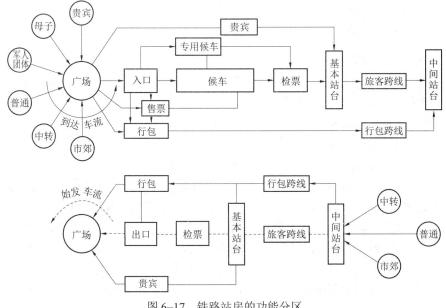

图6-17 铁路站房的功能分区

1）车站广场。

① 车站广场宜由站房平台、旅客车站专用场地、公交站点及绿化与景观用地四部分组成。车站广场应与站房、站场布置密切结合，车站广场内的旅客、车辆、行李和包裹流线应短捷，避免交叉。

② 站房平台长度不应小于站房主体建筑的总长度；平台宽度，特大型站不宜小于30m，大型站不宜小于20m，中型站不宜小于10m，小型站不宜小于6m。

③ 立体车站广场的平台应分层设置，每层平台的宽度不宜小于8m。

④ 客货共线铁路的特大型、大型和中型旅客车站的行李和包裹托取厅附近应设停放车辆的场地。

⑤ 当城市轨道交通与铁路旅客车站衔接时，人员进出站流线应顺畅衔接。

⑥ 城市公交、轨道交通站点应方便旅客乘降及换乘；当铁路旅客车站站房的进站和出站集散厅与城市轨道交通站厅连接，且不在同一平面时，应设垂直交通设施。

⑦ 当车站广场面积较大时，厕所宜分散布置。

2）站房设计。

① 站房内应按功能划分为公共区、设备区和办公区，各区应划分合理，功能明确，便于管理。其中，公共区应设置为开敞、明亮的大空间，旅客服务设施齐备，旅客流线清晰、组织有序。设备区应远离公共区设置，并充分利用地下空间。办公区宜集中设置于站房次要部位，并与公共区有良好的联系条件，与运营有关的用房应靠近站台。站房的设计要点见表6–30。

表 6–30   站 房 的 设 计 要 点

设置内容	设 计 要 点
集散厅	1. 集散厅应有快速疏导客流的功能。站房内应设置自动扶梯和电梯。 2. 进站集散厅内应设置问询、邮政、电信等服务设施。大型及以上站的出站集散厅内应设置电信、厕所等服务设施
候车区（室）	1. 客货共线铁路旅客车站站房可根据车站规模设普通、软席、军人（团体）、无障碍候车区及贵宾候车室。 2. 候车室座椅的排列方向应有利于旅客通向进站检票口。普通候车室的座椅间走道净宽度不得小于1.3m。 3. 候车区（室）应设进站检票口。 4. 候车区应设饮水处，并应与盥洗间和厕所分开设置。 5. 无障碍候车区的位置宜邻近站台，并宜单独设置检票口。 6. 中型及以上站宜设贵宾候车室。贵宾候车室应设置单独出入口和直通车站广场的车行道。贵宾候车室内应设厕所、盥洗间、服务员室和备品间
售票用房	1. 售票厅、售票室、票据室、办公室、进款室、总账室、订票室、送票室、微机室、自动售票机 2. 特大型、大型站的售票处除应设置在站房进站口附近外，还应在进站通道上设置售票点或自动售票机。中型、小型站的售票处宜设置在站房内候车区附近。当车站为多层站房时，售票处宜分层设置。 3. 售票室与售票厅之间不应设门
行李、包裹用房	1. 行李托运处的位置应靠近售票处，行李提取处宜设置在站房出站口附近。 2. 各旅客车站的包裹库和行李库的位置应统一设置。多层的特大型、大型站的站房和线下式站房的包裹库应设置垂直升降设施，升降机应能容纳一辆包裹拖车。 3. 特大型站的包裹库各层之间应有供包裹车通行的坡道，行李提取厅宜设置行李传送带。 4. 特大型、大型站宜设无主包裹存放间，并不宜小于20m²。 5. 办理运输鲜活货业务的站房，包裹库内宜设置专用存放间
旅客服务设施	1. 站房内宜设置问询处，小件寄存处，邮政、电信、商业服务设施，医务室，自助存包柜，自动取款机，时钟等，并应设置饮水设施和导向标志。 2. 特大型、大型和中型站应设有人值守问询处。应设置小件寄存处，并宜设自助存包柜。小型站的小件寄存处可与问询处合并设置。 3. 旅客车站宜设置为旅客服务的小型商业设施。特大型、大型站应设置吸烟处和旅客医务室
旅客用厕所、盥洗间	1. 旅客站房应设厕所和盥洗间。男女厕所宜分设盥洗间。 2. 候车室内最远地点距厕所距离不宜大于50m
客运管理、生活和设备用房	1. 客运管理用房应根据旅客车站建筑规模及使用需要集中设置，其用房宜包括客运值班室、交接班室、服务员室、补票室、公安值班室、广播室、上水工室、开水间、清扫工具间以及生产用车停车场地等。 2. 服务员室应设在候车区（室）或旅客站台附近，不得小于8m²。 3. 检票员室应设在检票口附近，其使用面积不得小于8m²。 4. 站房出口处宜设补票室，其使用面积不宜小于10m²。 5. 特大型、大型和中型站应设交接班室，其使用面积应不宜小于30m²。 6. 旅客车站应设广播室，其使用面积不宜小于10m²。 7. 站房内在旅客相对集中处，应设置公安值班室，其使用面积不宜小于25m²。 8. 旅客车站可根据需要设置通信、供电、供水、供气和暖通等设备的技术作业用房。各类技术作业房屋应集中设置。 9. 客运办公用房应根据车站规模确定，办公用房宜采用大开间、集中办公的模式。 10. 旅客车站宜设休息室、更衣室和职工厕所等职工生活用房。 11. 特大型、大型和中型站应在售票、行李、包裹及职工工作场所附近设置厕所和盥洗间。 12. 特大型、大型和中型站宜设置职工活动室、浴室、就餐间和会议室等生活用房

设置内容	设 计 要 点
国境（口岸）站房	1. 国境（口岸）站房应设客运和联检设施。 2. 国境（口岸）站房的客运设施应符合下列规定： ① 客运设施应设出入境和境内两套设施。 ② 出入境候车室宜按中型和小型分室设置。 ③ 出入境候车室及行李、包裹托运处应布置于联检后的监护区内。 ④ 站房、站台和旅客通道等应设置出入境旅客与境内旅客分开或隔离的设施。 3. 国境（口岸）站房的联检设施应符合下列规定： ① 联检设施应包括车站边防检查站、海关办事处、出入境检验检疫机构、国家安全检查站和口岸联检办公业务用房及查验设施。 ② 出入境旅客的联检按卫生检疫、边防检查、海关检查、动植物检疫的流程布置。 ③ 联检设施宜分为相互分离、完全封闭的出境和入境两套设施。 4. 出入境旅客服务设施可设免税商店、货币兑换处、邮政、电信及世界时钟等，并宜设旅游咨询、接待服务和小型餐饮等设施

　② 线侧式站房设置多层候车室时，应设置与站台相连的跨线设施。

　③ 特大型、大型和中型站应有设置防爆及安全检测设备的位置。

　④ 旅客站房宜独立设置。当与其他建筑合建时，应保证铁路旅客车站功能的完整和安全。

　⑤ 客运专线铁路旅客车站可不设行李、包裹用房。

　3）站场客运建筑。

　① 客运专线铁路旅客车站应设置与站台同等长度的站台雨篷。旅客基本站台上的旅客进站口、出站口应设置雨篷并应与基本站台雨篷相连。中间站台雨篷的宽度不应小于站台宽度。

　② 设置在站台上通向地道、天桥的出入口应符合下列规定：

　A. 旅客用地道、天桥宜设双向出入口，特大型、大型站应设自动扶梯。

　B. 旅客用地道设双向出入口时，宜设阶梯和坡道各 1 处。

　③ 客货共线铁路旅客车站行李、包裹地道通向各站台时，应设单向出入口。

　④ 出站地道的出口宜直对站房的出站口。

　⑤ 特大型、大型站可设站台售货亭，其位置宜设在站台中心两侧各 90～100m 处。

　⑥ 在楼层候车室设进站检票口时，检票口距进站楼梯踏步的净距离不得小于 4m。

　（2）防火与安全疏散。

　① 其他建筑与旅客车站合建时必须划分防火分区。

　② 特大型、大型和中型站内的集散厅、候车区（室）、售票厅和办公区、设备区、行李与包裹库，应分别设置防火分区。集散厅、候车区（室）、售票厅不应与行李及包裹库上下组合布置。

　③ 站房楼梯净宽度不得小于 1.6m，安全出口和走道净宽度不得小于 3m。

第七章　建筑防火规范要点

《建筑设计防火规范》（GB 50016，以下简称防火规范）于 2014 年进行了修编，2015 年开始实行。建筑防火各项规定和要求是注册建筑师考试的重点，应必须掌握。除知识题中会出现大量相关考题外，方案作图题中也会设置考查点。一般情况下，特殊的建筑会在任务书提醒防火规范的相关要求，考生在作图解答时应注意。以下列举一些与方案作图题相关的防火规范要点（并非规范原文）。

一、建筑分类和耐火等级

（1）建筑分类和耐火等级决定着建筑间距、防火分区、层数设置、安全疏散等重要限制。大型建筑需要注意其分类和等级。

（2）民用建筑根据其建筑高度和层数可分为单、多层民用建筑和高层民用建筑。高层民用建筑根据其建筑高度、使用功能和楼层的建筑面积可分为一类和二类，见表 7-1。

表 7-1　　　　　　　　　　　　　民 用 建 筑 的 分 类

名称	高层民用建筑		单、多层民用建筑
	一类	二类	
住宅建筑	建筑高度大于 54m 的住宅建筑（包括设置商业服务网点的住宅建筑）	建筑高度大于 27m，但不大于 54m 的住宅建筑（包括设置商业服务网点的住宅建筑）	建筑高度不大于 27m 的住宅建筑（包括设置商业服务网点的住宅建筑）
公共建筑	1. 建筑高度大于 50m 的公共建筑； 2. 建筑高度 24m 以上部分任一楼层建筑面积大于 1000m² 的多功能组合建筑； 3. 医疗建筑、重要公共建筑； 4. 省级及以上的广播电视和防灾指挥调度建筑、网局级和省级电力调度建筑； 5. 藏书超过 100 万册的图书馆、书库	除一类高层公共建筑外的其他高层公共建筑	1. 建筑高度大于 24m 的单层公共建筑； 2. 建筑高度不大于 24m 的其他公共建筑

（3）民用建筑的耐火等级可分为一、二、三、四级。民用建筑的耐火等级应根据其建筑高度、使用功能、重要性和火灾扑救难度等确定。

（4）地下或半地下建筑（室）和一类高层建筑的耐火等级不应低于一级。单、多层重要公共建筑和二类高层建筑的耐火等级不应低于二级。

（5）一般钢筋混凝土结构、钢结构耐火等级均可做到一、二级，小型钢结构和木结构为三、四级。如果题目无特殊要求，不要采用三、四级的设计。

二、总平面布局

（1）在总平面布局中，应合理确定建筑的位置、防火间距、消防车道等。总平面图上除红线退让、日照间距等，应特别注意防火间距要求。

（2）民用建筑之间的防火间距见表 7-2。

表 7-2 民用建筑之间的防火间距 （m）

建筑类别		高层民用建筑	裙房和其他民用建筑		
		一、二级	一、二级	三级	四级
高层民用建筑	一、二级	13	9	11	·14
裙房和其他民用建筑	一、二级	9	6	7	9
	三级	11	7	8	10
	四级	14	9	10	12

（3）注意防火规范表中附注的规定，一些条件下防火间距可以减小，建筑高度大于100m的民用建筑与相邻建筑的防火间距不得减小。留意题意要求。

（4）除高层民用建筑外，数座一、二级耐火等级的住宅建筑或办公建筑，当建筑物的占地面积总和不大于2500m²时，可成组布置，但组内建筑物之间的间距不宜小于4m。组与组或组与相邻建筑物的防火间距不应小于表7-2的规定。

三、防火分区和层数

（1）在建筑方案设计时应注意防火分区的设置要求和允许面积，防火分区决定着安全疏散的布置方式。

（2）不同耐火等级建筑的允许建筑高度或层数、防火分区最大允许建筑面积，见表7-3。

表 7-3 不同耐火等级建筑的允许建筑高度或层数、防火分区最大允许建筑面积

名　称	耐火等级	允许建筑高度或层数	防火分区的最大允许建筑面积/m²	备　注
高层民用建筑	一、二级		1500	对于体育馆、剧场的观众厅，防火分区的最大允许建筑面积可适当增加
单、多层民用建筑	一、二级		2500	
	三级	5层	1200	
	四级	2层	600	
地下或半地下建筑（室）	一级		500	设备用房防火分区最大允许建筑面积不应大于1000m²

注：1. 表中规定的防火分区最大允许建筑面积，当建筑内设置自动灭火系统时，可按本表的规定增加1.0倍；局部设置时，防火分区的增加面积可按该局部面积的1.0倍计算。

　　2. 裙房与高层建筑主体之间设置防火墙时，裙房的防火分区可按单、多层建筑的要求确定。

（3）建筑内设置自动扶梯、敞开楼梯等上、下层相连通的开口时及建筑内设置中庭时，其防火分区的建筑面积应按上、下层相连通的建筑面积叠加计算。

（4）防火分区之间应采用防火墙分隔，确有困难时，可采用防火卷帘等防火分隔设施分隔。

（5）一、二级耐火等级建筑内的商店营业厅、展览厅，当设置自动灭火系统和火灾自动报警系统并采用不燃或难燃装修材料时，其每个防火分区的最大允许建筑面积应符合下列规定：

1）设置在高层建筑内时，不应大于4000m²；

2）设置在单层建筑或仅设置在多层建筑的首层内时，不应大于10 000m²；

3）设置在地下或半地下时，不应大于2000m²。

（6）其他要求见防火规范，如遇特殊要求题目任务书中一般会给予提醒。

四、平面布置

民用建筑的平面布置应结合建筑的耐火等级、火灾危险性、使用功能和安全疏散等因素合理布置。依据防火规范整理出表7-4，需要了解。

表7-4　　　　　　　　　　　　　　　民用建筑防火的规范要求

建筑类型	规范要求
商店建筑展览建筑	1. 采用三级耐火等级建筑时，不应超过2层；采用四级耐火等级建筑时，应为单层。营业厅、展览厅设置在三级耐火等级的建筑内时，应布置在首层或二层；设置在四级耐火等级的建筑内时，应布置在首层。 2. 营业厅、展览厅不应设置在地下三层及以下楼层
托儿所、幼儿园的儿童用房，老年人活动场所和儿童游乐厅等儿童活动场	宜设置在独立的建筑内，且不应设置在地下或半地下；当采用一、二级耐火等级的建筑时，不应超过3层；采用三级耐火等级的建筑时，不应超过2层；采用四级耐火等级的建筑时，应为单层；确需设置在其他民用建筑内时，应符合下列规定： ① 设置在一、二级耐火等级的建筑内时，应布置在首层、二层或三层； ② 设置在三级耐火等级的建筑内时，应布置在首层或二层； ③ 设置在四级耐火等级的建筑内时，应布置在首层； ④ 设置在高层建筑内时，应设置独立的安全出口和疏散楼梯； ⑤ 设置在单、多层建筑内时，宜设置独立的安全出口和疏散楼梯
医院和疗养院住院部分	1. 不应设置在地下或半地下。 2. 医院和疗养院的住院部分采用三级耐火等级建筑时，不应超过2层；采用四级耐火等级建筑时，应为单层；设置在三级耐火等级的建筑内时，应布置在首层或二层；设置在四级耐火等级的建筑内时，应布置在首层。 3. 医院和疗养院的病房楼内相邻护理单元之间应采用耐火极限不低于2.00h的防火隔墙分隔，隔墙上的门应采用乙级防火门，设置在走道上的防火门应采用常开防火门
教学建筑、食堂、菜市场	采用三级耐火等级建筑时，不应超过2层；采用四级耐火等级建筑时，应为单层；设置在三级耐火等级的建筑内时，应布置在首层或二层；设置在四级耐火等级的建筑内时，应布置在首层
剧场、电影院、礼堂	宜设置在独立的建筑内；采用三级耐火等级建筑时，不应超过2层；确需设置在其他民用建筑内时，至少应设置1个独立的安全出口和疏散楼梯，并应符合下列规定： ① 应采用耐火极限不低于2.00h的防火隔墙和甲级防火门与其他区域分隔。 ② 设置在一、二级耐火等级的建筑内时，观众厅宜布置在首层、二层或三层；确需布置在四层及以上楼层时，一个厅、室的疏散门不应少于2个，且每个观众厅的建筑面积不宜大于400m²。 ③ 设置在三级耐火等级的建筑内时，不应布置在三层及以上楼层。 ④ 设置在地下或半地下时，宜设置在地下一层，不应设置在地下三层及以下楼层
建筑内的会议厅、多功能厅等人员密集的场所	宜布置在首层、二层或三层。设置在三级耐火等级的建筑内时，不应布置在三层及以上楼层。确需布置在一、二级耐火等级建筑的其他楼层时，应符合下列规定： ① 一个厅、室的疏散门不应少于2个，且建筑面积不宜大于400m²； ② 设置在地下或半地下时，宜设置在地下一层，不应设置在地下三层及以下楼层
歌舞厅、录像厅、夜总会、卡拉OK厅游艺厅、桑拿浴室、网吧等歌舞娱乐放映游艺场所	1. 不应布置在地下二层及以下楼层； 2. 宜布置在一、二级耐火等级建筑内的首层、二层或三层的靠外墙部位； 3. 不宜布置在袋形走道的两侧或尽端； 4. 确需布置在地下一层时，地下一层的地面与室外出入口地坪的高差不应大于10m； 5. 确需布置在地下或四层及以上楼层时，一个厅、室的建筑面积不应大于200m²； 6. 厅、室之间及与建筑的其他部位之间，应采用耐火极限不低于2.00h的防火隔墙和1.00h的不燃性楼板分隔，设置在厅、室墙上的门和该场所与建筑内其他部位相通的门均应采用乙级防火门
除商业服务网点外，住宅建筑与其他使用功能的建筑合建时	1. 住宅部分与非住宅部分之间，应采用耐火极限不低于2.00h且无门、窗、洞口的防火隔墙和1.50h的不燃性楼板完全分隔；当为高层建筑时，应采用无门、窗、洞口的防火墙和耐火极限不低于2.00h的不燃性楼板完全分隔。 2. 住宅部分与非住宅部分的安全出口和疏散楼梯应分别独立设置；为住宅部分服务的地上车库应设置独立的疏散楼梯或安全出口。 3. 住宅部分和非住宅部分的安全疏散、防火分区和室内消防设施配置，可根据各自的建筑高度分别按照本规范有关住宅建筑和公共建筑的规定执行

建筑类型	规 范 要 求
设置商业服务网点的住宅建筑	1. 其居住部分与商业服务网点之间应采用耐火极限不低于 2.00h 且无门、窗、洞口的防火隔墙和 1.50h 的不燃性楼板完全分隔，住宅部分和商业服务网点部分的安全出口和疏散楼梯应分别独立设置。 2. 商业服务网点中每个分隔单元之间应采用耐火极限不低于 2.00h 且无门、窗、洞口的防火隔墙相互分隔，当每个分隔单元任一层建筑面积大于 200m² 时，该层应设置 2 个安全出口或疏散门

五、安全疏散和避难

安全疏散是所有类型建筑都涉及的必要要求，几乎所有题型都将其设为考查要点且题目任务书一般都指出要求按防火规范设置，没有过多提示提醒。所以，安全疏散的设计是方案设计必须掌握的要点。

首先要了解掌握安全疏散设计的五大基本要求：疏散口数量、疏散口形式、疏散距离、疏散宽度、疏散方向。一般情况下做设计时掌握以下几点，特殊情况就要依据防火规范核对调整：

（1）疏散口数量：每个防火分区、大型房间不少于 2 个。

（2）疏散口形式：为直通室外的门或楼梯，楼梯采用楼梯间形式。

（3）疏散距离：双向时不大于 40m，袋型走廊 20m。

（4）疏散宽度：房间门不小于 0.9m、疏散楼梯梯段、门宽度不小于 1.2m、走廊宽度不小于 1.5m、总疏散宽度每 100 人不小于 1m。

（5）疏散方向：疏散门均应朝疏散方向开启。

1. 一般要求

（1）建筑内的安全出口和疏散门应分散布置，且建筑内每个防火分区或一个防火分区的每个楼层、每个住宅单元每层相邻两个安全出口以及每个房间相邻两个疏散门最近边缘之间的水平距离不应小于 5m。

（2）建筑的楼梯间宜通至屋面，通向屋面的门或窗应向外开启。

（3）自动扶梯和电梯不应计作安全疏散设施。

（4）除人员密集场所外，建筑面积不大于 500m²、使用人数不超过 30 人且埋深不大于 10m 的地下或半地下建筑，当需要设置 2 个安全出口时，其中一个安全出口可利用直通室外的金属竖向梯。

（5）除歌舞娱乐放映游艺场所外，防火分区建筑面积不大于 200m² 的地下或半地下设备间、防火分区建筑面积不大于 50m² 且经常停留人数不超过 15 人的其他地下或半地下建筑（室），可设置 1 个安全出口或 1 部疏散楼梯。

（6）建筑面积不大于 200m² 的地下或半地下设备间、建筑面积不大于 50m² 且经常停留人数不超过 15 人的其他地下或半地下房间，可设置 1 个疏散门。

（7）直通建筑内附设汽车库的电梯，应在汽车库部分设置电梯候梯厅，并应采用耐火极限不低于 2.00h 的防火隔墙和乙级防火门与汽车库分隔。

2. 公共建筑

（1）公共建筑内每个防火分区或一个防火分区的每个楼层，其安全出口的数量应经计算确定，且不应少于 2 个。符合下列条件之一的公共建筑可设置 1 个安全出口或 1 部疏散楼梯：

1）除托儿所、幼儿园外，建筑面积不大于 200m² 且人数不超过 50 人的单层公共建筑或多层公共建筑的首层。

2）除医疗建筑，老年人建筑，托儿所、幼儿园的儿童用房，儿童游乐厅等儿童活动场所和歌舞娱乐放映游艺场所等外，符合表 7-5 的公共建筑。

表 7-5　　　　　　　　　　　　可设置 1 部疏散楼梯的公共建筑

耐火等级	最多层数	每层最大建筑面积/m²	人　　数
一、二级	3 层	200	第二、三层的人数之和不超过 50 人
三级	3 层	200	第二、三层的人数之和不超过 25 人
四级	2 层	200	第二层的人数不超过 15 人

（2）一、二级耐火等级公共建筑内的安全出口全部直通室外确有困难的防火分区，可利用通向相邻防火分区的甲级防火门作为安全出口，但应符合下列要求：

1）利用通向相邻防火分区的甲级防火门作为安全出口时，应采用防火墙与相邻防火分区进行分隔。

2）建筑面积大于 1000m² 的防火分区，直通室外的安全出口不应少于 2 个；建筑面积不大于 1000m² 的防火分区，直通室外的安全出口不应少于 1 个。

3）该防火分区通向相邻防火分区的疏散净宽度不应大于计算所需疏散总净宽度的 30%，建筑各层直通室外的安全出口总净宽度不应小于计算所需疏散总净宽度。

（3）高层公共建筑的疏散楼梯，当分散设置确有困难且从任一疏散门至最近疏散楼梯间入口的距离不大于 10m 时，可采用剪刀楼梯间，但应符合下列规定：

1）楼梯间应为防烟楼梯间。

2）梯段之间应设置耐火极限不低于 1.00h 的防火隔墙。

3）楼梯间的前室应分别设置。

（4）设置不少于 2 部疏散楼梯的一、二级耐火等级多层公共建筑，如顶层局部升高，当高出部分的层数不超过 2 层、人数之和不超过 50 人且每层建筑面积不大于 200m² 时，高出部分可设置 1 部疏散楼梯，但至少应另外设置 1 个直通建筑主体上人平屋面的安全出口，且上人屋面应符合人员安全疏散的要求。

（5）一类高层公共建筑和建筑高度大于 32m 的二类高层公共建筑，其疏散楼梯应采用防烟楼梯间。裙房和建筑高度不大于 32m 的二类高层公共建筑，其疏散楼梯应采用封闭楼梯间。

注：当裙房与高层建筑主体之间设置防火墙时，裙房的疏散楼梯可按有关单、多层建筑的要求确定。

（6）下列多层公共建筑的疏散楼梯，除与敞开式外廊直接相连的楼梯间外，均应采用封闭楼梯间：

1）医疗建筑、旅馆、老年人建筑及类似使用功能的建筑。

2）设置歌舞娱乐放映游艺场所的建筑。

3）商店、图书馆、展览建筑、会议中心及类似使用功能的建筑。

4）6 层及以上的其他建筑。

（7）公共建筑内的客、货电梯宜设置电梯候梯厅，不宜直接设置在营业厅、展览厅、多功能厅等场所内。

（8）公共建筑内房间的疏散门数量应经计算确定且不应少于 2 个。除托儿所、幼儿园、老年人建筑、医疗建筑、教学建筑内位于走道尽端的房间外，符合下列条件之一的房间可设置 1 个疏散门：

1）位于两个安全出口之间或袋形走道两侧的房间，对于托儿所、幼儿园、老年人建筑，建筑面积不大于 50m²；对于医疗建筑、教学建筑，建筑面积不大于 75m²；对于其他建筑或场所，建筑面积不大于 120m²。

2）位于走道尽端的房间，建筑面积小于 50m² 且疏散门的净宽度不小于 0.90m，由房间内任一点至疏散门的直线距离不大于 15m、建筑面积不大于 200m² 且疏散门的净宽度不小于 1.40m。

3）歌舞、娱乐、放映、游艺场所内建筑面积不大于 50m² 且经常停留人数不超过 15 人的厅、室。

（9）剧场、电影院、礼堂和体育馆的观众厅或多功能厅，其疏散门的数量应经计算确定且不应少于 2 个。

（10）公共建筑的安全疏散距离应符合表 7-6 规定。

表 7-6　　　　　　　直通疏散走道的房间疏散门至最近安全出口的直线距离　　　　　　（m）

名　　称			位于两个安全出口之间的疏散门			位于袋形走道或尽端的疏散门		
			一、二级	三级	四级	一、二级	三级	四级
托儿所、幼儿园、老年人建筑			25	20	15	20	15	10
歌舞娱乐放映游艺场所			25	20	15	9	—	—
医疗建筑	单、多层		35	30	25	20	15	10
	高层	病房部分	24	—	—	12	—	—
		其他部分	30	—	—	15	—	—
教学建筑	单、多层		35	30	25	22	20	10
	高层		30	—	—	15	—	—
高层旅馆、展览建筑						15	—	—
其他建筑	单、多层		40	35	25	22	20	15
	高层		40	—	—	20	—	—

注：1. 建筑内开向敞开式外廊的房间疏散门至最近安全出口的直线距离可按本表的规定增加 5m。

　　2. 直通疏散走道的房间疏散门至最近敞开楼梯间的直线距离，当房间位于两个楼梯间之间时，应按本表的规定减少 5m；当房间位于袋形走道两侧或尽端时，应按本表的规定减少 2m。

　　3. 建筑物内全部设置自动喷水灭火系统时，其安全疏散距离可按本表的规定增加 25%。

（11）楼梯间应在首层直通室外，确有困难时，可在首层采用扩大的封闭楼梯间或防烟楼梯间前室。当层数不超过 4 层且未采用扩大的封闭楼梯间或防烟楼梯间前室时，可将直通室外的门设置在离楼梯间不大于 15m 处。

（12）房间内任一点至房间直通疏散走道的疏散门的直线距离，不应大于袋形走道两侧或尽端的疏散门至最近安全出口的直线距离。

（13）一、二级耐火等级建筑内疏散门或安全出口不少于 2 个的观众厅、展览厅、多功能厅、餐厅、营业厅等，其室内任一点至最近疏散门或安全出口的直线距离不应大于 30m；

当疏散门不能直通室外地面或疏散楼梯间时，应采用长度不大于 10m 的疏散走道通至最近的安全出口。当该场所设置自动喷水灭火系统时，室内任一点至最近安全出口的安全疏散距离可分别增加 25%。

（14）除本规范另有规定外，公共建筑内疏散门和安全出口的净宽度不应小于 0.90m，疏散走道和疏散楼梯的净宽度不应小于 1.10m。

（15）高层公共建筑楼梯间的首层疏散门、首层疏散外门、疏散走道和疏散楼梯的最小净宽度见表 7-7。

表 7-7　　　　高层公共建筑楼梯间的首层疏散门、首层疏散外门、疏散走道和
疏散楼梯的最小净宽度　　　　　　　　　　（m）

建筑类别	楼梯间的首层疏散门、首层疏散外门	走道		疏散楼梯
		单面布房	双面布房	
高层医疗建筑	1.30	1.40	1.50	1.30
其他高层公共建筑	1.20	1.30	1.40	1.20

（16）人员密集的公共场所、观众厅的疏散门不应设置门槛，其净宽度不应小于 1.40m，且紧靠门口内外各 1.40m 范围内不应设置踏步。人员密集的公共场所的室外疏散通道的净宽度不应小于 3.00m，并应直接通向宽敞地带。

（17）剧场、电影院、礼堂、体育馆等场所的疏散走道、疏散楼梯、疏散门、安全出口的各自总净宽度，应符合下列规定：

1）观众厅内疏散走道的净宽度应按每 100 人不小于 0.60m 计算，且不应小于 1.00m；边走道的净宽度不宜小于 0.80m。

2）布置疏散走道时，横走道之间的座位排数不宜超过 20 排；纵走道之间的座位数：剧场、电影院、礼堂等，每排不宜超过 22 个；体育馆，每排不宜超过 26 个；前后排座椅的排距不小于 0.90m 时，可增加 1.0 倍，但不得超过 50 个；仅一侧有纵走道时，座位数应减少一半。

3）有等场需要的入场门不应作为观众厅的疏散门。

（18）除剧场、电影院、礼堂、体育馆外的其他公共建筑，其房间疏散门、安全出口、疏散走道和疏散楼梯的各自总净宽度，应符合下列规定：

1）每层的房间疏散门、安全出口、疏散走道和疏散楼梯的各自总净宽度，应根据疏散人数按每 100 人的最小疏散净宽度的规定计算确定。当每层疏散人数不等时，疏散楼梯的总净宽度可分层计算，地上建筑内下层楼梯的总净宽度应按该层及以上疏散人数最多一层的人数计算；地下建筑内上层楼梯的总净宽度应按该层及以下疏散人数最多一层的人数计算，见表 7-8。

2）地下或半地下人员密集的厅、室和歌舞娱乐放映游艺场所，其房间疏散门、安全出口、疏散走道和疏散楼梯的各自总净宽度，应根据疏散人数按每 100 人不小于 1.00m 计算确定。

3）首层外门的总净宽度应按该建筑疏散人数最多一层的人数计算确定，不供其他楼层人员疏散的外门，可按本层的疏散人数计算确定。

表 7-8　　　　　　每层的房间疏散门、安全出口、疏散走道和疏散楼梯的
　　　　　　　　　　　　每 100 人最小疏散净宽度　　　　　　　　　　（m/百人）

建 筑 层 数		建筑耐火等级		
		一、二级	三级	四级
地上楼层	1～2 层	0.65	0.75	1.00
	3 层	0.75	1.00	—
	≥4 层	1.00	1.25	—
地下楼层	与地面出入口地面的高差≤10m	0.75	—	—
	与地面出入口地面的高差≥10m	1.00	—	—

4）歌舞娱乐放映游艺场所中录像厅的疏散人数，应根据厅、室的建筑面积按不小于 1.0
人/m^2 计算；其他歌舞娱乐放映游艺场所的疏散人数，应根据厅、室的建筑面积按不小于 0.5
人/m^2 计算。

5）有固定座位的场所，其疏散人数可按实际座位数的 1.1 倍计算。

6）展览厅的疏散人数应根据展览厅的建筑面积和人员密度计算，展览厅内的人员密度不
宜小于 0.75 人/m^2。

7）商店的疏散人数应按每层营业厅的建筑面积乘以人员密度计算。对于建材商店、家具
和灯饰展示建筑，其人员密度可按规定值的 30%确定，见表 7-9。

表 7-9　　　　　　　　　　　商店营业厅内的人员密度　　　　　　　　　　（人/m^2）

楼层位置	地下第二层	地下第一层	地上第一、二层	地上第三层	地上第四层及以上各层
人员密度	0.56	0.60	0.43～0.60	0.39～0.5	0.30～0.42

（19）建筑高度大于 100m 的公共建筑，应设置避难层（间）。避难层（间）应符合下列
规定：

1）第一个避难层（间）的楼地面至灭火救援场地地面的高度不应大于 50m，两个避难层
（间）之间的高度不宜大于 50m。

2）通向避难层（间）的疏散楼梯应在避难层分隔、同层错位或上下层断开。

3）避难层（间）的净面积应能满足设计避难人数避难的要求，并宜按 5.0 人/m^2 计算。

4）避难层可兼作设备层。设备管道宜集中布置。

5）避难层应设置消防电梯出口。

（20）高层病房楼应在二层及以上的病房楼层和洁净手术部设置避难间。避难间应符合下
列规定：

1）避难间服务的护理单元不应超过 2 个，其净面积应按每个护理单元不小于 25.0m^2
确定。

2）避难间兼作其他用途时，应保证人员的避难安全，且不得减少可供避难的净面积。

3）应靠近楼梯间，并应采用耐火极限不低于 2.00h 的防火隔墙和甲级防火门与其他部位
分隔。

3. 住宅建筑

（1）住宅建筑安全出口的设置应符合下列规定：

1）建筑高度不大于 27m 的建筑，当每个单元任一层的建筑面积大于 650m²，或任一户门至最近安全出口的距离大于 15m 时，每个单元每层的安全出口不应少于 2 个。

2）建筑高度大于 27m、不大于 54m 的建筑，当每个单元任一层的建筑面积大于 650m²，或任一户门至最近安全出口的距离大于 10m 时，每个单元每层的安全出口不应少于 2 个。

3）建筑高度大于 54m 的建筑，每个单元每层的安全出口不应少于 2 个。

（2）建筑高度大于 27m，但不大于 54m 的住宅建筑，每个单元设置一座疏散楼梯时，疏散楼梯应通至屋面，且单元之间的疏散楼梯应能通过屋面连通，户门应采用乙级防火门。当不能通至屋面或不能通过屋面连通时，应设置 2 个安全出口。

（3）住宅建筑的疏散楼梯设置应符合下列规定：

1）建筑高度不大于 21m 的住宅建筑可采用敞开楼梯间；与电梯井相邻布置的疏散楼梯应采用封闭楼梯间，当户门采用乙级防火门时，仍可采用敞开楼梯间。

2）建筑高度大于 21m、不大于 33m 的住宅建筑应采用封闭楼梯间；当户门采用乙级防火门时，可采用敞开楼梯间。

3）建筑高度大于 33m 的住宅建筑应采用防烟楼梯间。户门不宜直接开向前室，确有困难时，每层开向同一前室的户门不应大于 3 樘且应采用乙级防火门。

（4）住宅单元的疏散楼梯，当分散设置确有困难且任一户门至最近疏散楼梯间入口的距离不大于 10m 时，可采用剪刀楼梯间，但应符合下列规定：

1）应采用防烟楼梯间。

2）梯段之间应设置耐火极限不低于 1.00h 的防火隔墙。

3）楼梯间的前室不宜共用；共用时，前室的使用面积不应小于 6.0m²。

4）楼梯间的前室或共用前室不宜与消防电梯的前室合用；楼梯间的共用前室与消防电梯的前室合用时，合用前室的使用面积不应小于 12m²，且短边不应小于 2.4m。

（5）住宅建筑的安全疏散距离应符合表 7-10 规定：

表 7-10　　　　住宅建筑直通疏散走道的户门至最近安全出口的直线距离　　　　（m）

住宅建筑类别	位于两个安全出口之间的户门			位于袋形走道两侧或尽端的户门		
	一、二级	三级	四级	一、二级	三级	四级
单、多层	40	35	25	22	20	15
高层	40	—	—	20	—	—

注：1. 开向敞开式外廊的户门至最近安全出口的最大直线距离可按本表的规定增加 5m。

　　2. 直通疏散走道的户门至最近敞开楼梯间的直线距离，当户门位于两个楼梯间之间时，应按本表的规定减少 5m；当户门位于袋形走道两侧或尽端时，应按本表的规定减少 2m。

　　3. 住宅建筑内全部设置自动喷水灭火系统时，其安全疏散距离可按本表的规定增加 25%。

　　4. 跃廊式住宅的户门至最近安全出口的距离，应从户门算起，小楼梯的一段距离可按其水平投影长度的 1.50 倍计算。

（6）楼梯间应在首层直通室外，或在首层采用扩大的封闭楼梯间或防烟楼梯间前室。层数不超过 4 层时，可将直通室外的门设置在离楼梯间不大于 15m 处。

（7）户内任一点至直通疏散走道的户门的直线距离不应大于上表规定的袋形走道两侧或

尽端的疏散门至最近安全出口的最大直线距离。

（8）住宅建筑的户门、安全出口、疏散走道和疏散楼梯的各自总净宽度应经计算确定，且户门和安全出口的净宽度不应小于 0.90m，疏散走道、疏散楼梯和首层疏散外门的净宽度不应小于 1.10m。建筑高度不大于 18m 的住宅中一边设置栏杆的疏散楼梯，其净宽度不应小于 1.0m。

（9）建筑高度大于 100m 的住宅建筑应设置避难层。

（10）建筑高度大于 54m 的住宅建筑，每户应有一间房间符合下列规定：

1）应靠外墙设置，并应设置可开启外窗。

2）内、外墙体的耐火极限不应低于 1.00h，该房间的门宜采用乙级防火门，外窗的耐火完整性不宜低于 1.00h。

六、建筑构造

（1）防火建筑构造在方案作图题中限于表达深度、作图时间等限制，一般考查点不多，以下列举一些在作图表达上应注意的规范规定。

（2）防火墙应直接设置在建筑的基础或框架、梁等承重结构上，框架、梁等承重结构的耐火极限不应低于防火墙的耐火极限。建筑内的防火墙不宜设置在转角处，确需设置时，内转角两侧墙上的门、窗、洞口之间最近边缘的水平距离不应小于 4.0m；防火墙上不应开设门、窗、洞口，确需开设时，应设置不可开启或火灾时能自动关闭的甲级防火门、窗。

注意如出现要表达防火墙时，其布置应与结构柱网相适应。

（3）建筑外墙上、下层开口之间应设置高度不小于 1.2m 的实体墙或挑出宽度不小于 1.0m、长度不小于开口宽度的防火挑檐；住宅建筑外墙上相邻户开口之间的墙体宽度不应小于 1.0m；小于 1.0m 时，应在开口之间设置突出外墙不小于 0.6m 的隔板。

注意绘制雨棚、注意窗间墙宽度。

（4）通风、空气调节机房和变配电室开向建筑内的门应采用甲级防火门，消防控制室和其他设备房开向建筑内的门应采用乙级防火门。电梯井应独立设置。电缆井、管道井、排烟道、排气道、垃圾道等竖向井道，应分别独立设置。井壁的耐火极限不应低于 1.00h，井壁上的检查门应采用丙级防火门。

（5）疏散楼梯间和疏散楼梯应注意其采光、通风、开门、前室、不错位等常规要求，疏散楼梯间应符合下列规定：

1）楼梯间应能天然采光和自然通风，并宜靠外墙设置。靠外墙设置时，楼梯间、前室及合用前室外墙上的窗口与两侧门、窗、洞口最近边缘的水平距离不应小于 1.0m。

2）楼梯间内不应设置烧水间、可燃材料储藏室、垃圾道。

3）楼梯间内不应有影响疏散的凸出物或其他障碍物。

4）封闭楼梯间、防烟楼梯间及其前室，不应设置卷帘。

（6）封闭楼梯间应符合下列规定：

1）应能自然通风。除楼梯间的出入口和外窗外，楼梯间的墙上不应开设其他门、窗、洞口。封闭楼梯间的门应采用乙级防火门，并应向疏散方向开启。

2）楼梯间的首层可将走道和门厅等包括在楼梯间内形成扩大的封闭楼梯间，但应采用乙级防火门等与其他走道和房间分隔。

（7）防烟楼梯间应符合下列规定：

1）应设置防烟设施和防烟前室，前室可与消防电梯间前室合用。

2）前室的使用面积：公共建筑，不应小于 6.0m²；住宅建筑，不应小于 4.5m²。与消防电梯间前室合用时，合用前室的使用面积：公共建筑，不应小于 10.0m²；住宅建筑，不应小于 6.0m²。

3）疏散走道通向前室以及前室通向楼梯间的门应采用乙级防火门。除住宅建筑的楼梯间前室外，防烟楼梯间和前室内的墙上不应开设除疏散门和送风口外的其他门、窗、洞口。

4）楼梯间的首层可将走道和门厅等包括在楼梯间前室内形成扩大的前室，但应采用乙级防火门等与其他走道和房间分隔。

（8）除通向避难层错位的疏散楼梯外，建筑内的疏散楼梯在各层的平面位置不应改变。

（9）除住宅建筑套内的自用楼梯外，地下或半地下建筑（室）的疏散楼梯间，应符合下列规定：

1）室内地面与室外出入口地坪高差大于 10m 或 3 层及以上的地下、半地下建筑（室），其疏散楼梯应采用防烟楼梯间；其他地下或半地下建筑（室），其疏散楼梯应采用封闭楼梯间。

2）应在首层采用耐火极限不低于 2.00h 的防火隔墙与其他部位分隔并应直通室外，确需在隔墙上开门时，应采用乙级防火门。

3）建筑的地下或半地下部分与地上部分不应共用楼梯间，确需共用楼梯间时，应在首层采用耐火极限不低于 2.00h 的防火隔墙和乙级防火门将地下或半地下部分与地上部分的连通部位完全分隔，并应设置明显的标志。

（10）室外疏散楼梯应符合下列规定：

1）栏杆扶手的高度不应小于 1.10m，楼梯的净宽度不应小于 0.90m。倾斜角度不应大于 45°。通向室外楼梯的门应采用乙级防火门，并应向外开启。

2）除疏散门外，楼梯周围 2m 内的墙面上不应设置门、窗、洞口。疏散门不应正对梯段。

（11）疏散用楼梯和疏散通道上的阶梯不宜采用螺旋楼梯和扇形踏步。

（12）疏散门应为平开门，作图时不要绘制其他门型且应向疏散方向开启。建筑内的疏散门应符合下列规定：

1）民用建筑和厂房的疏散门，应采用向疏散方向开启的平开门，不应采用推拉门、卷帘门、吊门、转门和折叠门。人数不超过 60 人且每樘门的平均疏散人数不超过 30 人的房间，其疏散门的开启方向不限。

2）开向疏散楼梯或疏散楼梯间的门，当其完全开启时，不应减少楼梯平台的有效宽度。

七、灭火救援设施

灭火救援设施主要注意总平面上消防车道的设置、救援场地的规定消防电梯的要求。绘图时要有基本概念，一是判断是否需要这些措施，二是留出合理空间，三是题目要求表达的应尽量表示出来。

1. 消防车道

街区内的道路应考虑消防车的通行，道路中心线间的距离不宜大于 160m。当建筑物沿街道部分的长度大于 150m 或总长度大于 220m 时，应设置穿过建筑物的消防车道。确有困难时，应设置环形消防车道。

高层民用建筑，超过 3000 个座位的体育馆，超过 2000 个座位的会堂，占地面积大于 3000m² 的商店建筑、展览建筑等单、多层公共建筑应设置环形消防车道确有困难时，可沿建筑的两个长边设置消防车道；对于高层住宅建筑和山坡地或河道边临空建造的高层民用建筑，可沿建筑的一个长边设置消防车道，但该长边所在建筑立面应为消防车登高操作面。

有封闭内院或天井的建筑物，当内院或天井的短边长度大于 24m 时，宜设置进入内院或天井的消防车道；当该建筑物沿街时，应设置连通街道和内院的人行通道（可利用楼梯间），其间距不宜大于 80m。

环形消防车道至少应有两处与其他车道连通。尽头式消防车道应设置回车道或回车场，回车场的面积不应小于 12m×12m；对于高层建筑，不宜小于 15m×15m；供重型消防车使用时，不宜小于 18m×18m。消防车道可利用城乡、厂区道路等。

消防车道应符合下列要求：

1）车道的净宽度和净空高度均不应小于 4.0m。

2）转弯半径应满足消防车转弯的要求。

3）消防车道与建筑之间不应设置妨碍消防车操作的树木、架空管线等障碍物。

4）消防车道靠建筑外墙一侧的边缘距离建筑外墙不宜小于 5m。

5）消防车道的坡度不宜大于 8%。

2. 救援场地和入口

高层建筑应至少沿一个长边或周边长度的 1/4 且不小于一个长边长度的底边连续布置消防车登高操作场地，该范围内的裙房进深不应大于 4m。消防车登高操作场地应符合下列规定：

1）场地与厂房、仓库、民用建筑之间不应设置妨碍消防车操作的树木、架空管线等障碍物和车库出入口。

2）场地的长度和宽度分别不应小于 15m 和 10m。对于建筑高度大于 50m 的建筑，场地的长度和宽度分别不应小于 20m 和 10m。

3）场地应与消防车道连通，场地靠建筑外墙一侧的边缘距离建筑外墙不宜小于 5m，且不应大于 10m，场地的坡度不宜大于 3%。

4）建筑物与消防车登高操作场地相对应的范围内，应设置直通室外的楼梯或直通楼梯间的入口。建筑的外墙应在每层的适当位置设置可供消防救援人员进入的窗口，供消防救援人员进入的窗口的净高度和净宽度均不应小于 1.0m，下沿距室内地面不宜大于 1.2m，间距不宜大于 20m 且每个防火分区不应少于 2 个，设置位置应与消防车登高操作场地相对应。窗口的玻璃应易于破碎，并应设置可在室外易于识别的明显标志。

3. 消防电梯

（1）下列建筑应设置消防电梯：

1）建筑高度大于 33m 的住宅建筑。

2）一类高层公共建筑和建筑高度大于 32m 的二类高层公共建筑。

3）设置消防电梯的建筑的地下或半地下室，埋深大于 10m 且总建筑面积大于 3000m² 的其他地下或半地下建筑（室）。

（2）消防电梯应分别设置在不同防火分区内，且每个防火分区不应少于 1 台。消防电梯应设置前室，并应符合下列规定：

1）前室宜靠外墙设置，并应在首层直通室外或经过长度不大于 30m 的通道通向室外。

2）前室的使用面积不应小于 6.0m²；与防烟楼梯间合用的前室，应符合规定。

3）除前室的出入口、前室内设置的正压送风口和规定的户门外，前室内不应开设其他门、窗、洞口；前室或合用前室的门应采用乙级防火门，不应设置卷帘。

4. 直升机停机坪

建筑高度大于100m且标准层建筑面积大于2000m²的公共建筑，宜在屋顶设置直升机停机坪或供直升机救助的设施。直升机停机坪设置在屋顶平台上时，距离设备机房、电梯机房、水箱间、共用天线等突出物不应小于5m；建筑通向停机坪的出口不应少于2个。

第八章 历年试题解析

2003 年建筑方案设计（作图题）：小型航站楼

任务描述：

在我国某中等城市，拟建造一座有国际和国内航班的小型航站楼，该航站楼按一层半式布局：

- 出港旅客经一层办理手续后在二层候机休息，通过登机廊登机。
- 进港旅客下飞机，经过登机廊至一层，提取行李后离开。
- 远机位旅客进出港均在一层，并在一楼设远机位候机厅。
- 国际航班不考虑远机位。

场地要求：

- 场地详见总平面图，比例尺为 1:1500。场地平坦。
- 航站楼设四座登机桥，可停放三架 9-737 型客机和一架 8-707 型客机，停机坪西侧为滑行道和远机位。
- 航站楼场地东侧为停车场，其中包括收费停车场，内设大客车停车位（5m×12m）至少 8 个，小轿车停车位至少 90 个，另设出租车和三个机场班车停车位及候车站台，出租车排队线长最少 250m。

一般要求：

- 根据主要功能关系图（图 8-1）做出一层、二层平面图。
- 各房间面积允许误差在规定面积的 ±15% 以内（面积均以轴线计算）
- 层高一层：8m，二层 5.4m，进出港大厅层高不小于 10m。
- 采用钢筋混凝土结构，不考虑抗震设防。
- 考虑设置必要的电梯及自动扶梯。
- 考虑无障碍设计。

制图要求：

- 在总平面图（图 8-3）上画出航站楼。布置停车场，流线及相关道路。
- 按 1:300 画出一层、二层平面图，表示出墙、窗、门的开启方向。
- 绘出进出港各项手续，安检设施及行李运送设施的布置，（按图 8-2 提供的图例绘制）
- 画出承重结构体系及轴线尺寸。
- 标出地面，楼面及室外地坪的相对标高。
- 标出各房间的名称、主要房间的面积（面积表中带★号者）及一层、二层建筑面积和总建筑面积（以轴线计算）

建筑面积要求：

下列面积均以轴线计，雨篷及室外设施不计入建筑面积，见表 8-1。

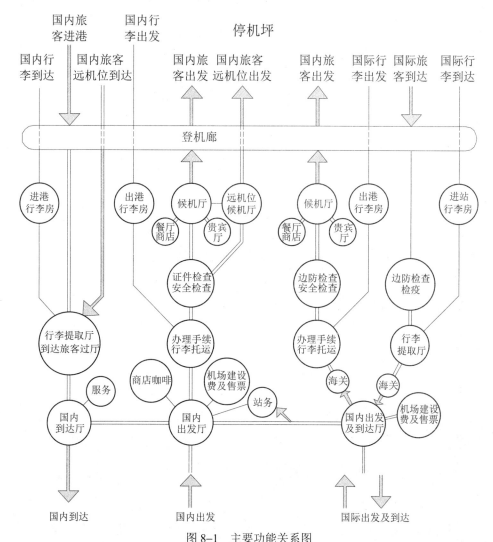

图 8-1　主要功能关系图

注：气泡图系功能关系并非简单交通图，双线表示两者之间要紧邻或直接相通。

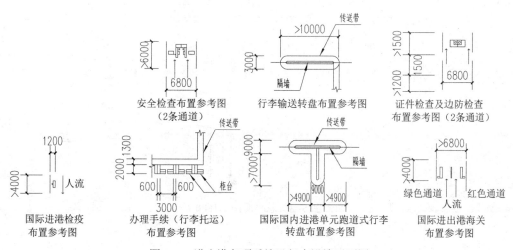

图 8-2　进出港各项手续及行李设施平面图

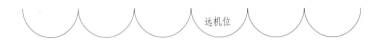

远机位

滑行道

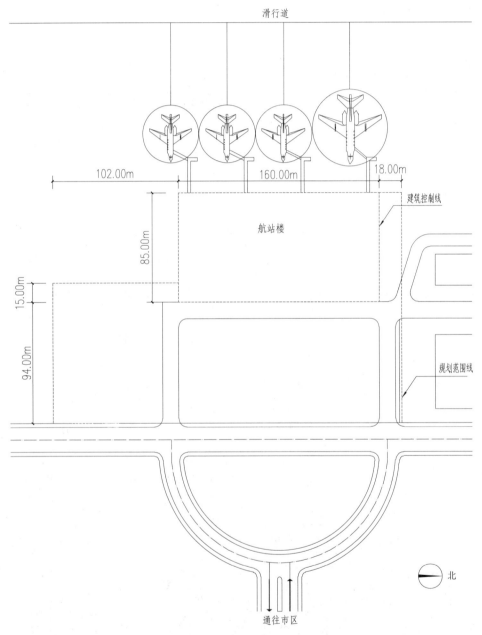

102.00m　　160.00m　　18.00m

建筑控制线

航站楼

85.00m

15.00m

94.00m

规划范围线

北

通往市区

图 8-3　总平面图 1:1500

表 8–1 　　　　　　　　　　建 筑 面 积 要 求

楼层	房 间 名 称		面积/m²	备 注
一层面积	国内出港	★出发大厅	1210	机场建设费、售票及票务办公可采用柜台式
		★办理手续及行李托运处	220	其中 25m² 的办公用房
		★出港证件检查及安检区	190	
		★远机位候机厅	850	其中含问讯
		★商店、咖啡厅	480	为出发大厅服务也可独立设在二层
		出港行李房	250	
	国内进港	★到达大厅	850	其中 50m² 的服务用房
		公安值班室	25	
		★进港行李提取厅	600	
		★到达旅客过厅	550	
		进港行李房	200	
	国际进出港	★出发及到达大厅	850	机场建设费及售票可采用柜台式
		★出境海关、办理手续及行李托运、边检、安检区	580	其中含 25m² 的办公用房
		★进港检疫、边检区	380	
		★进港行李提取厅及海关区	210	
		出港行李房	160	
		进港行李房	120	
		机房管理、办公区	75	
	其他	男女厕所、交通、机房、行李管理区	1220	国内国际进港处以及到达大厅均设厕所
	一层面积小计		9020	
二层面积	国内出港	★候机厅	1740	其中含问讯
		★餐厅及厨房	400	其中含备餐 30m²
		★贵宾休息室	140	其中含厕所
		★商店	80	设于候机厅中
		管理用房	60	
	国际出港	★候机厅	700	其中含问讯
		★贵宾休息室	110	其中含厕所
		★咖啡厅及免税商店	220	
		管理用房	20	

楼层	房 间 名 称		面积/m²	备 注
二层面积	其他	★登机廊	600	
		男女厕所、交通、机房	670	
		站务室	380	独立设置设若干房间（包括厕所走道）
	二层面积小计		5120	
	建筑面积共计		14 140m²	
	允许总面积误差		1400m²	即允许误差±10%
	总建筑面积的控制范围		12 740～15 540m²	

设计中应遵守现行法规，并提示下列进出港各项手续要求：

国内出港：

● 国内出港办理手续（行李托运）设 8 个柜位。

● 国内出港证件及安全检查设 4 条通道，附设面积 15～20m² 的搜查室 2 间。

国际进出港：

● 国际出港海关设 2 条通道，附设面积 15～20m² 的搜查室 2 间。

● 国际出港办理手续（行李托运）设 4 个柜位。

● 国际出港边防检查设 2 条通道，附设 15～20m² 的搜查室 1 间。

● 国际出港安全检查设 2 条通道，附设 15～20m² 的搜查室 1 间。

● 国际进港设检疫柜台 1 个，附设面积 15～20m² 隔离间 1 间。

● 国际进港边防检查设 2 条通道，附设面积 15～20m² 检查室 1 间。

● 国际进港海关设 2 条通道，附设 15～20m² 搜查室 1 间。

  解题思路

一、分析题型，抓住考核关键点

航站楼属交通类公共建筑，初接触到题目一般设计师会感觉到其规模较大、流线复杂、功能繁多，但生活中这种类型建筑实际体验也很多，所以要结合自身所掌握建筑设计基本知识、回忆实际建筑体验，再结合题目功能关系图和设计要求冷静思考，寻找设计入手点。

此类题型一般考察要点是流线组织和功能分区的设计能力。一是重点在题目里获取功能分区要求，研究功能气泡图，清楚各个功能之间的关系；二是对各分区交通流线进行初步组织，结合自身出入机场的经历，形成基本建筑布局概念。依据题目要求、功能关系图和常识进行判断。

（1）功能分区：国内出发、国内到达、国际进出港在一层分区设置。

（2）功能要求：一层手续，二层候机、登机，整体一层半。

（3）特殊要求：行李出发及提取，远机位候机（国际区不需要）。

（4）房间类别：特别注意面积较大的厅、室，题目中用"★"标注的房间要求。

（5）交通流线：交通类建筑的重中之重，交通类建筑的特点是单向流动、流线独立、互不干扰。

注意以上几点，形成设计意识时时提醒自己题目要考什么，便于解题作图时判断对错、即时纠正。

二、场地分析

（1）仔细观察总平面及场地条件：建筑位置和范围已定。用地西侧为停机坪，航站楼应紧贴停机坪设置，不存在城市道路衔接问题，场地前方东侧红线范围内空余空间题目要求为停车场。

（2）确定建筑控制线及可建范围：建筑控制线成规则矩形，东西宽160m，南北深85m，计13 600m²，题意建筑单层最大约9000～10 000m²，用地面积充足；无特殊避让物；可基本判断总图建筑布置上应无特殊考点，合理布局即可，取居中布置，简单明了。

（3）分析用地内功能需求。除建筑外，即为停车场，发现停车需求较为复杂，包括：大客车、小客车、机场班车、出租车，特别提出出租车需要排队候车。那么，几种类型的停车场需要分区设置，结合常识简单思考下，把握几个要点也是题目考点：停车场应分为停车区和候车区；停车区包含大车、小车；候车区包含班车、出租车；这样形成四个分区两两相依的模式，候车区尤其是出租车候车排队主要为下机到达人群服务，应置于离开场地方便的区域；分析图中给出的道路，按右行规则不难判断出，应为左侧候车、右侧停车的基本布局，那左侧应靠近航站楼到达大厅更合理，可见，场地分析对建筑布局综合考虑也有帮助。在总平面图上大致划分下区域，细节留待完成单体设计后补充。

（4）分析制图要求。题目要求比较简单，判断出主要要求布置好停车场。

在总图上初步确定建筑布局草图后，着手进行建筑单体设计，完成后，最后绘制总图。

三、功能分区分析

继续研读题目任务书，仔细观察功能关系图，发现：

（1）航站楼主要形成三大功能分区：国内出发、国内到达、国际出发和国际到达。

（2）航站楼主要客流流线应分出发、到达两条；同时，结合分区应在个分区内均有两条客流；另外国内旅客各有一条远机位进出分支，要求设在一层。

（3）与客流流线相结合，有四条行李流线：国内出发、国内到达、国际出发和国际到达。

（4）航站楼旅客出入口在一层，而向停机坪登机的旅客出入口在二层通过登机廊组织。因此除远机位旅客外，主要人流均有上下层间的转换，提醒我们楼梯的设置会比较关键且复杂。

（5）房间、面积判断：一层半的设置，一层9000m²、二层5000m²，那么三个出入大厅应为挑空设计，靠近面向城市一侧；候机、行李靠近停机坪侧；中间当为手续区域。

结合以上基本分析，可采用基本对称布局方式，水平划分三大功能区：国内出发、国内到达、国际出发与到达；垂直划分两大流线出港、进港，即可满足要求，另流出远机位空间和行李空间。功能分析图如图8-4所示。

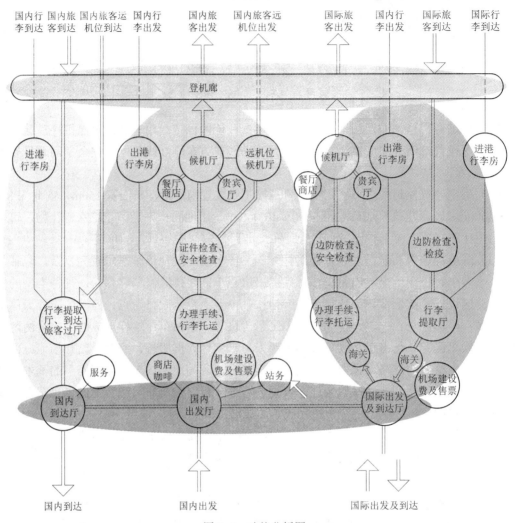

图 8-4　功能分析图

　　一层主要布置好三个分区：国内出发居中，结合场地分析国内到达在左侧，国际出发到达在右侧，面积按题目要求正好可对称分布。分好前后的旅客大厅和进港后区，形成 6 大块格局。

　　二层主要布置好两个分区：国内候机、国际候机。注意结合题目面积分析，国内占 2/3，国际占 1/3；同时大厅挑高，二层为一层的一半，应置于一层后区停机坪一侧之上。

　　（1）以草图方式做完基本分区，最后核对功能分析图，矫正差异和补充遗漏项。

　　（2）核对需求表，注意题目已将房间分层明确要求，按题目要求做。其中，留意一层的国内出港商店咖啡"可独立设置在二层"这一条件，以及二层独立站务房间等，这种特殊注明的要求，可能影响方案布局。

　　（3）应注意进出港手续流线关系、图例尺寸、行李设备尺寸等，图例建议用草图纸描绘下来备用，方便制图。

　　（4）一些要注意的细节问题在方案不断深入进行中逐步明确，如建筑层高要求、交通建筑的排队等候空间、卫生间、楼梯、电梯、房间使用方便、无障碍设施等，设计者对这些基本设计点应保持相应的敏锐度。

四、确定柱网和建筑的平面形态

（1）建筑控制线成规则矩形，根据以上题意分析及航站楼一般传统，建筑应为集中布局，宜采用正方形柱网满足基本结构和房间布置要求，另外也便与绘制及确定体型。

（2）从题目要求的各种设施以及航站楼大空间的布局要求，另根据题目登机廊的面积 600m² 看：登机廊一般通长布置，长度 150～160m，则宽度 4m 是合适的，所以建议选择 4m 的整数倍柱网 8.0m×8.0m。其实，航站楼因以大空间为主，次要房间也对柱网的限制不大，且航站楼面积规模不小，只要不要选择太小的柱网以免布置不下必要设备和增加绘图工作量，7.0～9.0m 的方格柱网应都能适应。

（3）核对总建筑面积：结合地形的矩形方向，8m×8m 方格柱网长方向可设 19 个跨度，面宽长 152m，按一般习惯注意尽量不要压线布置到 160m 长；则结合一层总面积 9020m² 要求，宽度设 8 个跨度，进深 64m。形成 152m×64m=9728m² 的矩形基础布局。面积适应题意且较易取对称布局平面。核对二层建筑面积 5120m² 的要求，取靠停机坪进深方向 5 跨作二层，面积 152m×40m=6080m²，能满足题意要求，并留有调整空间。

（4）此时应初步判断下各主要分区的布局。将上述功能分区以草图带入进行对比，分配最大的国内出发居中，国内到达置于左侧，国际部分置于右侧。二层也同样分配后，对照一下功能关系图和面积表，如能适应即可确认此建筑平面形态。

（5）绘制轴线、柱网。同时思考结构形式：整体建筑一层半式布局，局部二层部分需柱子支撑，顶部为统一屋面，可采用大跨度屋面的结构，则大厅挑空、二层以上候机厅等大空间可以消减一部分结构柱，也符合层高要求。

五、解题过程及注意事项

把各部分功能按建筑面积的大小，布置在柱网中，通常情况下可以参考功能关系图的位置进行大致摆放，但本题要特别留意进出港手续流线和图例的表示。

1. 一层

（1）根据功能布局图首先安排国内出发区。依据面积取居中柱网从城市向停机坪方向依次布置出发大厅、手续证检安检（核对尺寸一个进深够用）、远机位候机厅。此时发现没有商店咖啡的空间，根据提示将其将来布置到二层，但注意要独立设置，只与出发大厅设楼梯联系。

办手续托运要 8 个柜台，依图例需 3 跨，且有传送带要与行李房（行李房一定靠停机坪）连接，因此布置在大厅一侧便于连接。相应证检、安检依次布置在大厅另一侧，按图例需 2 跨。剩余空间布置搜查室、办公室、卫生间等房间。

进入安检后大空间为远机位候机厅，其一侧布置行李房，按图例绘制行李设备，与托运柜台连接。此时要考虑如何进入二层候机厅，应在安检和远机位之间辟出一跨布置垂直交通，一般采用楼梯、扶梯形式，不要忘了选择合理位置设置残疾人电梯。

布置楼梯时注意层高 8m 的要求，楼梯所占空间是比较大的，设置一部两部均可。

（2）接着布置国内到达区。从停机坪侧起依次布置行李房、提取厅、到达大厅。行李房与提取厅用图例设备连接（可置 2 套），另一侧留出下机旅客到达进口及二层登机廊下来的处置交通空间及电梯。剩余边部空间布置卫生间等其他房间，另设置一部通二层的疏散楼梯。不要遗漏卫生间，大厅及行李提取厅都需要。

（3）布置国际出发到达区。从城市向停机坪方向依次布置国际大厅、手续区，注意不考虑远机位。此区域手续部分有出发、到达两个功能，仍是采用水平分区才能完成机场内外联系。

依据面积核算进出港面积相近，大致居中布置出港在一侧、进港在一侧。注意国际部分候机及到达（登机廊）都在二层，进出港都要留意人流顺序，按图例布置，先选好行李房位置及其连接的柜台或提取厅，再布置垂直交通。垂直交通结合国内部分的布置方式，要求能通达二层候机厅（出发）和登机廊（到达）。这区里有个难点，由于空间受限，流线会出现转向，一定合理调整好相关顺序。剩下空间布置出搜查室、隔离室、办公室等空间。办手续部分人流基本不停留且面积紧张，可不设卫生间，但大厅内要设卫生间。大厅内对应左侧设置疏散楼梯。

2. 二层

（1）首先复制一层柱网、楼梯、扶梯、电梯、卫生间位置。不必要的大厅卫生间可以取消。

（2）根据分区布置国内候机厅、国际候机厅，依据垂直交通留出到达进港的交通入口。国内候机厅占二层2/3，国际1/3，应正好和一层对应。注意因二层标高8m，楼梯处开口可以省去一半，节省空间。

（3）在国内出发大厅上部一侧布置当时在一层未布置下的商店、咖啡厅。注意不要与候机等已入关的空间连通。国内候机厅一侧布置餐厅、厨房、卫生间，候机厅里合理布置贵宾室、商店。

（4）国际区同样布置好候机厅及其咖啡厅、商店、贵宾室。在与大厅之间的一跨布置站务用房，能够独立且可利用关外疏散楼梯上下。

3. 总图

（1）根据上述场地分析、总图草图和成形平面图，绘制建筑，标明出入口、基本尺寸。

（2）绘制停车场，依据场地分析，按停车区和候车区、停车区包含大车、小车；候车区包含班车、出租车的思路布置停车场，核对车位数。注意出租车采用蛇形流线排队才能满足250的要求。

4. 整理图面

（1）检查房间名称标注、面积标注、总面积标注、轴线尺寸标注。

（2）交通建筑留意各手续空间是否有合理的排队空间，不足的相应调整。

（3）因本题规模较大、流线复杂、又有图例绘制等必要任务，解题时间应十分紧张。建议不必绘制卫生间布置、窗等细节。按题意补上问询、柜台、售票等其他题中提到布置要求，其他无特殊要求可根据时间确定绘制深度。

🎯 **参考答案**

作答如图 8-5～图 8-7 所示，评分标准见表 8-2。

远机位

滑行道

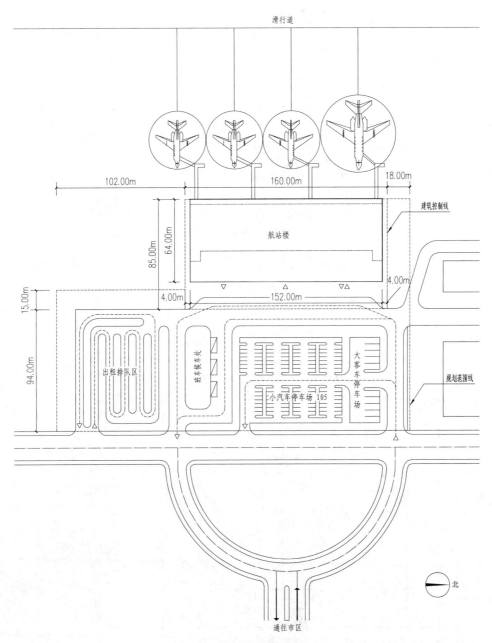

建筑控制线

航站楼

102.00m

160.00m

18.00m

85.00m

64.00m

4.00m

4.00m

152.00m

15.00m

94.00m

出租排队区

接车等车处

小汽车停车场 105

大客车停车场

规划范围线

北

通往市区

图 8-5　绘制总平面图 1:1500

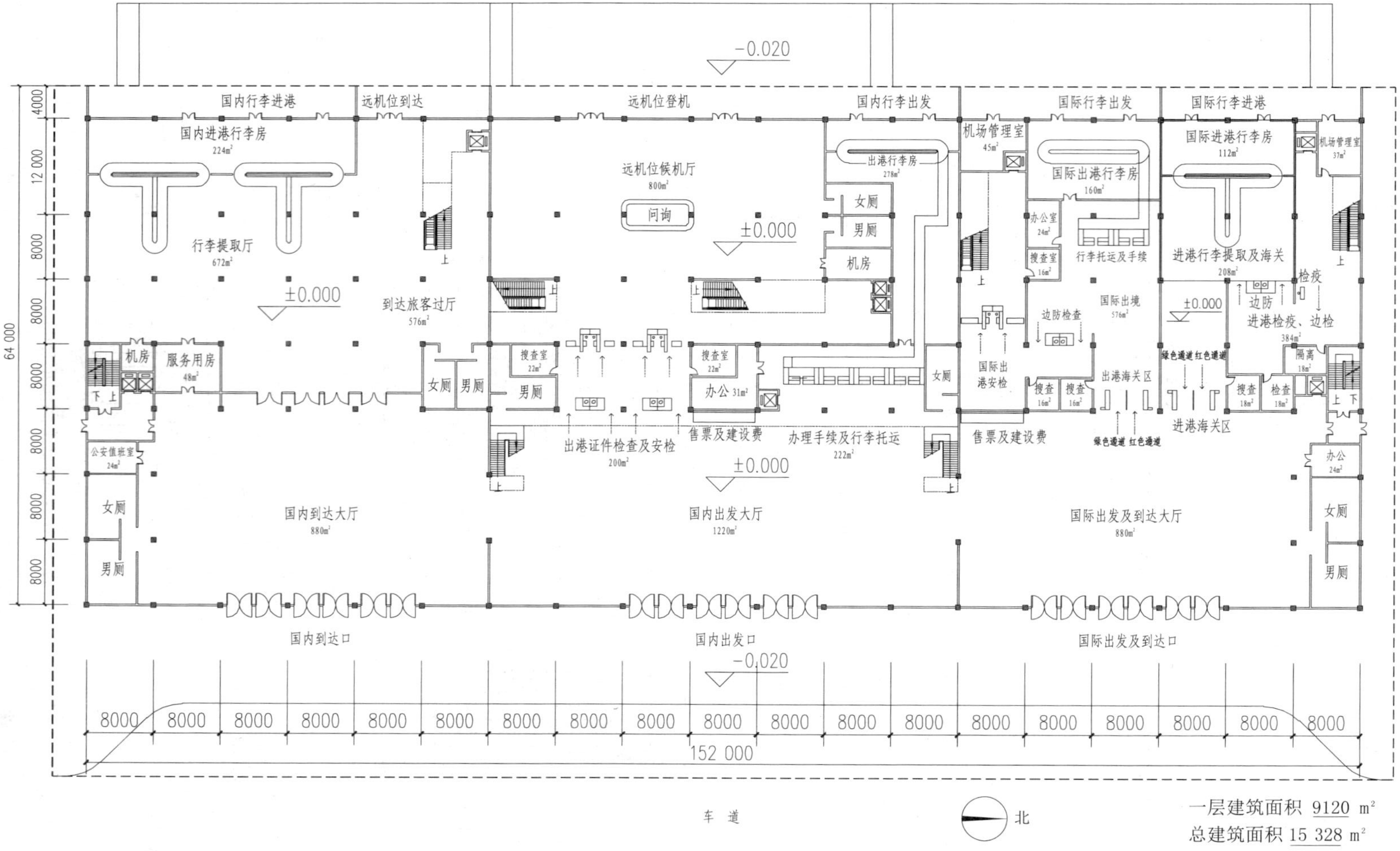

图 8-6 一层平面图 1:300

一层建筑面积 9120 m²
总建筑面积 15 328 m²

北

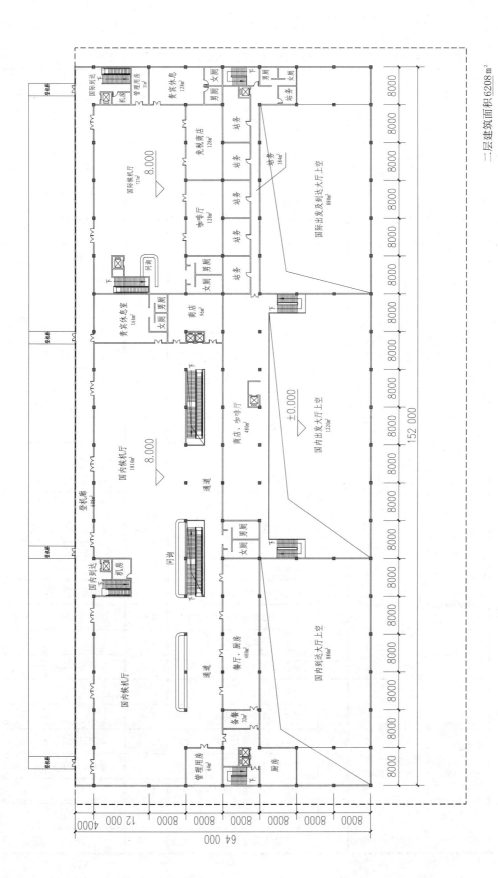

图 8-7　二层平面图 1:300

二层建筑面积 6208 m²

表 8-2　　2003 年度全国一级注册建筑师资格考试建筑方案设计（作图题）评分表

序号	考核内容及分值		分值	说　明		备　注
				条件与犯错误情况	扣分	
1	总平面	出租车	10	航站楼南侧，不当或未设	1～2	
		小汽车、大客车		航站楼前，不当或未设	1～2	
		机场班车		出租车旁，不当或未设	1～2	
		交通流线		流线多处交叉	1～4	
		车位数		车位明显不足	1～3	
2	国内出港	流程： 大厅→办手续→证检→安检 ↗候机厅→登机廊→登机 ↘远机厅→摆渡车→登机	20	流程不符	15～20	
				手续、证检、安检，缺1项扣3分	3～9	
				三项未用图例表示每项扣2分	2～6	缺项已扣不再扣
				柜台与通道不足，每处扣1分	1～3	缺项、无图例不重复扣
				面积、排队条件明显不够	1～2	
				缺搜查室，每处扣1分	1～2	
3	国内进港	流程：　　行 ↗登机廊↘ 李 到 下机　　　提 → 达 ↘摆渡车↗ 取 大 　　　　　厅 厅	12	流程不符	8～12	
				无登机廊至行李提取厅	8	
				无远机位到达	3～6	可开门少扣
				进出港人流交叉	5～8	登机廊除外
4	国际出港	流程： 大厅→海关→办手续→边检 →安检→候机厅→登机廊→登机	12	流程不符	8～12	海关、手续可互换
				海关、办手续、边检、安检缺1项扣3分	3～12	
				四项未用图例表示每项扣2分	2～8	缺项已扣不再扣
				柜台与通道不足，每处扣1分	1～4	缺项、无图例不重复扣
				面积、排队条件明显不够	1～3	
				缺搜查室，每处扣1分	1～3	位置不当不扣
5	国际进港	流程： 下机→登机廊→检疫→边检 →行李提取厅→海关→到达大厅	10	流程不符	7～10	
				检疫、边检、海关缺一项3分	3～9	
				三项未用图例表示每项扣2分	2～6	缺项已扣不再扣
				柜台与通道不足，每处扣1分	1～3	缺项、无图例不重复扣
				面积、排队条件明显不够	1～3	
				缺搜查隔离室三处每处扣1分	1～3	
				进出港人流交叉	5～8	

序号	考核内容及分值		分值	说　明		备　注
				条件与犯错误情况	扣分	备　注
6	国内行李	行李出港	8	办手续托运与行李房无联系	3	
				有联系未画传送设施	2	
				缺行李房	3	
				行李房不靠停机坪	2	
		行李进港		无行李房	3	
				行李房不靠停机坪	2	
				未画传送设施	1	
7	国际行李	行李出港	8	办手续托运与行李房无联系	3	
				有联系未画传送设施	2	
				缺行李房	3	
				行李房不靠停机坪	2	
		行李进港		无行李房	3	
				行李房不靠停机坪	2	
				未画传送设施	1	
8	平面布置	进出港大厅	15	国内与国际进出港大厅不通	2	
				大厅内未设商店、咖啡厅	1	
				大厅内未设厕所	1	
		候机厅		国内候机厅未设商店、餐厅、贵宾休息，每少一处扣1分	1～3	
				国际候机厅未设商店、餐厅、贵宾休息，每少一处扣1分	1～3	
				国内国际候机厅未设厕所	1～2	
				候机厅面积明显不足	3	
				国内国际进出无残疾人电梯	1～4	每处扣1分
				平面及空间形态不佳	5～10	
		站务用房		无站务用房	3	
				站务用房未成围城独立系统	1	
9	图面表达	图面、结构	5	未注房间名称	1～3	次要房间
				未标注尺寸	1～3	
				上下层承接不直接	1～3	
				图面粗糙不清	2～5	

注：1. 缺总图可进行评分。

　　2. 只画一层未画二层不予评分。

　　3. 每个序号范围内的扣分和不得超过该项分值。

2004年建筑方案设计（作图题）：医院病房楼

任务描述：

● 某医院根据发展需要，在东南角已拆除的旧住院部原址上，新建一幢250张病床和手术室的八层病房楼。

任务要求：

要求设计该楼中第三层的内科病区和第八层的手术室。

● 三层内科病区要求：应以护士站为中心，合理划分护理区与医务区两大区域，详见内科病区主要功能关系图，如图8-8所示。各房间名称、面积、间数、内容要求详见表8-3。

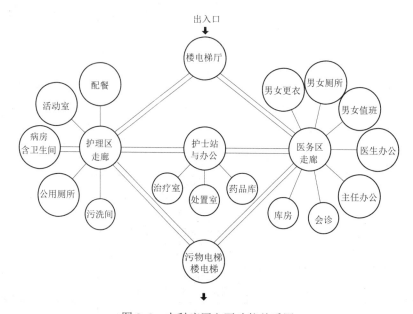

图8-8　内科病区主要功能关系图

表8-3　　　　　　　　　　　　　三层内科病区用房及要求

房　间　名　称		单间面积/m²	间数	备　　注
护理区	★三床病房	32	12	含卫生间，内设坐便器、淋浴洗手盆
	★单床病房	25	2	
	★活动室	30	1	
	★配餐室	22	1	包括一台餐梯
	污洗间	10	1	
	公用厕所	3	1	
护士站	护士站与办公室	34	1	
	处置室	20	1	
	治疗室	20	1	
	药品库	6	1	可设在处置室内

	房 间 名 称	单间面积/m²	间数	备 注
医务区	更衣室	6	2	男女各一间共计12m²
	厕所	6	2	男女各一间共计12m²
	值班室	12	2	男女各一间共计24m²
	★会诊室	18	1	
	医生办公室	26	1	
	主任办公室	18	1	
	库房	6	1	
其他	电梯厅、前室：	40m²		
	交通面积（走廊、楼梯、电梯）：	305m²		
本层建筑面积小计		1040m²		
允许层建筑面积±10%		936~1144m²		

● 八层手术室要求：应合理划分手术区与医务区两大区域，严格按洁污分流布置，进入医务区、手术区应经过更衣室、清洁室。详见手术室主要功能关系图，如图8-9所示。各房间名称、面积、间数、内容要求详见表8-4。

● 病房楼要求配备两台医梯，一台污物电梯，一台餐梯（内科病区设置），二个疏散楼梯（符合疏散要求）。

● 病房应争取南向。

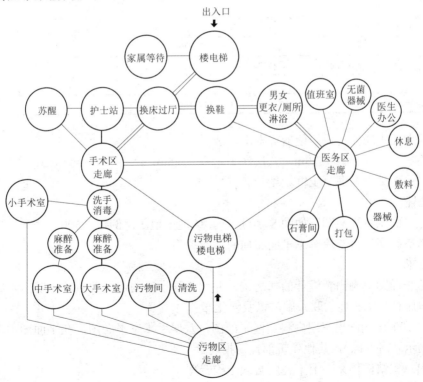

图8-9 手室室主要功能关系图

注：功能关系图并非简单的交通图，其中双线表示两者之间紧邻并相通。

表8-4 八层手术室用房及要求

房间名称		单间面积/m²	间数	备注
手术区	★大手术室	50	1	另附设：麻醉准备室 12m² 独立洗手处 12m² 共计 74m²
	★中手术室	34	2	另附设：共设麻醉准备室 24m² 共计 92m²
	★小手术室	27	3	共计 81m²
	苏醒室	36	1	
	护士站	14	1	
	洗手消毒室	12	1	
医务区	换鞋室	12	1	
	★男女更衣厕所淋浴	73	1	
	无菌器械室	8	1	
	值班室	13	1	
	医生办公室	18	2	共计 36m²
	休息室	18	1	
	敷料间	12	1	
	器械储存间	14	1	
	打包间	9	1	
	石膏间	7	1	
其他	清洗间	7	1	
	污物间	15	1	
	★家属等候室	28	1	
	电梯厅、前室	40m²		
	交通面积（换鞋过厅、走廊、楼梯、电梯）：	527m²		
本层面积小计：		1128m²		
允许层建筑面积：±10%		1015～1241m²		

- 病房含卫生间（内设坐便器，淋浴，洗手盆）。
- 层高：三层（内科）3.9m，八层（手术室）4.5m。
- 结构：采用钢筋混凝土框架结构。

场地描述：

- 场地平面见总平面图，如图 8-10 所示，场地平坦，比例尺 1:500。
- 应考虑新病房楼与原有总平面布局的功能关系。

制图要求：

- 在总平面图上画出新设计的病房楼，并完成与道路的连接关系，注明出入口。同时画出病房楼与原有走廊相连的联系廊，以及绿化布置。
- 按 1:100 比例画出三层内科病区平面图，八层手术室平面图，在平面图中表示出墙、窗、门（表示开启方向），其他建筑部件及指北针。
- 画出承重结构体系，上下各层必须结构合理。
- 标出各房间名称，主要房间的面积（表 8-3、表 8-4 中带★号者），并标出三层和八层各层的建筑面积，各房间面积及层建筑面积允许误差在规定面积的±10%以内。

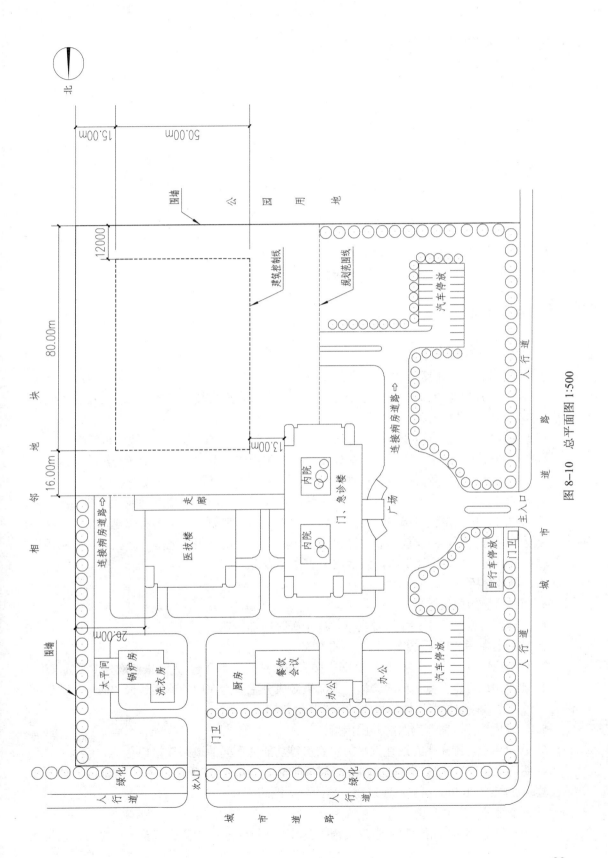

图 8-10　总平面图 1:500

- 标出建筑物的轴线尺寸及总尺寸。
- 尺寸及面积均以轴线计算。

规范及要求：

- 本设计要符合现行的有关规范。
- 走廊宽不得小于 2.7m，病房门宽不得小于 1.2m。
- 手术室走廊宽不得小于 2.7m，门宽不得小于 1.2m。
- 病房开间与进深不小于 3.6m×6m。（未含卫生间）。
- 手术室房间尺寸：小手术室　4m×6m。
  　　　　　　　　中手术室　4.8m×6m。
  　　　　　　　　大手术室　6m×8m。
- 病房主要楼梯开间宽度不得小于 3.6m。
- 医梯与污物电梯井道平面尺寸不得小于 2.4m×3m。

 解题思路

一、思考医院建筑类型

医院建筑是一种功能流线相对复杂的建筑类型。

随着时代的发展，人们的需求越来越丰富，旧有医院病房楼建筑在发展过程中需不断满足新的要求，以扩建和更新。

这主要包括：医院病房楼选址、总体设计、功能布局、空间组合、流线分析等方面。

医院病房楼建筑需要平衡医生、家属、病人三类不同人群的关系、洁净与污物流线的关系、手术内部流线的相互关系，服务对象的不同决定着功能空间的复杂属性。

面对这类感觉很熟悉但是又很陌生的空间环境，需要我们仔细分析功能气泡图，清楚各个功能之间的关系，建筑内部的功能关系都是万变不离其宗的，医院病房楼建筑与大家熟悉的常见建筑类型，如办公建筑、居住建筑、娱乐建筑，还是有相近之处的。我们可以利用自己熟悉擅长的功能空间设计手法，组合成新的建筑形式。

二、场地分析

- 明确地块的周边信息

1. 建筑红线范围位于整个医院内部，属于医院内部场地。

2. 题目总图指北针非传统上北下南的方式。

3. 建筑用地范围北侧为医技楼，建病房楼需与医技楼走廊联通，人流来源成分主要为医生。

4. 建筑用地范围西侧是门急诊楼，人流来源成分主要为在门急诊楼就诊的病人，地块西侧有从医院主入口通往病房楼的道路、停车场连接口。

5. 建筑用地范围南侧为医院外围围墙。

6. 建筑用地范围东侧有通往太平间洗衣房等功能性房间的道路连接口。

- 明确地块尺寸信息。建筑控制线：东西宽 50m，南北长 80m，总共约 4000m²，建筑物单层建筑面积约 1100m² 左右，建筑物占地约总基地的 1/3。

三、场地分析结果预判

- 根据建筑物面积指标和周边建筑物的关系，在满足建筑物防火规范的前提下，建筑物宜布置在地块北侧，靠近医技楼和门急诊楼，方便联系。

● 根据人流来源方向，地块西侧为医护人员入口，东侧为污物出口，病人入口设置在地块西侧。

四、功能分区分析

● 确定建筑物形态与体量

根据设计条件中，病房楼争取朝南的设置条件，14间病房楼应由东向西一字排开布局，场地东西向50m宽，建筑占地面积1100m²，则建筑物南北宽约22m，建筑物平面为50m×22m长方形南北向布局坐落于地块的北端。

● 三层平面功能分析

1. 划分功能分区

三层根据服务对象，共划分为三个区：病房区（服务病人）医务区（服务医生）护理区（护士为病人提供服务）。

2. 看懂功能泡泡图

根据泡泡图，护理区是医务区和病房区的纽带，医务区，护理区，病房区各自自成体系，但部分功能分布独立又有各自的走廊联通。楼电梯厅和污物电梯厅两个泡泡组成建筑物的垂直交通体系。

3. 确定功能布局

病房朝南的条件决定了病房占据了建筑物的南侧全部空间，护理区承担着连接病房区与医务区的联系功能，故医务区位于建筑物的北侧，护理区位于建筑物南北向的中间段。

4. 确定交通核心位置

根据地块的场地分析，病人人流来源自地块西侧，故两部医梯和一部楼梯间布置在建筑物的西端。根据地块污物出口的方向，污梯和另一部楼梯布置在建筑物的东端。

建筑物北侧的医技楼与以及东北角的太平间等污物出口方向，决定了病房楼的垂直交通核布置的建筑物的北端，以方便联通，避免流线交叉。

该病房楼为高层建筑，交通核需设置前室。

5. 确定卫生间位置

病房区因在病房内以有卫生间，故无需再单独设置卫生间，医务区和护理区需设置独立的卫生间。

● 八层平面功能分析

1. 划分功能分区

八层为手术区，服务对象使用人员主要是医生，病人只是其中一个载体。手术区根据手术的操作功能不同，划分为家属安置区、手术区、医务区和污染区。

2. 看懂功能泡泡图

根据泡泡图分析，手术区的服务对象有三类：病人、家属和医生。家属就安置在楼电梯核心区旁等候，病人从楼梯进入手术区，医生从医梯交通核心出来之后，通过医务区再进入手术区，人流在医梯交通核产生分流，相互独立不干扰，各自成体系。污物独立成体系与污物出口联通。

3. 确定功能布局

根据手术室用房及要求，手术区所占比例在整个八层最大，故按照三层的面积比将手术区布置在建筑物南侧，医梯交通核心根据三层布置在建筑物的西北端，从楼电梯出来后，病人向南进入手术区，医护人员向东进入准备区再通过走廊向南进入手术区。

根据三层的设置，污染区布置在建筑物东侧，污物走廊需连接各手术室及石膏、打包等区域，成独立走廊，手术室也无需采光的条件，故将走廊东西布局落于建筑物最南端，与其他区域分离且互不干扰。

4. 确定交通核心位置

根据三层的布局设置交通核心位置。

5. 确定卫生间位置

对于本层的服务对象，病人和家属无需设置卫生间，对于医生，在换鞋领域区域设置卫生间即可。

五、确定柱网

- 在50m×80m的建筑控制线范围内，根据14间病房楼应由东向西一字排开布局，以及病房3.6m×6m的要求，首先保证12间三人病房3.6m开间，12m×3.6m=43.2m，地块总宽50m，东西两侧收进0.2m的基础上用49.8m−43.2m=6.6m，病房布局3.3m是方便病床的放置，两个单人间各自3.3m，在病房放置位置相互借位以创造出3.6m的开间满足需求。建筑开间布局为7.2m×6+6.6m=49.8m，考虑到三层和八层面积八层较大，取三层最大值1144m²。计算得建筑进深22.9m。病房卫生间按照住宅最小面积1.5m×3m布置，病房要求3.6m×6m，则病房进深总需9m，病房楼道宽度为2.7m，病房楼东端设置的交通核包括一部楼梯和一部污梯，楼梯宽需3.6m，一个开间7.2m正好放置楼梯，污梯需2.4m×3m，则医务区进深为6.6m，剩余的进深22.9m−9m−6.6m=7.3m，取常用轴线尺寸7.2m，计算得总进深22.8m，标准层建筑面积1134.44m²，在三层与八层控制范围内。

六、在柱网内定位各功能区

- 三层平面图

1. 布置病房区，9m范围内设置6m病房与3m卫生间，将卫生间靠南设置，设置全明卫生间，也便于护士与病床更近便于观察与护理。

2. 布置护理区，护士站布置在开间最中间位置，与单间病房相对应，沿着护士站向东依次布置治疗室、库房、药品和处置室，向西紧邻布置办公。西北交通空间南侧布置活动室和共护士使用的卫生间，东北交通空间布置备餐室和污洗间。

3. 布置医务区，根据任务书面积需求依次落实更衣卫生间、值班和办公室的位置。

- 八层平面图

1. 布置家属等候区，家属等候适宜在西北交通空间邻近布置。

2. 布置手术区，手术区布置在南侧9m范围内，大手术室设置单独的刷手和麻醉准备，中手术室公用麻醉准备，三个小手术室依次布置，在手术室南端设置污物走廊与东端的污物间连接形成独立的污物走廊。

3. 布置医务区，从交通核心空间出来向东一跨，布置"卫生通过"功能空间，向东依次布置办公用房和器械、石膏、打包等辅助用房。在家属等候与手术之间布置苏醒室和护士站，以方便家属和护士共同观察。电梯厅旁布置换床过厅，紧邻交通空间也方便进入手术室。

4. 布置污物区，污物间与清洗间布置在污梯南侧独立成区。

🎯 参考答案

作答如图8-11～图8-13所示，评分标准见表8-5。

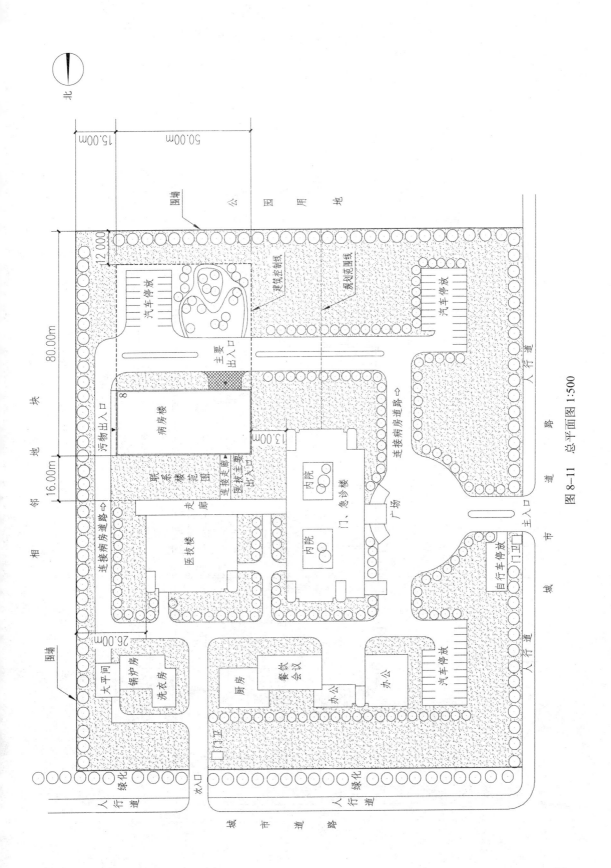

图 8-11　总平面图 1:500

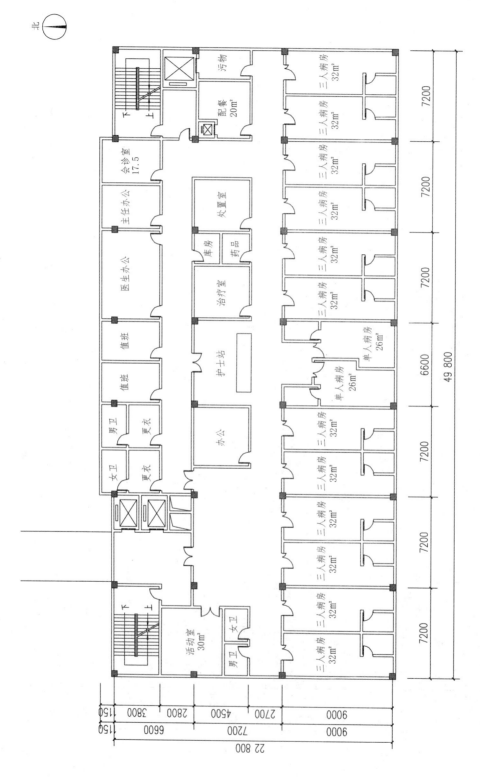

北

三层建筑面积 1193 m²

图 8-12　三层平面图 1:200

94

北

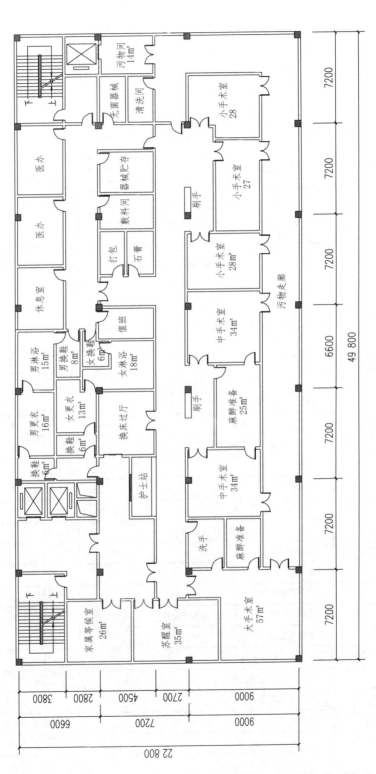

八层建筑面积 1165 m²

图 8-13 八层平面图 1:200

表 8-5　　2004 年度全国一级注册建筑师资格考试建筑方案设计（作图题）评分表

序号	项目	考核内容	分值	扣分范围	扣分小计	得分
1	总平面（8分）	无污物出口	8	3～5		
		无连廊或不当		1～3		
		总平面与平面不符		1～3		
2	功能分区（20分）	功能分区不合理	20	15～20		
		病房朝向：向北、西扣2分/间，向东扣1分/间				
		活动室不靠近病房		1～3		
		配餐室无餐梯		2		
		污洗间不靠近污物电梯		3		
3	护士站（8分）	护士站与病房位置不当	8	1～3		
		护士站与办公室关系不当		1～3		
		药品、治疗不靠近护士站		1～3		
4	医务区（10分）	缺房间	10			
		通风采光不好，有黑房间				
		房间面积不符				
5	八层平面功能分区（18分）	功能分区不合理	18	10～18		
		无污物通道		12		
		有污物通道，但与污物电梯联系不当		3～5		
6	手术区（10分）	护士站未靠近入口	10	3		
		护士站未靠近苏醒室		3		
		大手术室未设独立麻醉室、准备室		3		
		麻醉室位置不当		3		
		手术室面积不当		3		
7	医务区（8分）	换鞋消毒流程不合理	8	1～3		
		打包、石膏与污物通道没有连接				
		缺房间每处扣1分				
		主要房间面积不符				
8	其他（8分）	污物箱未靠近污物电梯	8			
		家属等候区未与手术区、医务区分开				
		无换床过厅				
9	消防（5分）	无消防楼梯、电梯	5			
		疏散距离违反消防规范				
10	图面表达（5分）	未注房间名称	5	1～3		
		未注房间面积		1～3		
		上下层承载不直接		3		
		图面粗糙不清		3		

2005年建筑方案设计（作图题）：法院审判楼

任务描述：

● 某法院根据发展需要，在法院办公楼南面拆除旧审判楼原址上，新建二层审判楼，保留法院办公楼。

● 任务要求：设计新建审判楼审判区的大、中、小法庭与相关用房以及信访立案区。

● 审判区应以法庭为中心，合理划分公众区、法庭区及犯罪嫌疑人羁押区，各种流线应互不干扰，严格分开。犯罪嫌疑人羁押区应与大法庭、中法庭联系方便，法官进出法庭应与法院办公楼联系便捷，详见审判楼主要功能关系图，如图8-14所示。

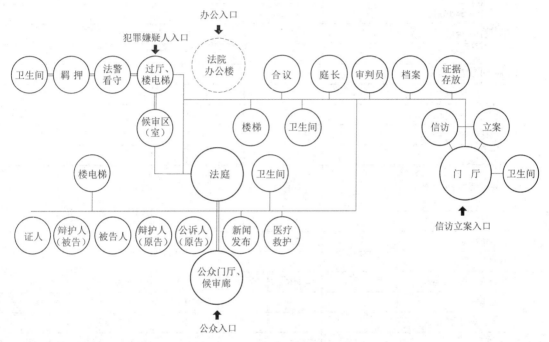

图8-14　审判楼主要功能关系图

注：功能关系图并非简单交通图。双线表示两者之间要紧邻或相通。候审区（室）是嫌疑人的候审区，在大法庭设置。

● 各房间名称、面积、间数、内容要求详见表8-6和表8-7。

● 层高：大法庭7.20m，其余均为4.2m。

● 结构：采用钢筋混凝土框架结构。

场地条件：

● 场地平面见总平面图（比例尺为1:500），如图8-15所示，场地平坦。

● 应考虑新建审判楼与法院办公楼交通厅的联系，应至少有一处相通。

● 东、南、西三面道路均可考虑出入口，审判楼公众出入口应与犯罪嫌疑人出入口分开。

制图要求：

● 在总平面图上画出新建审判楼，画出审判楼与法院办公楼相连关系，注明不同人流的出入口；完成道路、停车场、绿化等布置。

表 8-6 　一 层 用 房 及 要 求

功能		房间名称	单间面积/m²	间数	面积小计/m²	备　注
审判区	中法庭	★中法庭	160	2	320	
		合议室	50	2	100	
		庭长室	25	1	25	
		审判员室	25	1	25	
		公诉人（原告）室	30	1	30	
		被告人室	30	1	30	
		辩护人室	30	2	60	
	小法庭	★小法庭	90	3	270	
		合议室	25	3	75	
		审判员室	25	1	25	
		原告人室	15	1	15	
		被告人室	15	1	15	
		辩护人室	15	2	30	
	证据存放室		25	2	50	
	证人室		15	2	30	
	★犯罪嫌疑人羁押区		110		110	划分羁押室 10 间，卫生间 1 间（共 11 间，每间 6m²）及监视廊
	法警看守室		45	1	45	
信访立案区	信访接待室		25	5	125	
	立案接待室		50	2	100	
	★信访立案接待厅		150	1	150	含咨询服务台
	档案室		25	4	100	
其他	★公众门庭		450	1	45	含咨询服务台
	公用卫生间		30	3	90	信访立案区一间（分设男女），公众区男女各一间
	法官专用卫生间		25	3	90	各间均分设男女
	收发室		25	1	25	
	值班室		20	1	20	
	交通面积		780		780	含过厅，走廊，楼梯、电梯等
本层建筑面积小记			3170m²			
允许层建筑面积±10%			2853～3487m²			

表 8-7 　二 层 用 房 及 要 求

功能		房间名称	单间面积/m²	间数	面积小计/m²	备　注
审判区	大法庭	★大法庭	550	1	550	
		合议室	90	1	90	
		庭长室	45	1	45	

功能	房 间 名 称		单间面积/m²	间数	面积小计/m²	备 注
审判区	大法庭	审判员室	45	1	45	
		公诉人（原告）室	35	1	35	
		被告人室	35	1	35	
		辩护人室	35	2	70	
		犯罪嫌疑人候审区（室）	20		20	
	小法庭	★小法庭	90	6	540	
		合议室	25	6	150	
		审判员室	25	2	50	
		原告人室	15	2	30	
		被告人室	15	2	30	
		辩护人室	15	4	60	
	证人室		15	4	60	
	证据存放室		35	2	70	
	档案室		45	1	45	
其他	新闻发布室		150	1	150	
	医疗抢救室		80	1	80	
	公用卫生间		30	2	60	男女各一间
	法官专用卫生间		25	3	75	每间均分设男女
	交通面积		880		880	含过厅，走廊，楼梯、电梯等
本层建筑面积小记			3170m²			
允许层建筑面积±10%			2853～3487m²			

- 按 1:200 比例画出一层、二层平面图，并应表示出框架、墙、门（表示开启方向）、窗、卫生间布置及其他建筑部件。

- 承重结构体系，上下层必须结构合理。

- 标出各房间名称，标出主要房间面积（只标表中带★号者），分别标出一层、二层的建筑面积。房间面积及层建筑面积允许误差在规定面积的±10%以内。

- 标出建筑物的轴线尺寸及总尺寸（尺寸单位为 mm）。

- 尺寸及面积均以轴线计算。

规范及要求：

- 本设计要求符合国家现行的有关规范。

- 法官通道宽不得小于 1800mm，公众候审廊（厅）宽不得小于 3600mm。

- 审判楼主要楼梯开间不得小于 3900mm。

- 公众及犯罪嫌疑人区域应设电梯，井道平面尺寸不得小于 2400mm×2400mm。

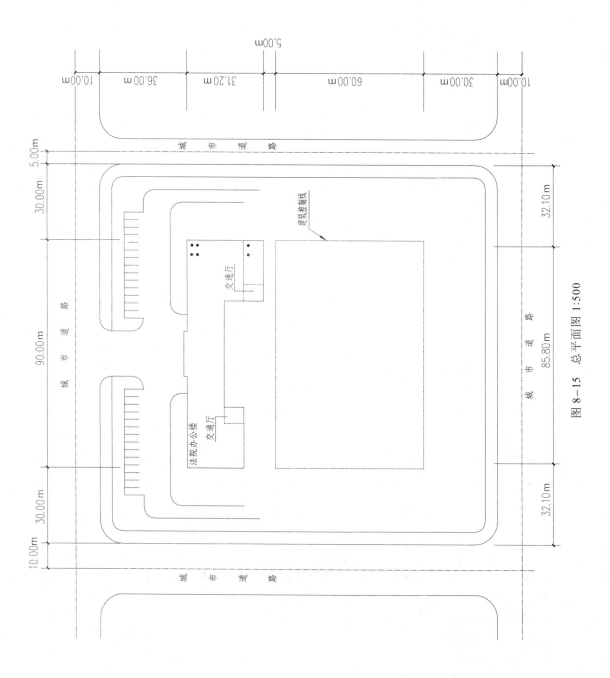

图 8-15　总平面图 1:500

解题思路

一、分析题型，抓住考核关键点

法院审判楼，是特殊类型的专属公共建筑。一般设计师接触设计实例较少，不同于其他公共建筑，生活中实际体验、参观也不多。此类题型考察要点是对陌生建筑的特殊功能组织和流线组织的设计能力。当然，面对不太了解的建筑，需要仔细分析题目功能要求，研究功能气泡图，清楚各个功能之间的关系，建筑内部联系方式，并与审判楼相近的建筑类型做参考，如影院、报告厅、会议厅等，我们可以利用自己熟悉擅长的功能空间设计手法，确定房间格局、结构形式、安全疏散等方式，形成基本建筑布局概念。

依据题目要求、功能关系图和常识进行功能判断。审判楼是以法庭为中心，围绕法庭可以想到有法官、被告、原告、辩护、公众旁听等基本功能，以及卫生、资料空间要求；通过审题也能注意到刑事审判对于犯罪嫌疑人的空间及流线要求；结合题意，注意信访功能的要求。

通过初步分析题意，可以判断出此题主要考点在：

（1）功能分区：法庭、信访立案应分区设置。

（2）功能要求：法庭、信访立案应分内外（公众与法院内部应分隔）。

（3）特殊要求：犯罪嫌疑人羁押区的处理。

（4）房间类别：特别注意法庭分大、中、小且数目不一，题目中用"严格""专用"强调的房间要求。

（5）交通流线：根据建筑性质判断，流线独立、互不干扰要优于互相联系。

注意以上几点，形成设计意识雏形，便于解题作图时判断对错、即时纠偏。

二、场地分析

（1）仔细观察总平面及场地条件：建筑位置和范围已定，北侧有已建办公楼要考虑连接及间距，东西南三面城市道路均可开口。

（2）确定建筑控制线及可建范围：建筑控制线成规则矩形，东西宽90m，南北深60m，计5400m²，题意单层最大3500m²，用地面积充足；无特殊避让物，注意与已有建筑物间距大于6m；可基本判断总图建筑布置上应无特殊考点，合理布局即可。

（3）分析用地周边的道路情况及基本判断出入口位置。东西南三面城市道路均可开口，且无主次干道之分，办公入口在北侧，公众与犯罪嫌疑人出入口分开。依据以上条件初步确定审判楼公众出入口位于南向，犯罪嫌疑人出入口位于东侧或西侧，信访没有要求单独出入口，因此两个出入口满足题目要求。另外出入口在基地范围内需要通过内部道路建立联系，粗量一下场内现有道路宽度为6~7m，不考虑车辆的单向行驶问题，建筑控制线外有大量空地可以布置道路相连。

（4）分析制图要求。题目要求画出审判楼与法院办公楼相连关系，因此留意已有建筑的交通厅位置能保证联通；注明不同人流的出入口，再次强调了出入口分设；完成道路、停车场、绿化等布置，道路要相互连通；公共建筑一定要布置停车场，但题目未要求停车数量，判断入口如分开停车也应分区布置；绿化无特殊要求，最后点缀性布置节省答题时间。

在总图上初步确定建筑布局草图后，着手进行建筑单体设计，完成后，最后绘制总图。

三、功能分区分析

继续研读题目任务书：设计新建审判楼审判区的大、中、小法庭与相关用房以及信访立案区。审判区应以法庭为中心，合理划分公众区、法庭区及犯罪嫌疑人羁押区，各种流线应互不干扰，严格分开。

（1）在任务书中功能关系图中规定了审判楼分为公众区、法庭区、羁押区、信访区4个功能区。

（2）按照功能关系图及以上总图分析，与建筑的出入口位置结合将这4部分内容布置在基地内。并根据各层房间用房及要求表，简单的划分各部分功能块及位置。

一层主要布置好4个分区：公众大厅区、中法庭区、信访区、羁押区。公众入口布置在南侧；羁押入口可以选择东西侧，我们选择在西侧；相应的信访就选择在东侧；法官入口规定在北侧办公楼连廊，为避免与羁押冲突选择使用办公楼东侧交通厅联系。余下法庭则居中布置，可以想到以法庭为中心分隔法庭内部和公众区域。

二层主要布置好2个分区：公众区、大法庭区及法庭内部区，解决与小法庭的联系。核对面积指标发现大法庭基本可以和2个中法庭面积重合，即可确定大法庭居中布置，其他功能主要为小法庭两侧布置的格局。二层有特殊要求的独特房间为犯罪嫌疑人候审室与一层的羁押入口要衔接，确定一下其位置，与一层的入口对应。

（3）以草图方式做完基本分区，最后核对功能分析图，矫正差异和补充遗漏项。

（4）核对需求表，注意题目已将房间分层明确要求，按题目要求做，不要考虑分层的调整。

（5）应注意卫生间和楼梯布置及上下对应。综合考虑疏散楼梯数量，核对题目中卫生间数量。

（6）一些要注意的细节问题在方案不断深入进行中逐步明确，如走廊宽度、房间比例、法庭合议庭的距离、使用方便、羁押室的形式、电梯的要求、无障碍设施等，设计者对这些基本设计点应保持相应的敏锐度。

四、确定柱网和建筑的平面形态

（1）建筑控制线成规则矩形，为90m×60m，根据以上功能布局分析，建筑宜采用集中布局，采用正方形柱网满足基本结构和房间比例布置要求，便与绘制及确定体型。

（2）从题目要求的多数房间看，50~60m² 左右作为柱网分隔单元适应性最强，可采用7.2m×7.2m 或 7.8m×7.8m 柱网，考虑除房间外还有走廊空间，另根据题目规范要求主要楼梯开间不得小于3900mm，也可提示我们为设计方便，选择较大的7.8m方格柱网。

（3）7.8m×7.8m 方格柱网面积 60.84m²，置于场地内 11×6 个柱网，面积为 85.8m×46.8m=4015.44m²，形成东西占满，南北可以依据题意消减的基础布局。奇数开间较符合法院建筑庄重的要求，取对称布局平面，北侧消减两翼各6个共12个柱网，便与减少进深并避免大矩形平面带来的房间布局、疏散困难、分区复杂的情况。层建筑面积4015.44m²–(60.84m×12m)=3285m² 符合题意。

（4）形成一个"凸"字形对称平面，此时应初步判断下各主要分区、房间布置和出入口能否布下。将上述分区草图带入进行对比，"凸"字中心较大黑空间分层布置大、中法庭（参照会议、剧场等，不需要采光），两翼布置小法庭和信访区，其他房间还有空间即可确认此建筑平面形态。

五、解题过程及注意事项

把各部分功能按建筑面积的大小，布置在柱网中，通常情况下可以参考功能分析图的位置进行大致摆放。

1. 一层

（1）首先考虑交通楼梯布置。依据平面形态，各端部布置一部楼梯共6部楼梯，是最便于中心房间布置和疏散的。但南侧一面较长，考虑到对称布局中心布置大厅，把楼梯移至大厅两侧方便集中人流使用，注意需要布置残疾人电梯。

（2）交通核布置好后，布置中法庭和公众大厅于建筑中心部位，便于分隔法庭内外。另外两个中法庭及大法庭为大型房间，依据常识要消柱，上下叠加布置面积大致相合且结构合理，便于统一调整柱网。因此，两个中法庭相邻延东西方向居中布置较合理，并取消房间内柱子，调整局部柱网，北侧要留下空间处理法庭内部房间。

（3）选择西北角楼梯与犯罪嫌疑人入口结合，成为专用梯，处理好楼电梯方向，结合羁押入口处布置羁押区。羁押区依据房间需求数量和大小进行布置，选择中法庭北侧区域。羁押区应便于管理、看守室应无视线死角，因此袋形布置最合理，勿遗漏卫生间、电梯。

（4）依据需求表，围绕中法庭布置中法庭辅助房间，注意合议、庭长、审判员与辩护、原被告的内外区分；形成法官通道；审查羁押区与法庭的连接是否合理，办公楼与法官出入口要连接。

（5）选择东西两翼的一侧布置 3 个小法庭，考虑与法官通道的内部连接来布置小法庭内部功能，公众侧布置原、被、辩；注意原被告和其辩护人应各自紧邻，留意候审廊宽度，面积不合适的调整边柱网来适应。

（6）另一侧布置信访区，信访各房间也要区分内外，并与法官通道连接，法官流线不要和公众交叉；信访区公众部位要独立出入口、大厅、卫生间，与审判区要隔开；档案属于内部功能不要置于公众区。

（7）卫生间、证据室、证人等房间审核其数量不要遗漏，布置时注意位置合理，面积合适，法官专用卫生间一定布置在法庭内部区。

（8）最后绘制出入口、残疾人设施、值班、收发、咨询等；审查楼梯疏散距离、距出入口距离等规范要求，调整合规。

2. 二层

（1）首先复制一层柱网、楼梯、卫生间位置。信访区、羁押区卫生间二层不需要。

（2）研究发现小法庭可以整体复制，并置于东西两侧满足题意，注意两侧袋形型走廊长度，用微调门位置、楼梯位置或房间形态来满足要求。

（3）大法庭置于一层中法庭上，规划好法官通道，注意柱网的消柱、调整。后区布置大法庭内部用房，注意题中要求的犯罪嫌疑人候审区与大法庭相近。其他房间按要求布置即可。

（4）流出足够的大法庭候审廊宽度后，布置新闻发布、抢救房间，柱网面积不足时可以增加悬挑结构或调整局部柱网，但应与一层对应调整。

3. 总图

（1）根据上述场地分析、总图草图和成形平面图，绘制建筑，标明出入口、基本尺寸。

（2）绘制道路、城市道路出入口、停车场、连廊、绿化。

4. 整理图面

（1）检查房间名称标注、面积标注、总面积标注、轴线尺寸标注。

（2）补上卫生间布置、窗等部件，注意公众卫生间是要求男女分设的。其他因无特殊要求可根据时间确定绘制深度。

参考答案

作答如图 8-16～图 8-18 所示，评分标准见表 8-8。

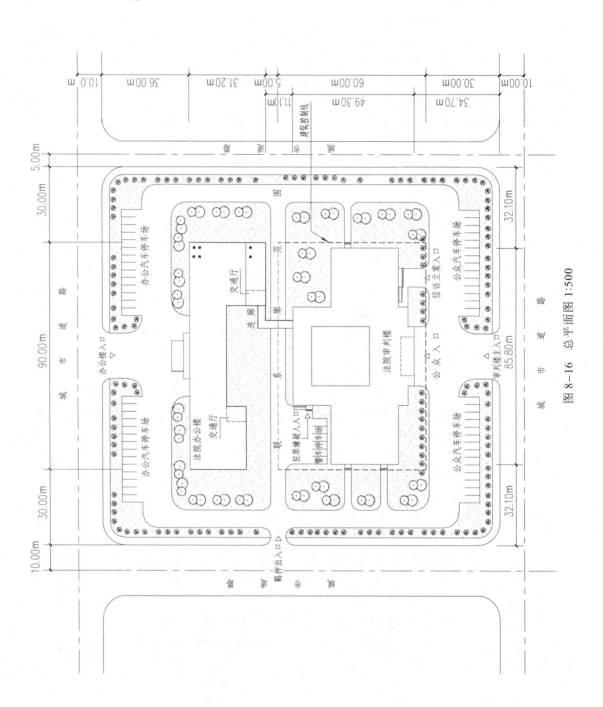

图 8-16 总平面图 1:500

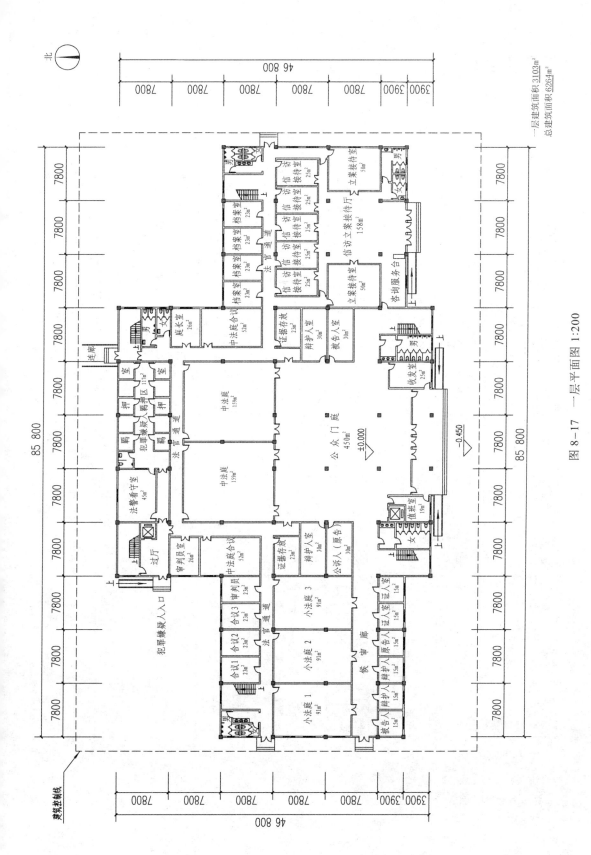

图 8-17 一层平面图 1:200

一层建筑面积 3103m²
总建筑面积 6264m²

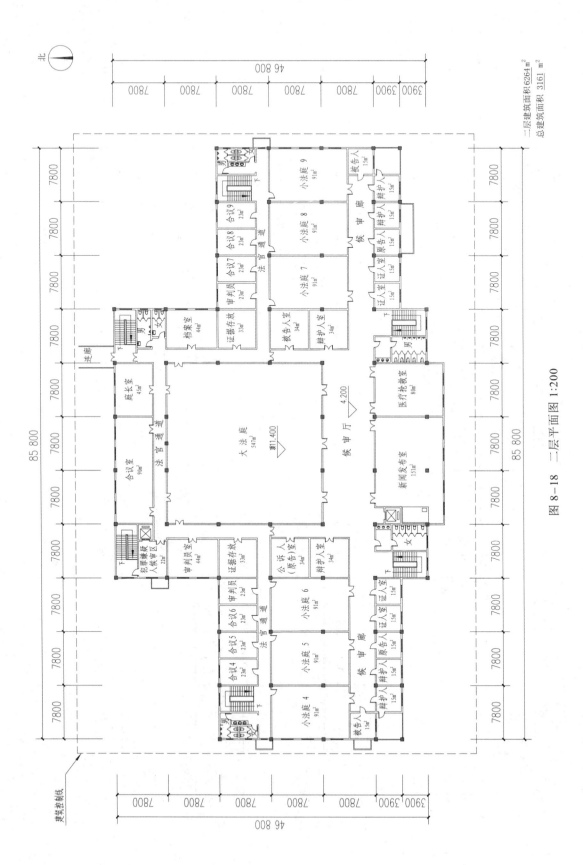

北

二层建筑面积 6264 m²
总建筑面积 3161 m²

图 8-18　二层平面图 1:200

46 800
3900 3900 7800 7800 7800 7800 7800 7800

85 800
7800 7800 7800 7800 7800 7800 7800 7800 7800 7800

85 800

46 800
3900 3900 7800 7800 7800 7800 7800 7800

7800 7800

连廊

男　女

审判员
23㎡

合议7
23㎡

合议8
23㎡

小法庭 9
91㎡

小法庭 8
91㎡

小法庭 7
91㎡

候审廊

被告人
15㎡

辩护人
15㎡

原告人
15㎡

证人室
15㎡

证人室
15㎡

档案室
44㎡

证据存放
33㎡

被告人室
34㎡

辩护人室
34㎡

医疗抢救室
8㎡

男

女

庭长室
45㎡

合议室
91㎡

法官通道

大法庭
54㎡
▽1.400

候审厅
▽4.200

新闻发布室
151㎡

犯罪嫌疑
人候审区

审判员室
44㎡

证据存放
33㎡

公诉人
(原告)室 34㎡

辩护人室
34㎡

审判员
23㎡

合议6
23㎡

合议5
23㎡

合议4
23㎡

小法庭 6
91㎡

小法庭 5
91㎡

小法庭 4
91㎡

被告人
15㎡

辩护人
15㎡

辩护人
15㎡

原告人
15㎡

证人室
15㎡

证人室
15㎡

候审廊

法官通道

男　女

建筑控制线

106

表 8-8　　2005 年度全国一级注册建筑师资格考试建筑方案设计（作图题）评分表

序号	考核内容及分值		条件与犯错误情况	扣分范围	备注
1	总图 （10 分）		用地范围：平面与单体不符或超出用地	2～5	压线不扣
			出入口：羁押道路出入口不在东西侧，羁押与公众在同一侧或北面	3～4	
			道路与停车：场内道路表示为完善、审判楼与信访门前缺停车位	2～6	
			与办公楼关系：没有道路（连廊）相连	2	应与平面对应
2	审判区	房间数与面积 （16 分）	缺中、小法庭一间扣 5 分	5～16	缺 4 间以上扣 70%
			缺合议室、审判员室、庭长室每间扣 2 分	2～6	
			缺原告人室、被告人室、辩护人室每间扣 1 分	1～4	
			缺证人室、证据室每间扣 1 分	1～3	
			法庭面积未标，大、中、小法庭面积不符每项扣 2 分	2～6	
			法官未设厕所，每间扣 1 分	1～3	
		分区与流线 （20 分）	法院内部与公众未分区，布置乱	17～20	
			分区不明确，部分流线交叉	12～16	
			基本分区，个别房间混淆	7～11	
			已分区，未设门分开	2～6	
			法院内部与公众已隔开，无走廊连接	4	
			法院内部不连通	4～6	
		功能关系 （10 分）	法庭房间比例大于 1:2 每次扣 2 分，有棱、怪异	2～6	不包括 1:2
			各法庭与相应合议室未靠近	1～4	大于 10m，每项扣 1 分
			原、被告人室与相应辩护人室未紧邻	1～2	
3	羁押区	交通流线 （8 分）	羁押区出入口未独立	6	
			羁押室不是袋形，未设置看守室或不利控制	3～6	
			羁押专用楼电梯位置不当或未设	2～3	位置未仅靠羁押区
		功能与房间 （4 分）	羁押至二楼候审位置不当或未设	2～4	
			羁押室内未设小间或专用厕所	2～4	
			羁押区面积不符	2	

序号	考核内容及分值		条件与犯错误情况	扣分范围	备注
4	信访与立案	交通流线（10分）	信访立案区未设独立出入口	6	
			信访立案区域审判区未划分	4	
			公众与办案人员交通未分流，部分交通混淆或交叉	3～6	
		功能与房间（6分）	内部通道未与审判部分连通	4	
			信访接待室、信访立案接待厅、档案室、厕所缺一间扣1分	1～4	
			档案室设在公众区内	2～4	
			接待厅面积不符	2	
5	规范与规定	安全疏散与楼电梯（5分）	袋形走廊房间出口至楼梯大于20m	5	
			首层楼梯至出入口大于15m	3	
			走廊、候审廊等宽度不符合题目要求	2～4	
			未设残障电梯及坡道	2～3	
6	公共设施	面积房间结构（6分）	门厅面积不符	2	
			缺新闻发布、抢救、厕所	1～4	
			结构不合理或未画结构柱	2～6	
7	图面	图面表达（5分）	未注房间名称	1～5	
			标注尺寸不全或未标注	2～4	
			面积不符或未注	2～4	
			图面粗糙不清	2～4	

注：1. 缺总图可进行评分。

2. 只画一层未画二层不予评分。

3. 每个序号范围内的扣分和不得超过该项分值。

4. 徒手作图不予评分。

2006 年建筑方案设计（作图题）：城市住宅

任务描述：

● 在我国中南部某居住小区内的平整用地上，新建带电梯的 9 层住宅，其中二室一厅 75m² 的中套为 90 套，三室一厅 90m² 的大套为 54 套，总建筑面积约 14 200m²。要求按单元式住宅设计，总套数 144 套。

任务要求：

● 住宅按套型设计，并由两个或多个套型以及楼电梯组成单元，以住宅单元拼接成一栋或多栋住宅楼。

● 用地为长方形，北部和西部是已建 6 层住宅，南面是湖面，东面是小区绿地。建筑控制线尺寸为 88m×50m，如图 8-19 所示。

● 住宅层高为 3m。9 层总高度按 27m 考虑。新建住宅楼不得遮挡已建住宅的日照。当地的日照间距系数为 1.2。

● 要求住宅设计为南北朝向，不能满足要求时，必须控制在不大于南偏东 45° 或南偏西 45° 的范围内。

● 每户至少应有 2 个主要居住空间和一个阳台朝南并尽量争取看到湖面；其余房间（含卫生间）均应有直接采光和自然通风。

● 要求设置电梯，采用 200mm 厚钢筋混凝土筒为电梯井壁。

● 按标准层每层 16 套布置平面（9 层共 144 套），具体要求见表 8-9。

表 8-9 　　　　　　　　　标　准　层　布　置

户型	户数（标准层）	户内面积（轴线面积）	户　型　要　求					
			名称	厅（含餐厅）	主卧室	次卧室	厨房	卫生间
二室一厅	10	75（允许±5m²）	开间/m	≥3.6	≥3.3	≥2.7		
			面积/m²	≥18	≥12	≥8	≥4.5	≥4
			间数	1	1	1	1	1
三室一厅	6	95（允许±5m²）	开间/m	≥3.6	≥3.3	≥2.7		
			面积/m²	≥25	≥14	≥8	≥5, 5	≥4
			间数	1	1	2	1	2

制图要求：

● 总平面图，要求布置至少 30 辆汽车停车位，画出与单元出入口连接的道路、绿化等。

● 标准层套型拼接图，每种户型至少单线表示一次，标出户型轴线尺寸、户型总尺寸、户型名称。相同户型可以用单线表示轮廓。

● 套型布置图：用双线画出套型组合平面图中所有不同的套型平面图。

● 在套型平面图中，画出墙、门窗、标注主要开间、进深轴线尺寸，总尺寸；标注套型编号并填写两室套型和三室套型面积表，附在套型平面图下方。

特别提示：

● 以下情况可能不及格：

（1）户数不符、户型不符、户内面积明显不符或乱标的。

（2）缺少户型组合平面图或缺少户型平面。

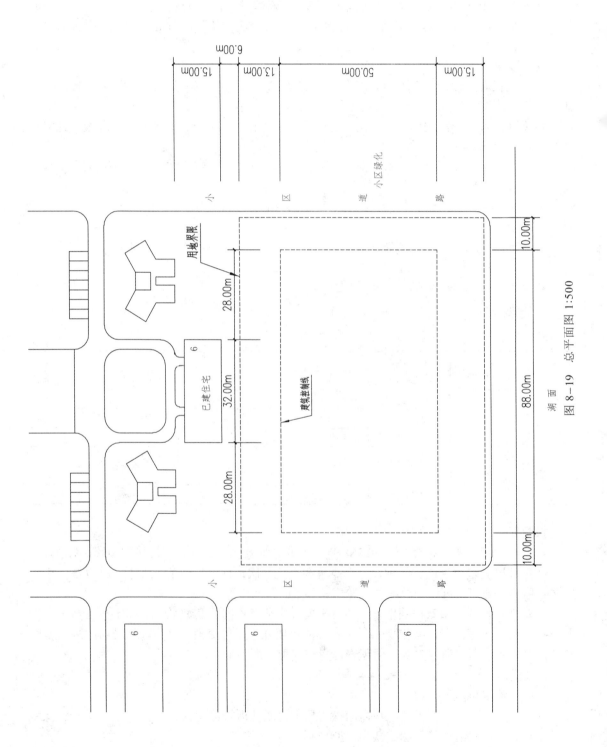

北

湖 面

图 8-19 总平面图 1:500

解题思路

一、阅读题目，抓住关键点

公共建筑一般是历年考题考查的重点内容，考查方向通常也是功能分区、流线分析等内容。而 2006 年的城市住宅考题设计与常见的公建设计考题不同，户型设计、建筑朝向及满足日照、通风要求等方面的内容是设计考查的重点。

仔细阅读题目后，从中提取关键信息，可以帮助考生把握下一步的设计大方向。题目要求布置住宅套数共 144 套，建筑物为 9 层高，这样每层标准层套数为 16 套；此外还有诸多场地条件限制。如何在有限的基地下合理布置出这些套数，并且满足题目中所限定的建筑朝向及房间采光等要求是设计首先要考虑的内容。

二、场地分析

（1）首先要对基地有个大体了解：建筑用地为规整的矩形，基地北侧为已建住宅，邻近基地的是一栋 6 层高住宅，南侧为湖面，东西两侧为小区道路。

（2）明确建筑控制线及用地红线范围。建筑控制线：东西宽 88m，南北长 50m；用地红线：东西宽 108m，南北长 78m。

（3）用地周边的情况影响着建筑的布局，首先新建建筑不能对北侧已有住宅造成日照遮挡。通过计算可以得出遮挡范围，因此，可知道可使用的基地具体

范围是什么。这样可用的基地范围就由矩形基地变成了"凹"字形基地型式。其次，注意基地南侧的湖面，这个场地条件影响着建筑户型的设计。

三、建筑布局分析

（1）明确了可用地的基地范围，可以考虑建筑的大体布局型式。在可用的"凹"字型基地平面中，自然会想到 V 字形的建筑布局形式。

（2）住宅设计为南北朝向，但题目中有一条重要信息即：不能满足要求时，必须控制在不大于南偏东 45°或南偏西 45°的范围内，因此 V 字形的建筑布局形式是成立的。

（3）题目中明确指出，以住宅单元拼接成一栋或多栋住宅楼。因此：V 字形建筑布局可以是一栋住宅楼，也可以把它分为三段即三栋楼来做设计。由此可以推断出建筑标准层的基本形可以是 V 字形建筑布局，也可以是 V 字形建筑布局的变形——两翼向外倾斜的凹字形。

四、户型布置分析

（1）题目要求布置的标准层 16 套住宅中，75m² 两室一厅要求 10 套，95m² 三室一厅要求 6 套。这 16 套住宅在标准层平面中如何分配，既合理又能满足题目要求同时还可以使设计变得顺畅，是做户型设计之前要考虑的内容。这两种建筑布局形式，三居室显然布置在建筑的端头更为合理，因为端头位置可以便于增加建筑居室的开窗采光的位置，以达到题目的要求。

（2）每户至少应有 2 个主要居住空间和一个阳台朝南并尽量争取看到湖面；其余房间(含卫生间)均应有直接采光和自然通风。在有限的基地长度范围内，完成 16 套住宅的布置，同时所有功能房间均要采光，对户型的设计提出了要求。在满足题目要求，尽量做到功能布局合理的条件下，所有户型的开间尽量小，使 16 套住宅完全布置在基地中。

（3）起居室和主卧室朝南向布置，次卧、卫生间、厨房及公共交通空间楼电梯等朝北侧布置。

五、具体设计的思考过程

看到考题，虽然是城市住宅设计，但题目对住宅的套数及建筑朝向有明确要求，所以首

要考虑的是建筑的总体规划。

考试中，一般会首先按常规设计进行考虑：即建筑为南北朝向，整体设计成一字板楼最为简单直接。那么在 88m 范围内，要布置下标准层的 16 套住宅，一套住宅的开间基本要控制在 5～6m，在这样窄小的开间内，题目同时还要求两个主要居室朝南并且每个功能房间均要有采光，要满足这些条件，除非设有内天井，否则很难达到题目的设计要求。设置内天井的做法虽然能够满足设计要求，但在现代住宅中这种做法极不合理，即使这种设计可能会通过考试，但是违背出题者的初衷，并不是理想的考虑方向。

我们来看看有没有更好的解决办法。题目中的凹字形的建筑基地及 45° 角的控制范围是暗示，同时也给了我们设计启发，可以考虑把住宅倾斜 45° 角，这样每套户型的开间可以是以前的 1.4 倍，可以做到 6～7m。如果加大住宅套型的进深，这个开间数是可以做出满足题目要求的住宅套型的。

V 字形总图布置简单直接，可以把基地长度最大限度的利用起来，户型设计中对开间的要求相对宽松，V 字端头单元及交角单元特殊位置处布置三居室，其他位置布置两居室。但 V 字形布置势必会产生尖角空间，在局部交角处的户型设计会比较麻烦，户型图也会产生特殊的户型形式，因此采用这种总图做户型设计关键点是：要处理好特殊位置的户型设计，而其余部分的户型设计相对简单，有一定的可发挥性。两翼向外倾斜的凹字形布局，由于将建筑分为三段式布置，正好产生 6 个端头，用来布置三居室，户型分配清晰，减少了户型设计种类，这样在户型详图设计中的工作变得比较简单。但在设计过程中要求户型开间尽量缩小，以满足总图布局的需要。两种布置思路大体一致，各有利弊，但只要认准一个方向，方案都可以顺利发展下去，接下来我们要精化户型设计，使其满足题目要求。

如果按 V 字形总图布置进行设计，布置户型的距离从 88m 相当于延长到了 120 左右，这样条件下户型设计相对宽松。两居室可以按一套 6.9m 的开间（起居室 3.6m 开间，主卧室 3.3m 开间）进行常规设计。每个 V 字形边分别布置 5 套两居室。端头两个单元为三居室单元，只有 V 字形的交角处的三居室的设计要花些功夫。设计中尽量把不规整空间消耗在电梯厅等公共空间，使户型内部尽量规整。

两翼向外倾斜的凹字形布局，将建筑分为三段式来考虑方案。这种总图的布置方案有一点是一定要注意的——就是建筑的间距（按 2006 年建筑防火规范的要求，9 层住宅之间的建筑间距不应小于 6m）。所以这种总图布置形式如果基本的两居室建筑还按 6.9m 开间进行设计，显然会布置不下 16 套住宅，因此为了满足题目要求，户型设计要考虑大进深，小开间的形式。试着能不能尽量压缩开间尺寸，在最小的开间情况下，达到设计要求。所以在户型设计中要动动脑筋，把主卧室与起居室在不影响房间使用及采光要求下叠加放置，如图 8-20 以达到节省开间尺寸的目的。

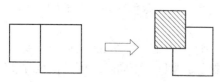

图 8-20　位置示意

经过户型设计的优化，可以使两居室的开间达到 6m，为完成最终的设计奠定了基础。次卧及厨房、卫生间布置在北侧，为了使各功能房间都有采光，户型北侧房间的设计同样也要采取这种手法，拉伸建筑进深，使各功能房间均有采光。由于三居室布置在建筑的端头，为了充分利用基地的夹角空间，三居室户型的设计进深不宜太长。各居室可以错位布置。

最后要注意：住宅套型设计完成后，每个单元的公共交通空间要布置合理，满足建筑防火和疏散的各项要求。

参考答案一

作答如图 8-21～图 8-23 所示，评分标准见表 8-10。

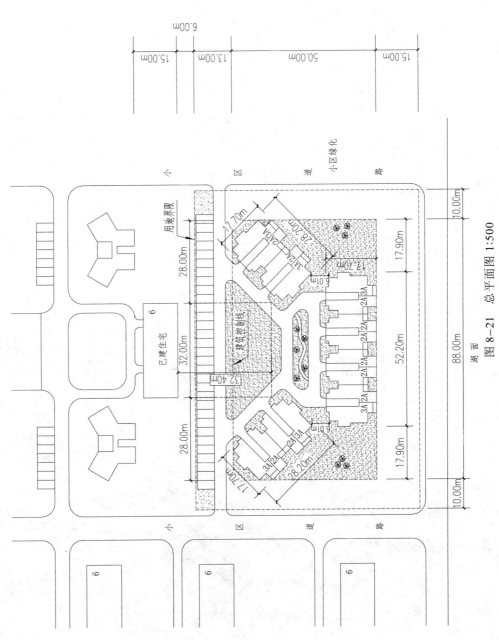

图 8-21　总平面图 1:500

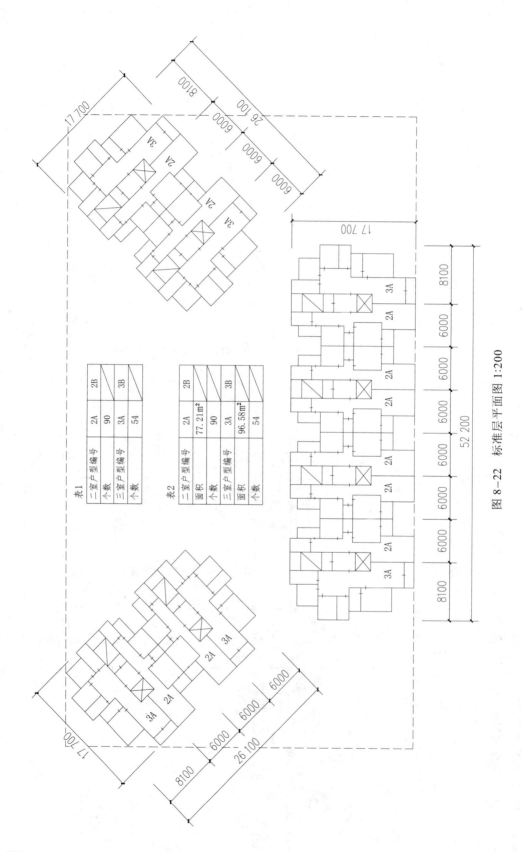

表1		
二室户型编号	2A	2B
个数	90	
三室户型编号	3A	3B
个数	54	

表2		
二室户型编号	2A	2B
面积	77.21m²	
个数	90	
三室户型编号	3A	3B
面积	96.58m²	
个数	54	

图8—22 标准层平面图 1:200

114

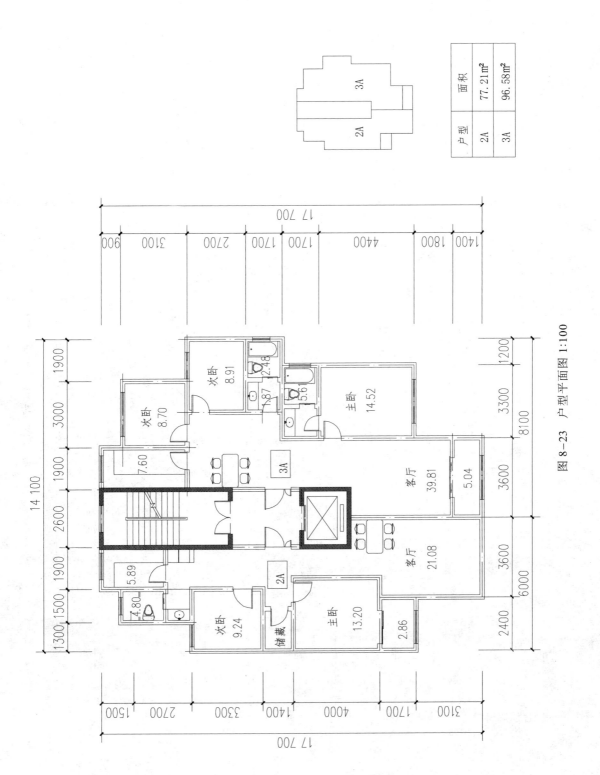

户型	面积
2A	77.21m²
3A	96.58m²

图 8-23 户型平面图 1:100

参考答案

作答如图 8-24～图 8-27 所示，评分标准见表 8-10。

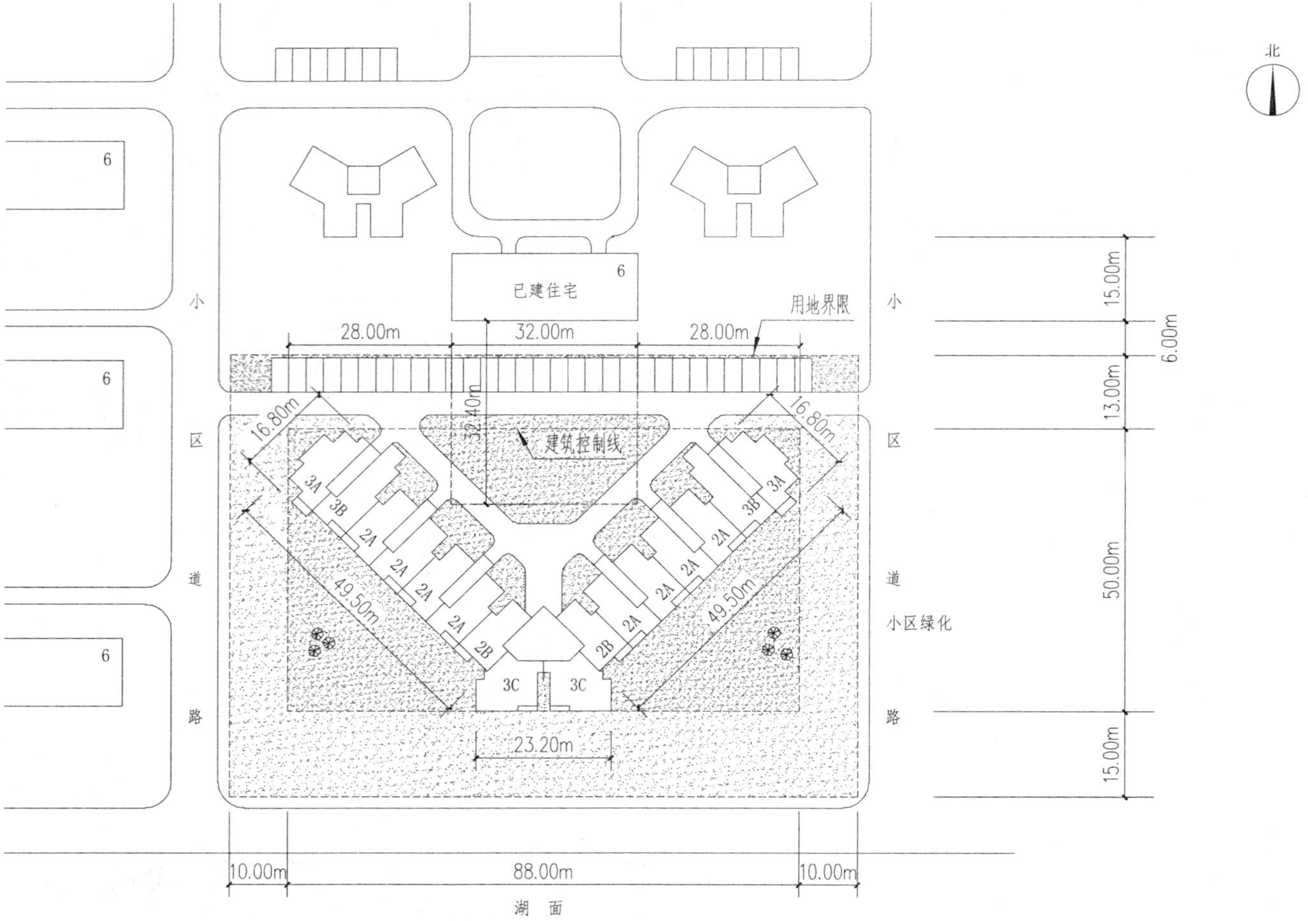

北

小　区　道　路

用地界限

小区绿化

6

已建住宅

建筑控制线

6

6

6

6.00m
15.00m
13.00m
50.00m
15.00m

10.00m
88.00m
10.00m

28.00m
32.00m
28.00m

16.80m
16.80m

49.50m
49.50m

23.20m

12.40m

3A
3B
2A
2A
3A
2A
2B
3C
3C
3C
3C
2B
2A
2A
2A
3B
3A

图 8-24　总平面图 1:500

116

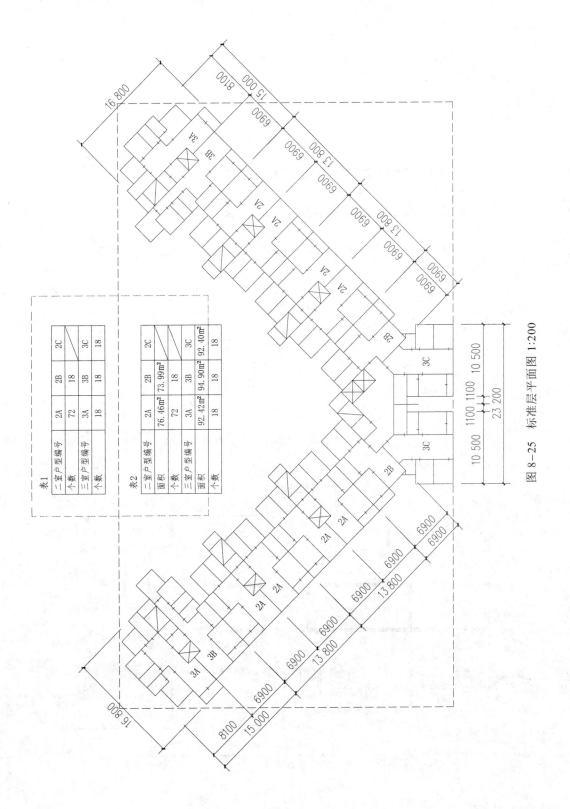

表1

二室户型编号	2A	2B	2C
个数	72	18	
三室户型编号	3A	3B	3C
个数	18	18	18

表2

二室户型编号	2A	2B	2C
面积	76.46m²	73.99m²	
个数	72	18	
三室户型编号	3A	3B	3C
面积	92.42m²	94.90m²	92.40m²
个数	18	18	18

图 8-25 标准层平面图 1:200

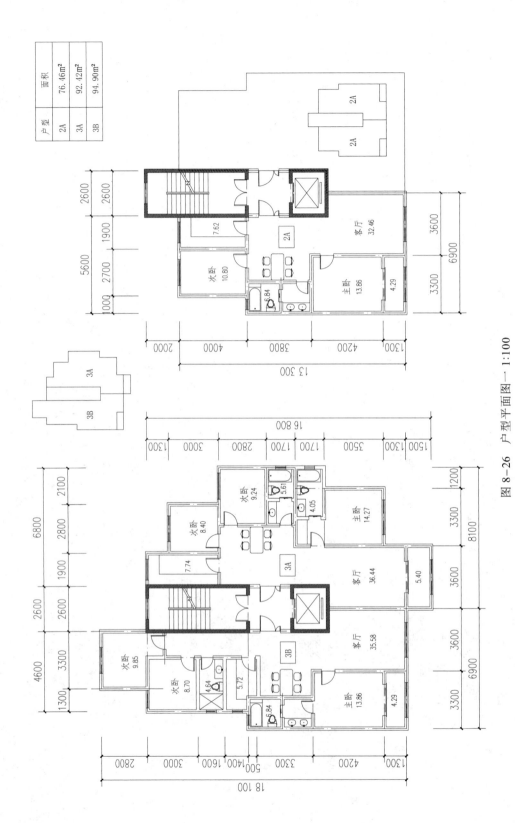

图 8-26 户型平面图—1:100

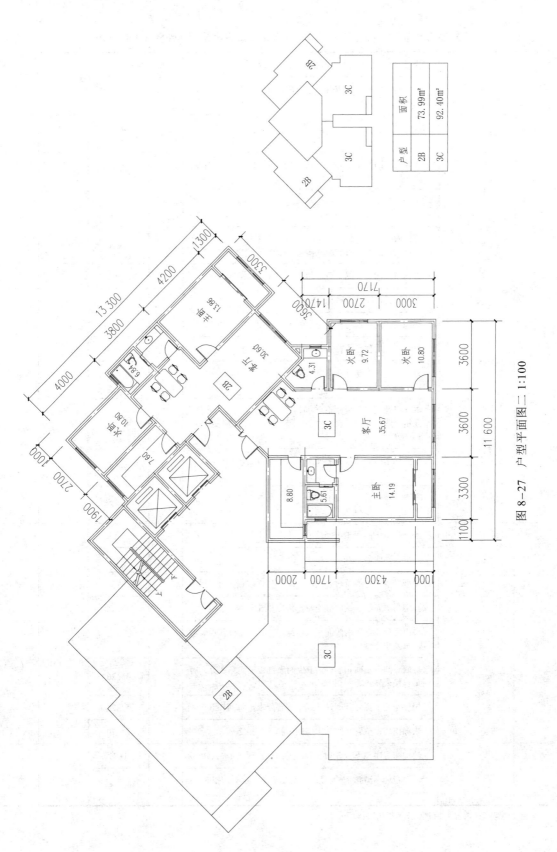

户型	面积
2B	73.99m²
3C	92.40m²

图 8—27 户型平面图二 1:100

主卧 14.19

次卧 9.72

次卧 10.80

客厅 35.67

书房 13.86

餐厅 30.60

次卧 10.80

2B

3C

3C

3C

119

表 8-10　　2006 年度全国一级注册建筑师资格考试建筑方案设计（作图题）评分表

提示	建筑物超出建筑用地控制线	说明：若有其中一项时，序号 1 和序号 2 单元组合均为 0 分			
	南北建筑间距（含南偏东，南偏西 45°）小于 1:1.2 倍（即 33m）				

序号	项目	考　核　内　容	分值	扣分范围	扣分小计	得分
1	总平面	建筑消防间距小于 6m；一面为防火墙或一面设防火窗，间距小于 3.5m，各扣 5 分	15	5~15		
		未布置道路、绿化、单元入口、停车场（车位不足）或明显不合理，各扣 1 分		1~5		
		总图未标注相关尺寸扣 10 分，未标全或标错扣 2~8 分（组合图表达清楚不扣分）		2~10		
		总图与单元组合图不符，扣 5~15 分		5~15		
2	单元组合	户数不符，户型不符扣 45 分	45	45		
		不满足有两个居住空间符合朝向要求的，每户扣 20 分		20~45		
		只有一个居住空间符合朝向要求的，每户扣 10 分		10~30		
		每户应有一个居住空间（夹角小于 120° 范围）看到湖面，不符每户扣 2 分		2~10		
		单元组合图户型表达不全，但总图已表达，每户扣 4 分；单元组合图户型中未表示房间分隔，但户型图已表达，每户扣 2 分		4~10		
		单元户型总尺寸未标注或不符，每处扣 2 分（户型图表达清楚不扣分）		2~8		
		未表示楼电梯和布置不合理；未填表一和表二，每处扣 2 分		2~8		
3	户型	未画户型平面图扣 35 分	35	35		
		户型布局明显不合理，扣 2~10 分		2~10		
		户型类型及户数符合要求时，缺一种户型扣 5 分		5~30		
		户型与单元组合图明显不符，每户扣 5 分		10~20		
		户内面积及主要房间面积未标或不符；表三和表四未填等，每处扣 2 分		2~10		
		每缺一间卫生间扣 5 分；卫生间无直接采光扣 3 分；房间无直接采光，每间扣 10 分		3~20		
		居住空间未标注开间尺寸或未符合要求，每间扣 5 分		5~25		
		未标出门窗位置、阳台、房间名称，各扣 2 分		2~10		
4	图面	结构布置明显不合理扣 5 分，局部不合理扣 1~2 分	5	1~5		
		图面粗糙不清扣 1~5 分；主要线条徒手绘制，扣 3~5 分		1~5		

注：每项考核内容内扣分小计不得超过该项分值。

2007年建筑方案设计（作图题）：旧厂房改扩建工程（南方某城）

任务描述：

● 场地：老厂房室内外高差 150mm。

● 扩建部分：老厂房周边有木杉树，树冠直径 5m，扩建部分应尽量保障不移除原有树木，最多不超过 4 棵。

厂房描述：

● 厂房为 T 形 24m 跨的单层车间，钢筋混凝土梯形桁架屋架，屋架下缘标高 8.4m，无天窗。

● 厂房一层建筑面积为 3082m²。

● 厂房为钢筋混凝土结构，总平面图如图 8-28 所示。柱距 6m，柱间为砖砌墙体，厂房窗宽 3.6m，窗高 6.0m，窗台距离地面高 1.0m，厂房柱墙示意图如图 8-29 所示。

厂房改造要求：

● 局部可改造为两层，加层部位可利用原有结构柱，新增的柱、梁可与原柱连接。

● 厂房内布置的游泳池不得下挖地坪。

● 厂房内门窗可以变动，外墙可以拆除，但不得外移，详见表 8-11。

表 8-11 厂 房 内 设 置 要 求

房间名称	房间面积 /m²	房间数	场地数	其他用房 /m²	备 注
游泳馆	800	1	1	水处理 50 水泵房 50	泳池深 1.4～1.8m
篮球馆	800	1	1	另附库房 18	场内至少有 4 排看台，排距 750
羽毛球馆	420	1	2	另附库房 18	二层布置观看廊
乒乓球馆	360	1	3	另附库房 18	
★体操馆	270	1		另附库房 18	净高≥4m，馆内有≥15 的镜面墙
★健身房	270	1		另附库房 18	
急救室	36	1			
★更衣淋浴	95	2			男女各一间，与泳池紧邻，与其他运动兼用
厕所	25	2			男女各一间
资料室	36	1			
楼梯、走廊					
厂房内改造 需建筑面积	4050				含增设的二层建筑，允许面积误差±5%

扩建部分要求

- 扩建部位分为二层，按表 8-12 的要求布置，运动场地尺寸如图 8-30 所示。
- 此部分为钢筋混凝土结构。

表 8-12 扩建部位设置要求

房间名称		房间面积/m²	房间数	其他用房/m²	备 注
俱乐部餐厅	★大餐厅	250	1		对内、对外均设出入口
	小餐厅	30	2		
	厨房	180	1	内设男、女卫生间18	需设置库房、备餐间
★体育用品商店		200	1	内含库房36	对内、对外均设出入口
保龄球馆		500	1	内含咖啡吧36	6道球场一个
办公部分	大办公室	30	4	另附小库房 1 间	
	小办公室	18	2		
	会议室	75	1		
	厕所	9	2		男女各一间
公用部分	门厅	180	1	内含前台值班室共18	
	接待厅	36			
	厕所	18	4	内含无障碍厕位	男女均分设一层、二层
	陈列廊	45	1		
	楼梯、电梯、走道				
扩建部位建筑面积		2330			允许面积误差±5%

其他要求

- 场地内的道路边缘离建筑物不小于 6m，设置停车位：内部车辆 10 辆，社会停车 30 辆，自行车 50 辆。
- 除库房外，其他房间都应有自然通风采光。
- 公共走道轴线宽度不小于 3m。
- 除游泳池外其余部分均按无障碍设计。
- 男、女淋浴、更衣各考虑 8 个淋浴间及总长不少于 30m 的衣柜。

作图要求

- 两道尺寸线。
- 表示门（有开启方向）、窗、不同地面标高。
- 注明带★房间面积。
- 浴厕要布置蹲位、隔间及更衣柜。
- 各房间面积误差±10%，总面积误差±5%。

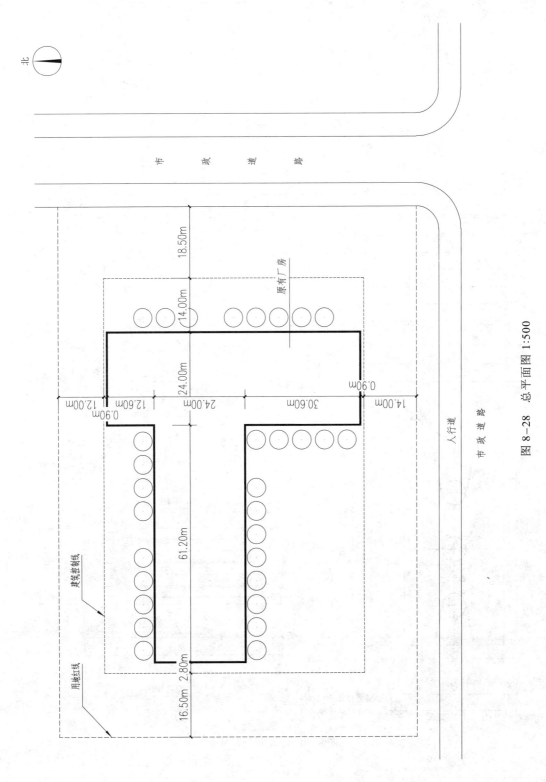

市 政 道 路

人行道

市 政 道 路

18.50m

(14.00m)

原有厂房

24.00m

0.90m

0.90m
12.00m
12.60m
24.00m
30.60m
14.00m

61.20m

建筑控制线

用地红线

2.80m

16.50m

北

图 8-28　总平面图 1:500

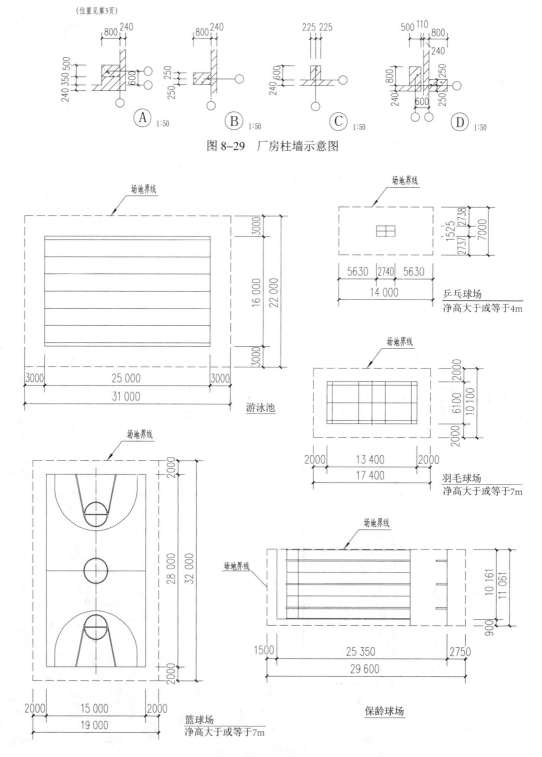

图 8-29 厂房柱墙示意图

图 8-30 运动场地尺寸

解题思路

一、关键点：旧厂房改扩建、体育俱乐部

试题有两部分的设计内容：改建和扩建。两部分内容既独立又相互联系。旧厂房的改建是明确了建筑的外形，在规定好的建筑外框中来做功能排布；扩建则属于新设计部分，这部分内容因为要与旧厂房相连通，所以在设计过程中要考虑两组建筑如何在交通及功能上相互联系。

建筑类型属于小型的体育类建筑，与以往考题的区别在于：建筑的流线相对简单，由于体育场馆对空间高度的要求不同，所以设计过程中不光要考虑平面布局，还要同时兼顾考虑建筑竖向空间设计，即老厂房的高度以及体育场馆所需的高度，来确定二层设计的内容。

仔细阅读题目的要求，明晰考题中的限制条件。

在有限的空间内做功能设计，一方面会给考生以一定的限制，而另一方面这种限制会使得考题的方案形式大体一致，考生做的答案只是一些细节上会有差别。

二、场地分析

（1）在矩形的场地西南侧有规整的空地，所以新建建筑部分要布置在基地的西南侧，新建建筑部分尽量增加采光面，另外注意已有树木的保留，所以扩建部分要与原有厂房脱离开，通过连廊相联系。

（2）明确建筑控制线及用地红线范围。建筑控制线：东西宽 40.8m，南北长 27.6m；用地红线：东西宽 54.8m，南北长 38.0m。

（3）分析用地周边的道路情况及题目要求，初步确定建筑的主入口的位置。新建与改建建筑有机结合，新组成的建筑的主入口应位于南向市政道路一侧。另外建筑的其他内部出入口在基地范围内可以通过内部道路建立联系。

三、功能分区分析

（1）在任务书中改建部分注意 6 个体育场馆的设计布置。分析各场馆之间交通流线的组织。

（2）按照功能需求位置建筑的主、次入口将体育场馆布置在改建的体育场馆内，根据面积指标，先布置面积大的场馆，再根据场馆的净高要求考虑二层场馆的布置内容。

（3）一层平面分区及各功能房间基本确定后，同步考虑二层平面的功能情况。注意平面布局的同时兼顾考虑剖面的标高，看看哪些部分能够布置二层，哪些标高位置只能设置一层。

（4）一些要注意的细节问题：

1）游泳馆的水池深 1.4～1.8m，但不得下挖地坪。

2）原有厂房的外墙可以拆除但不能移动。

3）扩建部分尽量保障不移除原有树木，最多不超过 4 棵。

在设计构思中，这些细节点要引起重试，读题过程中，不能一带而过，在设计初期忽略这些问题，会影响方案的格局，以至于后期修改起来很是麻烦。

四、确定新建建筑的平面形态和柱网

（1）在基地西南侧布置规整的矩形平面，与已有建筑间距 6m，通过连廊相互联系。尽量减少对原有树木的移除。

（2）采用与改建建筑一致的柱网形式：6m×6m 柱网。

五、具体设计的思考过程

设计中首先分析改建场馆部分的设计内容，六大场馆是设计的重点。在限定好的平面中做设计，既受到了很多束缚，同时也减少的多种可能性，做法较为单一。

首先按照场馆的要求高度不同，我们把场馆进行分类。要求净空高的场馆有：篮球馆、羽毛球馆及游泳馆。所以这三部分分别布置在"T"形厂房的三个端头。剩余的厂房中间部分布置其他内容，同时考虑这部分区域可以设置二层。

布置一层平面时，首要考虑游泳馆的布置，因为游泳馆需要与淋浴、更衣室紧密联系，同时游泳馆还有水处理、水泵房等设备用房需要布置，涉及内容较多，所以游泳馆布置在 T 形厂房西侧位置，也就是厂房中腿较长的一侧，平面位置较为充分，为下一步设计的顺利进行做好铺垫。布置的同时要注意游泳馆的地坪标高最为特殊，地坪不允许下挖，而游泳池深度要达到 1.4～1.8m，因此游泳馆的室内标高要做到 2m 左右。接下来确定篮球馆的平面位置。篮球馆空间较大，布置在"T"形的南侧，而羽毛球要求的平面空间较小，所以布置在平面的北侧。布置完这部分内容后，一层平面剩余位置还可以布置健身房等房间，对柱网、空间跨度和净高要求较低的房间，可以设置二层内容。剩余的位置布置卫生间及竖向交通的楼梯间等内容。

一层平面布置好以后，可以布置二层平面的位置也已经确定。还剩的房间内容有体操馆和乒乓球馆。体操馆布置在健身房的上端，乒乓球馆则布置在更衣淋浴的上端。各自找好位置后，开始进行细化平面。同时留好与新建建筑的联系通道。

下一步可以考虑扩建部分的设计内容。新建建筑部分顺应地形采用矩形平面，同时与原有建筑脱离，便于解决房间的采光问题，两组建筑通过连廊产生相互联系，这样的设置较为合理。新建部分要与改建部分作为一个整体，所以新建部分要考虑整体建筑的出入口位置以及门厅和整组建筑的交通流线组织。根据建筑周边道路情况，建筑的主入口位于整组建筑的南侧，通过南侧市政路进入建筑较为合适。新建部分一层布置餐厅、厨房和商店。餐厅和厨房布置在建筑西侧，便于厨房后勤物流的出入。二层布置保龄球馆和办公用房，同时考虑两部分内容的分区设置。新建建筑和改建建筑通过连廊相互联系，连廊可以同陈列廊统一考虑。

各个功能大体位置确定好以后，确定新建建筑的平面柱网形式。新建建筑与原有改建建筑采用统一的柱网跨度，这样会使整体设计变得统一，两个建筑相互联系变得更加直接。

接下来进行方案的细化设计，细化过程中可以再仔细阅读一下题目，注意题目中的一些细节要求：如改建部分的更衣淋浴房间有多处细节不容忽视。首先题目中更衣淋浴房间不仅要求与泳池相通，还要与其他运动场馆兼用。这样的情况下，更衣淋浴布置在紧邻游泳馆的东侧，便于其他运动场馆的使用，这个位置较为合适。其次布置过程中注意室内标高的变化，其他一层运动场馆的室内标高为±0.000m，而游泳馆的标高为2.000m，因此更衣淋浴与游泳馆连接部分要通过台阶联系。同时注意题目的要求 8 个淋浴间及总长度不少于 30m 的衣柜。所以在布置更衣时，要留够足够的空间，更衣柜采用折线形布置，以满足 30m 长的设计要求。最后布置更衣淋浴的同时考虑二层此区域的房间设置。二层房间此区域计划布置乒乓球馆，因此要注意上下房间及柱网要相互对应。所以在布置两个更衣淋浴房间要相对整齐，方便二层房间的布置。这样游泳馆的设备用房布置在游泳馆的西侧较为合理，布置起来也比较简单直接。

其他的一些要求，如场馆除游泳馆外都要求另附 18m² 的库房；羽毛球馆二层设参观廊；体操馆内要有大于 15m 的镜面墙等内容，都要在设计不断深化中逐一考虑。其他的一些辅助房间如卫生间、急救室等按要求布置，注意新建部分二层卫生间的布置要避开一层厨房和餐厅的位置。

设计过程中不应忽略竖向交通组织，合理布置楼梯、电梯的位置，既要方便人流的组织，同时注意各个房间的疏散距离要满足防火规范的要求。

最后总平面设计要布置好建筑的各个出入口布置，注意对原有树木的保护。分区布置内部车辆 10 辆和社会车辆 30 辆。合理设置建筑基地内的道路及建筑与市政道路的出入口位置。

 参考答案

作答如图 8-31～图 8-33 所示，评分标准见表 8-13。

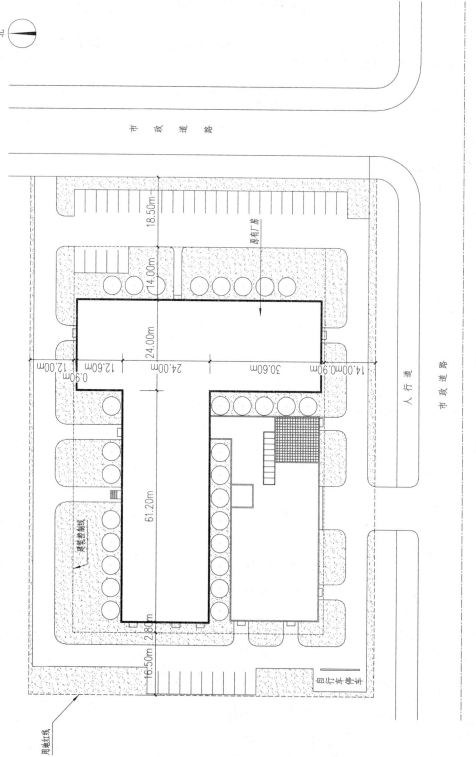

图 8-31 总平面图 1:500

128

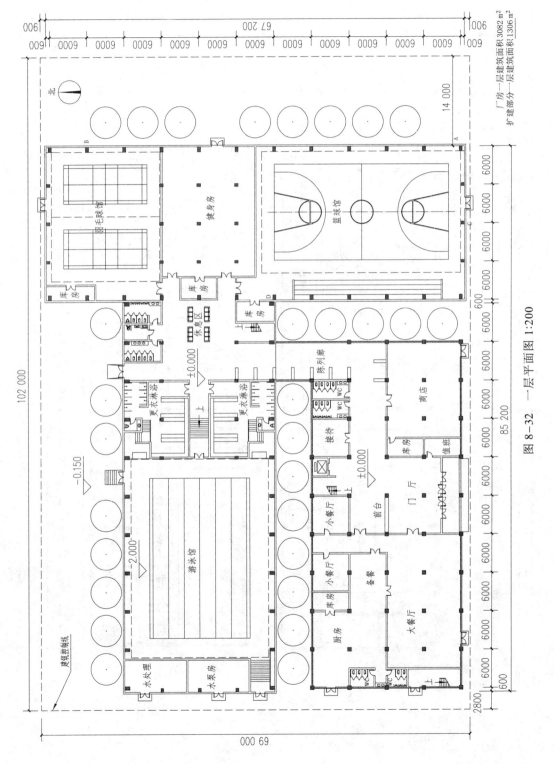

图 8-32　一层平面图 1:200

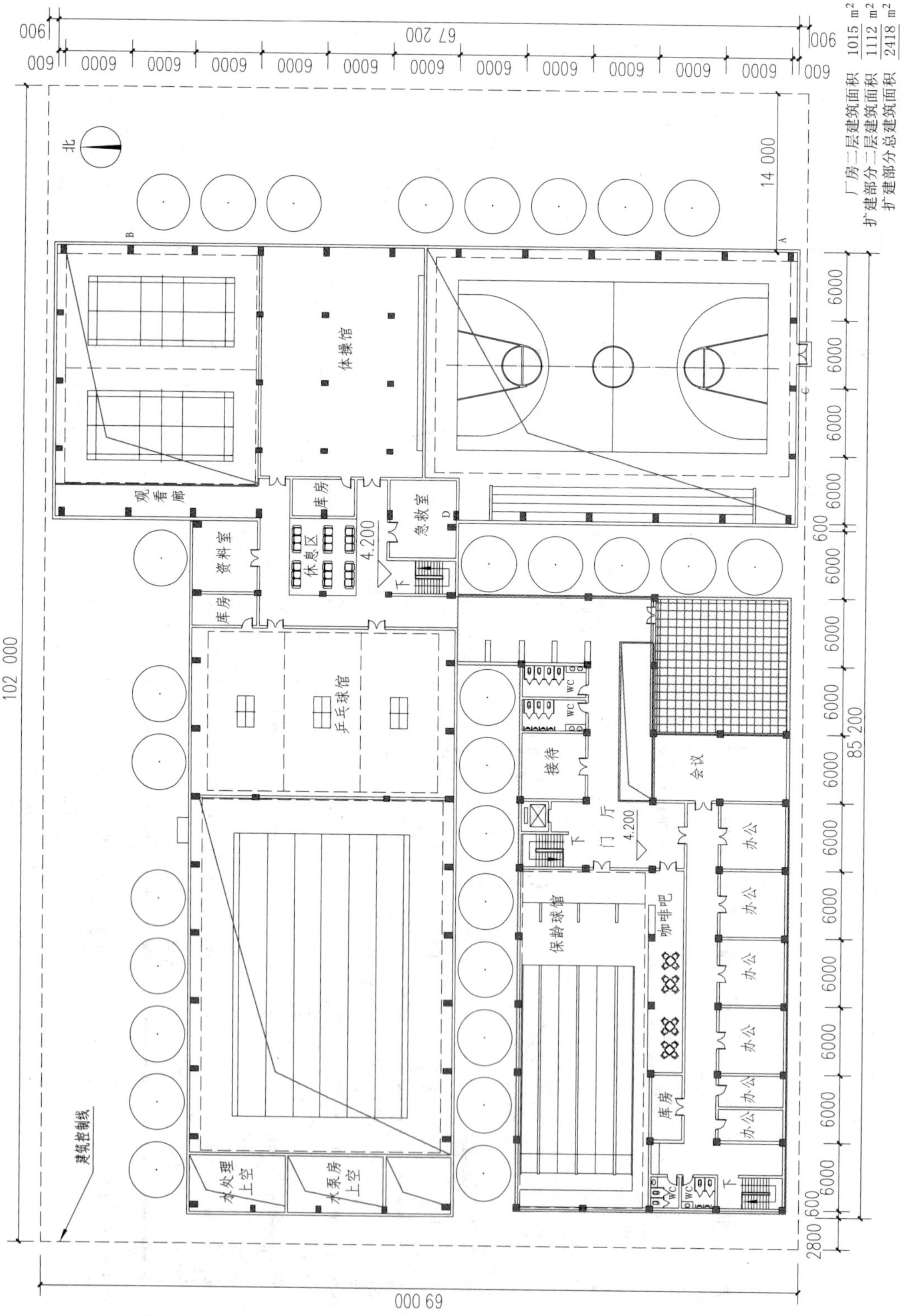

厂房三层建筑面积 <u>1015</u> m²
扩建部分三层建筑面积 <u>1112</u> m²
扩建部分总建筑面积 <u>2418</u> m²

北

体操馆

观看廊

资料室

库房

休息区

库房

急救室

乒乓球馆

水处理上空

水泵房上空

保龄球馆

接待

会议

门厅

咖啡吧

办公

库房

用地控制线

图 8-33 三层平面图 1:200

表 8–13　　　2007 年度全国一级注册建筑师资格考试建筑方案设计作图题评分表

序号	项目	参考内容	扣 分 范 围	分值	扣分范围	扣分小计	得分
1	总平面	用地范围	超出用地范围	3	8		
		道路与停车	未与城市道路相接扣 4 分，道路距建筑物<6m 扣 2 分，停车位少于 40 各扣 1 分		1～4		
		建筑出入口	未设主入口、商店、餐厅、厨房入口（每个扣 1 分）		1～4		
		保留树木	砍树超 4 棵，每棵扣 1 分		1～4		
2	厂房内改造	运动场及辅助用房	运动场少一个（篮、泳、体、健）少一个扣 35 分	35	35		
			缺体操馆、健身房、羽毛球场地、乒乓球场地数，缺一个扣 20 分		20～35		
			场地数不符每个扣 20 分，其中长度≤1m，每个扣 5 分		5～35		
			篮球、游泳、羽毛球馆上或下设运动场地		25		
			乒乓球、体操馆高度不够		4～8		
			健身房、体操馆面积不符扣 4 分，未标均扣 2 分		4～8		
			篮球场缺看台或布置不当		2		
			羽毛球缺看台廊或布置不当		2		
			体操馆无 15m 长墙面		2		
		功能与交通	运动场库房 5 间，水处理、水泵房、急救、资料缺一扣 1 分	15	1～8		
			缺男女更衣、淋浴扣 10 分，缺男女公共厕所扣 5 分		5～10		
			更衣淋浴面积不符，内部未布置或未与泳池相通扣 2 分		2～6		
			运动场地未分割		5		
			个别房间穿越扣 5 分，交通混乱扣 10 分，内部不联系扣 15 分		5～15		
			泳池高差处理不当		2～5		
3	扩建部分	餐厅体育用品商店	缺大餐厅、体育用品商店，每项扣 10 分	20	10～20		
			缺小餐厅 2 间，厨房、备餐、厕所、库房 2 间，缺 1 项扣 1 分		1～7		
			大餐厅、商店面积不符，每项扣 2 分，未标面积扣 1 分		1～4		
		保龄球	保龄球场地不符合或缺保龄球场地		20		
			缺咖啡厅		2		
		办公室	缺办公部分		20		
			大办公 4 间，小办公 2 间，会议 1 间，缺 1 间扣 2 分		2～14		
			办公室未设专用厕所		2		

序号	项目	参考内容	扣 分 范 围	分值	扣分范围	扣分小计	得分
3	扩建部分	功能与交通	功能未分区、交通组织混乱或穿越	12	5～10		
			餐厅、商店内外不相通，每项扣2分		2～4		
			缺接待、值班、陈列、男女厕所每项扣2分，未设无障碍厕所每项扣1分		1～8		
			扩建部分未与改建联系或联系不当		5～10		
4		规范规定	每个运动场、大餐厅、商店未设两个出口，每个扣2分	5	2～5		
			走道、疏散不符合规范		2～5		
			公共走道宽度<3m		2		
			缺电梯、无障碍坡道各扣2分		2～4		
			一个暗房间扣2分（水处理、库房除外）		2～5		
5		图面	未标注房间名称	5	1～5		
			标尺寸不全或未标尺寸		1～5		
			每层面积不符扣2分，未注扣5分		2～5		
			结构承载不合理扣2分		1～5		
			图面粗糙不清		1～5		

2008 年建筑方案设计（作图题）：公路汽车客运站

任务描述：

● 在我国某城市拟建一座两层的公路汽车客运站，客运站为三级车站，用地情况及建筑用地控制线见总平面图。

场地条件：

● 场地平坦，客车进站口设于东侧中山北路，出站口架高设于北侧并与环城北路高架桥相连；北侧客车坡道、客车停车场及车辆维修区已给定，见总平面图。到达站台与发车站台位置见一层、二层平面图。

场地设计要求：

在站前广场及东、西广场用地红线范围内布置：

● 西侧的出租车接客停车场（停车排队线路长度≥150m）。

● 西侧的社会小汽车停车场（车位≥26 个）。

● 沿解放路西侧的抵达机动车下客站台（用弯入式布置，站台长度≥48m）。

自行车停车场（面积≥300m²）：

● 适当的绿化与景观。

● 人车路线应顺畅，尽量减少混流与交叉。

客运站设计要求：

● 一层和二层用房及建筑面积要求见表 8–14 和表 8–15。

表 8–14　　　　　　　　　　一层房间功能及要求

功能区	房间名称	建筑面积/m²	数量	备　注
★进站大厅		1400	1	
售票	售票室	60	1	面向进站大厅总宽度大于 14m
	票务	50	1	
	票据库	25	1	
对外服务站务用房	快餐厅	300	1	
	快餐厅辅助用房	200	4	含厨房、备餐、库房、厕所
	商店	150	1	
	小件托运	40	1	其中库房25m²
	小件寄存	40	1	其中库房25m²
	问讯	15	1	
	邮电	15	1	
	值班	15	1	
	公安	40	1	其中公安办公25m²
	男、女厕所各 1	80	2	
到达区	★到达站台	450	1	不含客车停靠车位面积
	验票补票室	25	1	

功能区	房间名称	建筑面积/m²	数量	备　注
到达区	出站厅	220	1	（含验票口两组）
	问讯	20	1	
	男、女厕所各1	40	2	
其他	消防控制室	30	1	
	设备用房	80	1	
	走廊、过厅、楼梯等	750	3	合理、适量布置
一层建筑面积		4665	1	

注：建筑面积均以轴线计，允许范围±10%。

表 8-15　　　　　二层房间功能及要求

功能区	房间名称	建筑面积/m²	数量	备　注
候车	★候车大厅	1400	1	含安检口一组及检票口两组
	母婴候车室及女厕所各1	90	2	
对外服务站务用房	广播	15	1	
	问讯	15	1	
	商店	70	1	
	医务	20	1	
	男、女厕所各1	80	2	
内部站务用房	调度	40	1	不含客车停靠车位面积
	办公室	50×6	6	
	★会议室	130	1	
	接待	80	1	
	男、女厕所各1	40	2	
发车区	发车站台	450	1	
	司机休息室	80	1	
	检票员室	30	1	
其他	设备用房	40	1	
	走廊、过厅、楼梯等	620		合理适量布置
二层建筑面积		3500	1	

注：1. 一、二层合计总建筑面积 8165m²。

　　2. 建筑面积均以轴线计，允许范围±10%。

● 一层和二层主要功能关系要求如图 8-34 所示，图例如图 8-35 所示。

● 客运站用房应分区明确，各种进出口及楼梯位置合理，使用与管理方便，采光通风良好，尽量避免暗房间。

● 层高：一层 5.6m（进站大厅应适当提高）；二层≥5.6m。

- 一层大厅应有两台自动扶梯及一部开敞楼梯直通二层候车厅。
- 小件行车托运附近应设置一台小货梯直通二层发车站台。
- 主体建筑采用钢筋混凝土框架结构，屋盖可采用钢结构，不考虑抗震要求。
- 建筑面积均以轴线计，其值允许在规定建筑面积的±10%以内。
- 应符合有关设计规范要求，应考虑无障碍设计要求。

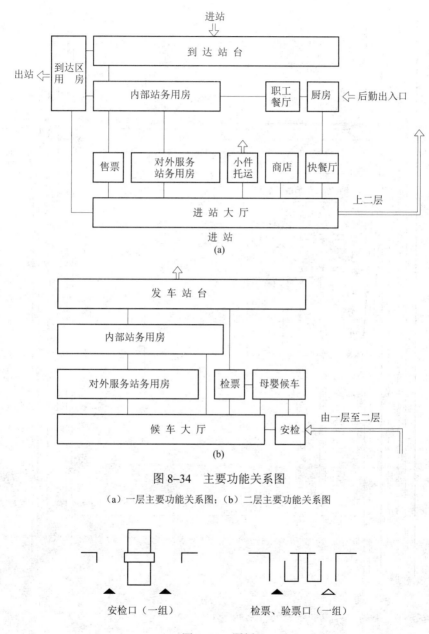

图 8-34 主要功能关系图

（a）一层主要功能关系图；（b）二层主要功能关系图

图 8-35 图例

制图要求：

- 在第 2 页总平面图（图 8-36）上按设计要求绘制客运站屋顶平面；表示各通道及进出

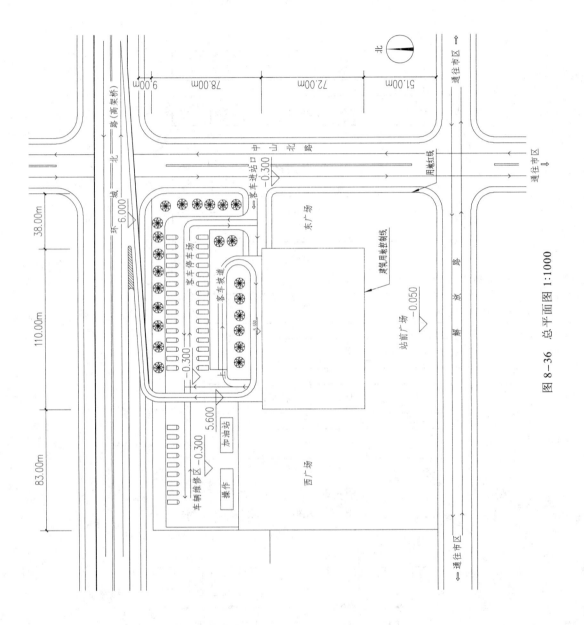

图 8-36 总平面图 1:1000

出口位置；给出各类车辆停车位置及车辆流线；适当布置绿化与景观；标注主要的室外场地相对标高。

● 在第3、4页分别绘制一、二层平面图，内容包括：

1. 承重柱与墙体，标注轴线尺寸与总尺寸。

2. 布置用房，画出门的开启方向，不用画窗；注明房间名称及带★号房间的轴线面积，厕所器具可徒手简单布置。

3. 表示安检口一组、检票口、出站验票口各两组（见图例）、自动扶梯、各种楼梯、电梯、小货梯及二层候车座席（座宽500mm，座位数≥400座）。

4. 在第3、4页左下角填写一、二层建筑面积及总建筑面积。

5. 标出地面、楼面及站台的相对标高。

 解题思路

一、思考客运站建筑的特点，抓住关键点

1. 客运站总平面布局

汽车客运的方式是分散运输，每辆汽车的载客量不大，车辆在相隔较短的时间内陆续发出，旅客集中在站内，一般在站内停留的时间也较短，所以汽车客运站面积不会很大，但流线通畅、空间组织明确简单。

流线组织原则：

（1）各种流线应避免相互交叉干扰。

（2）最大限度地缩短旅客的进、出站流程，避免旅客在站内迂回往返。

（3）尽量缩短车辆在站内的空驶距离。

流线组织方式：

（1）进站与出站旅客流线可在平面上分开布置。

（2）车辆进出站应遵守单向行驶的原则，避免相互交叉干扰。

（3）发车位形式应与车辆行驶方向相适应。

汽车客运站属于城市大型公共建筑，为陆路交通门户，城市规划部门对布点、选址、立面体型和建筑实际控制线都有一定的要求。总平面设计中与城市规划直接发生关系的，还有进出的车道。进站口、出站口应分别设置。为了避免与城市交通有过多的交叉。一般出站口安排在次干道右转弯路上好些。前广场必须明确划分车流、客流路线，停车区域、活动区域及服务区域，在满足使用的条件下应注意节约用地。

客流组成可分为旅客、接送旅客的人和过路客三类，其中旅客为主要客流。车流，主要是考虑自行车的停车区应设于站前广场一侧，以免干扰其他活动区域。服务区又可分为商业服务和交通服务两部分。

结合城市规划布置绿化，集中布置再加一些小品。

2. 客运站功能设计

门厅为交通枢纽组织各种客运用房。门厅的作用是分配人流，将进行候车、购票等各种不同活动的旅客分配到各个部分中去。因此，应将门厅布置在站房活动比较频繁的部位。为方便旅客使用，门厅内应设置问询、小件寄存、邮电等服务设施。当将售票厅和行包托运结

合门厅设置时，应避免进行不同活动的旅客之间相互交叉干扰。

候车厅的周围除了传统的检票口、站务、医务、公安、问讯、商店、邮电、厕所外，候车厅内或其附近应设问讯、公用通讯、传播营运动态和饮水设施，为旅客创造必要的服务条件。候车厅一般空间、面积比较大，是站务功能的主要环节，直接影响站务功能，是影响车站立面造型、剖面空间、结构选型、设备效率和建筑造价等方面最重要的一个部分。候车厅与旅客关系密切，旅客在此停留时间较长，候车厅内部空间考虑是否得当，直接反映了设计水平。

疏散，每个安全出口的平均疏散人数不应超过 250 人，出口宽度应不小于 1.4m。

售票厅的面积是以售票窗口作为计算单位，售票窗口的疏朗按每 120 人一位设置。售票处应与站务内勤相邻近。售票室室内进深不需太大，不小于 4m 即可。售票室面积指标为每一窗口不小于 5m² 计算。

行包业务：行包业务一般由托取厅、行包房和行包装卸廊组成。托运处和提取为旅客活动空间，行包装卸和行包房中旅客不得入内，客流不应与其交叉，以免干扰行包作业的安全和正常工作。

站台：汽车客运站必须设置站台，站台是组织旅客、输送旅客上车的必要通道，是保证旅客在发车区最有安全感的重要设施之一。站台应伸向每一个有效的发车位，站台的设置应有利于旅客的上下车、行包装卸和客车的运转。站台净宽不应小于 2.5m。

二、场地分析

（1）分析场地的环境条件。建筑控制线位于场地中央，场地三边邻路，场地北侧为车场区域，设置了汽车的进出站口。东侧与南侧为城市道路，南侧道路通往城市。

（2）明确建筑控制线及用地红线范围。建筑控制线：东西宽 110m，南北长 72m；用地红线：东西宽 231m，南北长 201m。

（3）分析用地周边的道路情况及题目中给出的出租车等待位置。初步确定客运站的进站人流位于南侧，客运站出站人流位于建筑西侧。建筑物次入口、后勤入口位于地块东侧。

三、功能分区分析

（1）任务书一层平面功能关系图中规定了客运站为售票、对外服务站务用房、内部站务用房和到达区 4 个功能区。要求各个部分既要相互联系又要各自分隔。任务书二层平面功能关系图包含了对外站务服务用房、内部站务用房、发车区三个功能区。

（2）按照功能关系图，可以看到一层平面要布置比较多的功能。一层平面中，面积较大的几个功能块先布置。进站大厅面积最大，位于建筑控制线南侧。出站部分布置于建筑控制线的西北部，与站台和西广场相连，到达站台应紧贴着客车停放位。站务内部用房布置于地块的东侧。

（3）一层平面分区及各功能房间基本确定后，同步考虑二层平面的功能情况。二层面积比一层少了 1165m²，题目中有提到进站厅层高可适当增加，暗示着这 1165m² 可以是进站大厅的挑空部分。候车部分应贴近发车站台设置。内部站务用房应布置在一层内部站务二楼。

（4）此外还应注意卫生间上下水点和楼梯的对应。卫生间不能布置在餐厅厨房的上面。

（5）一些要注意的细节问题：如厨房的出入口既要隐蔽又要方便进出，相对独立。

上下客站台的长度要能完全把客车停车位覆盖住。当然这些细节问题是在方案不断深入进行中逐步明晰的，但设计者对这些基本设计点应该具有相应的敏锐度。

四、确定建筑的平面形态和柱网

（1）在 110m×72m 的矩形控制线范围内，首层的面积是 4665m²，结合客运站的布局特征，平面应该为矩形。

（2）布置 8.1m×8.1m 的柱网，面宽方向 12 个柱网，进深方向 6 个柱网，面积 4723m²，基本符合一层平面要求，平面中还可以设置一些内院。

五、具体设计的思考过程

先布置一层平面。根据任务书给出的条件，先框定进站大厅的区域，面宽 8 个柱网，进深 3 个柱网。与客车停车位布置到客站台，到客站台 450m²，可以用 7 个 8.1m 的柱网，与到客相连的应是出站大厅，布置于西北角。内部站务用房布置东侧，占两个柱网的宽度。售票应布置于进站大厅与内部站务用房之间，要有较长的售票窗口面对着进站大厅。快餐厅配套厨房要与员工餐厅的厨房共用后勤出入口，因此，快餐厅及厨房、员工餐厅及厨房应布置在相邻区域，以方便物流进出。对外服务站务用房应布置在进站大厅的周围，以方面服务旅客。划定几个大块的功能区域后，可以按功能区域进行功能细化。

进站大厅内布置商店、问讯、邮电、值班、公安、男女厕所、小件寄存及小件托运。小件托运的库房附近设置电梯，可以方便达到二楼的发车站台。售票室面向进站大厅，面宽不小于 14m，售票室与票务、票据库穿套布置。

接着布置内部站务用房。调度室要随时看到站台的情况，因此需要与达站台贴邻布置。为方面司机休息，司机休息室也因尽量布置在邻近发车站台的位置。依次布置电脑机房、站务、男女厕所和站长室。

出站厅内布置两组验票口，验票、补票室应靠近验票口。出站厅内布置男女厕所、问讯。

布置二层平面。二层平面比一层平面少了 1165m²，结合任务书中的"进站大厅应适当提高"，可以推测，进站大厅上空为挑空空间。二层与一层通过自动扶梯与开敞楼梯相连。旅客人流通过自动扶梯到达二楼后，应先通过安检口，在安检口前至少应留有 10m 的长度，供旅客排队过安检。过了安检进入候车大厅，候车大厅 1400m²。候车大厅应与发车站台毗邻布置。在候车大厅内布置对外服务的站务用房：男女厕所、商店、问讯、广播。母婴候车室、检票员休息室与发车站台邻近布置，以方便带小孩的妇女检票上车。内部站务用房布置于东侧，与一层内部站务用房位置相对应。调度室与司机休息室邻近发车站台布置。内部站务用房内依次布置办公室、会议室和接待室等。

平面中适当布置内庭院，以减少建筑内部的黑房间。

六、总平面布置

画完建筑平面图后，把建筑轮廓线画在总平面图中，依次标注建筑主入口、出站口、后勤出入口。在出站口西侧的广场上布置出租车等待场地与小汽车停车场。在建筑西南侧广场布置弯入式出租车站台，站台长度不小于 48m。广场东侧布置自行车停车场不小于 300m²。广场内适当布置绿化。

 参考答案

作答如图 8-37～图 8-39 所示，评分标准见表 8-16。

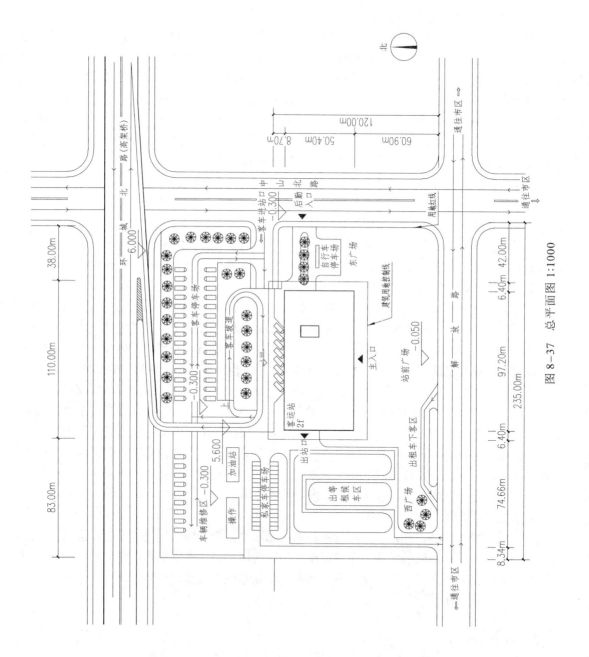

图 8-37　总平面图 1:1000

北

通往市区 ⇒

通往市区 ⇒

环　城　北　路（高架桥）　6.000

中　山　北　路

客车进站口 −0.300

后勤入口

用地红线

自行车停车场

东广场

建筑用地控制线

站前广场 −0.050

主入口

出租车下客区

解　放　路

客运站 2f

出站口

西广场

出租车侯车区

公家车停车场

操作

加油站

车辆维修区 −0.300　5.600

客车停车场 −0.300

客车坡道

38.00m

110.00m

83.00m

8.34m　74.66m　6.40m　97.20m　6.40m　42.00m

235.00m

120.00m

8.70m　50.40m　60.90m

140

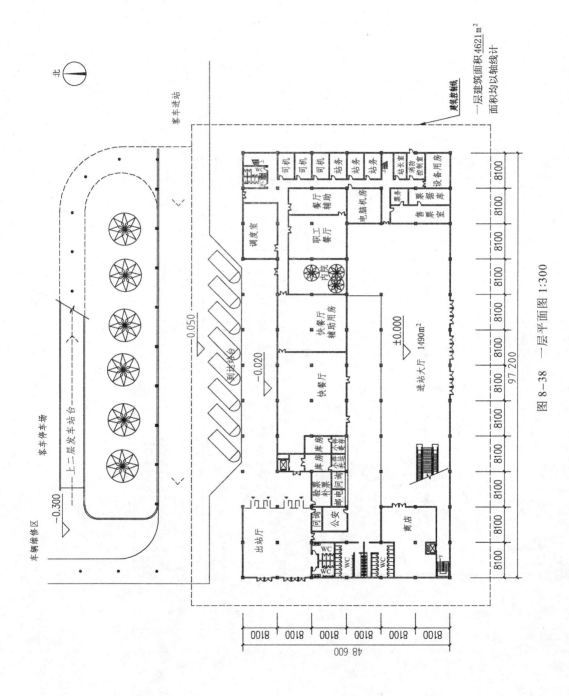

图 8-38 一层平面图 1:300

北

车辆维修区

客车停车场

上二层发车站台

−0.300

客车进站

客车进站

−0.050

−0.020

调度室

司机

司机

司机

站务

站务

站务

WC

站长室

消防

控制室

设备用房

餐厅辅助

职工餐厅

内院

电脑机房

票务

招待库

快餐厅辅助用房

快餐厅

进站大厅
1490m²

售票室

±0.000

库房

库房

小件托运

小件托运

验票补票

邮电问询

出站厅

问询

问询

公安

商店

WC

WC

WC

WC

97 200

8100 ×... 8100

48 600

建筑控制线

一层建筑面积 4621m²
面积均以轴线计

141

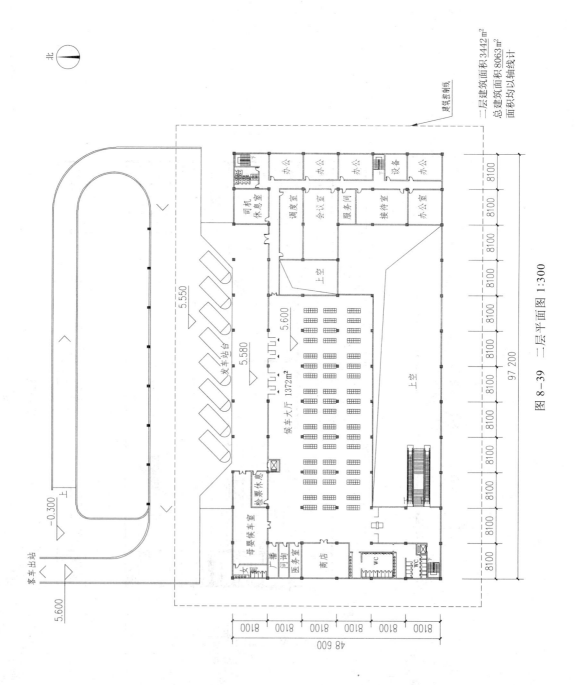

图 8-39 二层平面图 1:300

北

客车出站

客车出站

5.600

-0.300

5.550

5.580

发车站台

5.600

候车大厅 1372m²

上空

检票休息

母婴候车室

女厕

广播室

问询室

医务室

商店

上空

WC

WC

司机休息室

调度室

会议室

服务间

接待室

办公室

办公

办公

办公

设备

办公

建筑控制线

二层建筑面积3442m²
总建筑面积8063m²
面积均以轴线计

97 200

48 600

8100 8100 8100 8100 8100 8100 8100 8100 8100 8100 8100 8100

8100 8100 8100 8100 8100 8100

142

表 8-16　**2008 年度全国一级注册建筑师资格考试《建筑方案设计》作图题评分表**

序号	项目		考 核 内 容	分值	扣分范围	扣分小计	得分
1	总平面（15分）		总平面建筑与单体平面不符扣 5 分，未表示各通道及进出口位置扣 3 分，超地界扣 10 分	15	3~10		
			出站口未设置在西侧		1~2		
			出站车人交叉		2~4		
			出入口距道路交叉口小于 70m		1~5		
			设变入式车道扣 2 分，长度小于 48m 扣 1 分		1~2		
			未设出租车位扣 5 分，车队长度 150m，每 30m 扣 1 分		1~5		
			未设社会停车场扣 5 分，停车位小于 26 个时，每少 8 位扣 1 分		1~2		
			未设绿化 1 分		1		
2	一层平面（47分）	功能交通	内外未分区、交通交叉、功能混乱	16	3~10		
			进站厅与出站厅及内部用房不连通		2~4		
			未设内后勤出口，未设置通向二层内部用房的楼梯		2~4		
			货梯未至二层站台		1~2		
		对外部分	进站大厅面积误差±10%，每少 200m² 扣 1 分	12	1~3		
			商店、小件、寄存、问讯、邮电、值班、公安未面向大厅各 1 分，缺厕所及以上用房，每项扣 2 分		1~8		
			缺售票扣 4 分，售票、票务、票据未成组布置扣 1 分，未与内部用房连通扣 1 分，售票宽度小于 14m 扣 1 分，购票空间太小扣 1 分		1~4		
			缺快餐扣 4 分，厨房、备餐、库方、厕所少一项扣 1 分		1~2		
		内部用房	缺站长室、电脑机房、调度室、司机休息室、站务、厕所每项扣 2 分	8	2~6		
			以上每个暗房间扣 1 分（库、电脑机房除外），面向大厅和站台不扣分		1~3		
			缺职工餐厅扣 4 分，未与内部用房相连扣 1 分，厨房、备餐、库房、厕所少一项扣 1 分		4		
		到达区	到站站台面积太小或使用不方便	4	1~2		
			未设补票室扣 1 分		1		
			出站前未设厕所扣 2 分		1~2		
			出站厅无问讯、验票口扣 1~2 分		1~2		
			除衣帽间外，每间暗房间扣 1 分		1~2		

序号	项目		考核内容	分值	扣分范围	扣分小计	得分
3	二层平面（26分）	功能交通	候厅与内部未分区，交通交叉，功能乱	12	2～10		
			安检口前排队长度小于10m，每3m扣1分		1～3		
			无障碍电梯未设在安检外扣1分，未设无障碍电梯扣3分		1～3		
		对外部分	候车大厅误差±10%，每少200m² 扣1分	8	2～6		
			广播、问讯、商店、未面向大厅1分，缺以上房间及厕所每项扣2分		1～6		
			母婴候车未设单独检票扣1分，未设厕所扣2分		1～3		
		内部	内部用房未相对独立扣1～3分	6	1～3		
			缺调度、办公室、会议室、接待室、厕所每项扣2分		2～6		
			每个暗房（对大厅不扣）扣1分		1～3		
		发车区	发车区面积过小或不便	4	1～2		
			司机休息室、检票室未紧邻站台		1～2		
4	规范规定（7分）		楼梯未设2部	7	1～4		
			未满足疏散		1～4		
5	结构（3分）		结构未布置柱网、结构布置不合理	3	2～3		
			名称、标高、面积未齐全		1～5		
			未标注轴线		2～5		
			图面不清		1～5		

注:

1. 总平面图

(1) 未表示各通道及进出口位置扣1～3分，扣分范围改为1～10分。

(2) 客运站进出口未设置在南面进站广场处，第二行扣2分。

(3) 总图台阶出红线，轴线与用地界限重合，屋面出红线不扣分。

(4) 社会停车场大于或等于550m²，未画车位不扣分，未注出租车场地不扣分，人流、车流交叉第三行扣分。

2. 一层平面图

(1) 一层进站厅高5.6m，不扣分。

(2) 缺消防控制室、内部用房第一行扣分。

(3) 缺房间，每项为每间。

(4) 厨房、未细分小间缺一间扣一分，共扣3分。

3. 二层平面图

(1) 安检口未按图例画，但有表示不扣分，位置不当在第一行扣分。

(2) 缺检票口扣3分，有门无图例在图面不清扣分。

(3) 发车区缺司机休息室、检票室在第二行扣分。

4. 其他

(1) 房间面积未注、与总平面不符，在图面不清扣分。

(2) 徒手、单线在图面不清扣分。

(3) 无无障碍厕所、无坡道，在图面不清扣分。

2009年建筑方案设计（作图题）：中国驻某国大使馆

任务描述：

● 根据需要，中国在北半球（类华东气候区）新建大使馆。考生应按照提供的主要功能关系图，作出符合以下各项要求的设计。

场地描述：

● 场地环境见总平面图，场地平坦，用地西部以规划为本使馆的公寓、室外活动区及内部停车场。建筑控制用地为90m×70m，其中有一棵保留树木。馆区围墙已沿用地红线布置。

建筑设计要求：

● 大使馆分为接待、签证、办公及大使官邸四个区域，各区域均应设置单独出入口，每区域内使用相对独立，但内部又有一定联系。房间功能及要求详见表8-17和表8-18，主要功能关系如图8-40和图8-41所示，总平面图如图8-42所示。

表8-17　　　　　　　　　　　　　　一层房间功能及要求

功能区	房间名称	建筑面积/m²	数量	备　　注
接待区	★门厅	150	1	
	★多功能厅	240	1	兼作宴会厅
	休息室	80	1	
	★接待室	145	1	
	会议室	120	1	
	卫生间	2×40	男女各1	应考虑残疾人厕位
	衣帽间	48	1	
	值班和服务室	2×12	2	值班、服务各1间
办公区	门厅	25	1	
	门卫	16	1	
	会客厅	24	1	
	活动室（健身、跳操、乒乓、桌球、棋牌、图书）	6×48	6	
	职工餐厅	90	1	
	卫生间	2×24	2	男女各1间
	大厨房	150	1	含男女更衣各16位
	备餐间2个	2×60	2	职工餐厅和多功能厅各设1间备餐
	配电室	24	1	
签证区	门厅	80	1	进大厅必须经过安检
	★签证厅	2×8	1	接案台长度≥10m
	卫生间（签证人员用）	2×16	2	男女各1间
	制证办公室	2×16	2	
	会谈室	2×16	2	

功能区	房间名称	建筑面积/m²	数量	备　注
签证区	签证办公室	4×16	4	
	保安室	16	1	
	库房	16	2	
大使官邸区	门厅	50	1	
	会客厅	60	1	
	值班室	12	1	
	衣帽间	7	1	
	厨房	27	1	
	餐厅	55	1	
	客房	35	1	带卫生间
	卫生间	16	1	
	以上面积合计：2410m²			
	走廊、楼梯等面积：740m²			
	一层建筑面积：3150m²			

注：允许一层建筑面积（±10%以内）：2835～3465m²。

表 8-18 　　　　　　　　　　　　　　二层房间功能及要求

功能区	房间名称	建筑面积/m²	数量	备　注
办公区	大使办公室	56	1	
	★大使会议室	75	1	
	普通会议室	80	1	
	秘书室	20	1	含机要室 3 间，值班室 1 间 24m²
	参赞办公室	3×48	3	
	普通办公室	8×24	8	
	机要室	140	4	其中机要室 3 间 116m²，值班室 1 间 24m²
	档案室	80	2	含阅档室 32m²
	财务室	72	2	含库房 27m²
	卫生间	2×24	2	男女各 1 间
官邸区	★大使卧室	70	1	
	夫人卧室	54	1	含卫生间
	儿童房	40	1	
	家庭室	40	1	
	书房	28	1	
	储藏室	28	1	

功能区	房间名称	建筑面积/m²	数量	备　注
	以上面积合计：1167m²			
	走廊、楼梯等面积：383m²			
	二层建筑面积总计：1150m²			

注：允许二层建筑面积（±10%以内）：1395～1705m²。

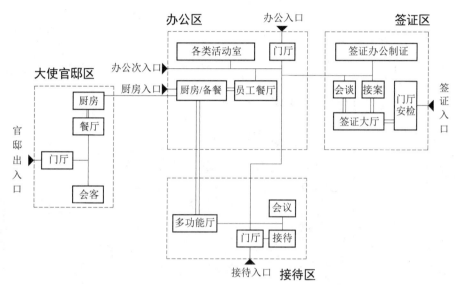

图 8-40　使馆一层主要功能关系图

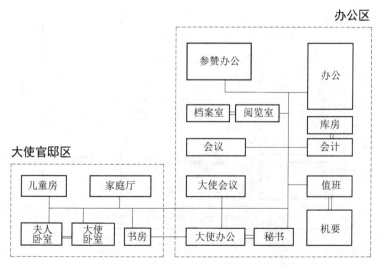

图 8-41　使馆二层主要功能关系图

注：功能关系图并非简单的交通图，双线表示两者之间紧邻并相通。

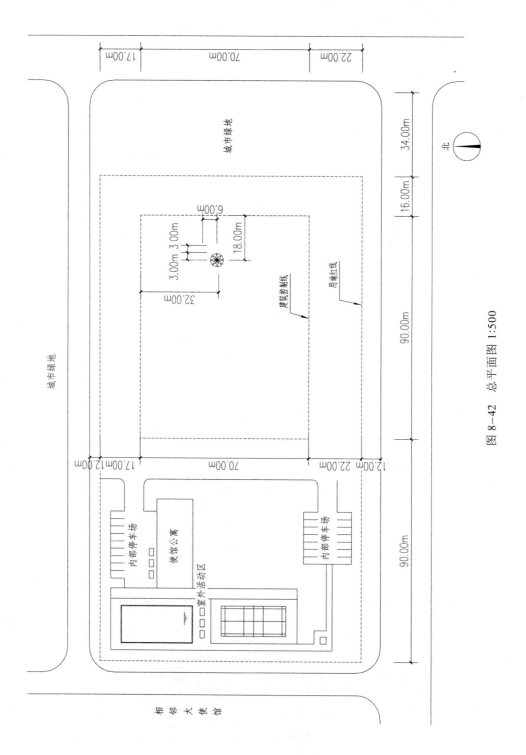

图 8-42 总平面图 1:500

- 办公区厨房有单独出入口，应隐蔽、方便。
- 采用框架–剪力墙结构体系，结构应合理。
- 签证、办公及大使官邸 3 个区域层高 3.9m；接待区门厅、多功能厅、接待室、会议室层高≥5m，其余用房层高为 3.9m 或 5m。
- 除备餐、库房、厨房内的更衣室及卫生间、服务间、档案室、机要室外，其余用房应为直接采光。

总平面设计要求：
- 大使馆主要出入口通向城市主干道。
- 签证区出入口通向城市次干道。
- 场地主要出入口设 5m×3m 警卫室和安检房各一间，其余出入口各设 5m×3m 警卫安检房一间。
- 场地内设来宾停车位 20 个（可分设）。
- 签证区的出入口处应设面积为 200～350m² 的室外场地，用活动铁栅栏将该场地与其他区域场地分隔。
- 合理布置道路、绿化及出入口。

规范及要求：
- 本方案按照中国国家现行的有关规范要求执行。

制图要求：
- 按上述设计要求绘制总平面图，表示大使馆建筑物轮廓及各功能区出入口，表示道路、大门及警卫安检房、来宾停车位、铁栅栏及绿化。
- 按建筑设计要求绘制大使馆一层和二层平面图，表示出结构体系、柱、墙、门（表示开启方向），不用表示窗。标注建筑物的轴线尺寸。
- 标出各房间名称及主要房间（表 8–17、表 8–18 中带★号者）的面积，标出每层建筑面积（各个房间面积及层建筑面积允许在规定面积的±10%以内）。
- 尺寸及面积均以轴线计算、雨篷、连廊不计算面积。

 解题思路

一、思考使馆建筑的特点，抓住关键点

使馆建筑作为外交活动的空间载体，是一类特殊的建筑类型。

使馆建筑是集办公、居住、娱乐为一体的小型综合体建筑，其特点是小而全，功能复杂齐备，很难把它确定地归入哪一类建筑类型。基于特殊的使用对象和建筑属性、异地办公和境外建设的要求、复合的功能和空间形态，使馆建筑已经形成了特定的建筑范式和设计要求，这主要包括：使馆选址、总体设计、功能布局、空间组合等方面。

反映在建筑上是设计必须满足各功能之间相互平衡的要求，即公共的与私密的、仪式化的与家庭化的、套房必须满足其公共的仪式场所的功能要求，还要为一个家庭提供生活的场所。使馆建筑一般融合了仪式性空间、领事服务空间、内部办公空间、大使官邸和其他附属空间。使馆建筑需要平衡工作空间和生活空间、公共性和私密性、对外服务空间和内部办公空间的关系，各部分既独立又紧密联系、交织在一起。

当然，对使馆建筑不太了解的建筑师，也不要着急，仔细分析功能气泡图，清楚各个功能之间的关系，建筑内部的功能关系都是万变不离其宗的，使馆建筑与大家熟悉的常见建筑类型，如办公建筑、居住建筑、娱乐建筑还是有相近之处的。我们可以利用自己熟悉擅长的功能空间设计手法，组合成新的建筑形式。

二、场地分析

（1）看懂总平面，明晰场地的环境条件。在矩形的场地东侧有要保留的古树，这是影响建筑平面布局的重要场地条件。

（2）明确建筑控制线及用地红线范围。建筑控制线：东西宽 90m，南北长 70m；用地红线：东西宽 196m，南北长 109m（含原建筑范围）。

（3）分析用地周边的道路情况。初步确定建筑的主入口与次入口的位置即建筑主入口位于南向城市干道，次入口位于场地东侧的城市次干道。另外建筑的其他内部出入口在基地范围内可以通过内部道路建立联系。

三、功能分区分析

（1）在任务书的功能关系图中规定了大使馆分为接待、签证、办公和大使官邸四个功能区。要求各个部分既要相互联系又要各自分隔。

（2）按照功能关系图及建筑的主、次入口位置将这四部分内容布置在基地内，根据面积指标，简单地划分各部分功能块的大小。即接待区位于基地的南侧，接近基地的主入口位置，签证区位于基地东北侧，办公区位于北侧，大使官邸位于基地西南侧。

确定各部分入口位置。功能分析图也给了大家很好的提示。

（3）一层平面分区及各功能房间基本确定后，同步考虑二层平面的功能情况。注意平面布局的同时兼顾考虑剖面的标高，看看哪些部分能够布置二层，哪些标高位置只能设置一层。

（4）此外还应注意卫生间上下水点与楼梯的对应。二层官邸的 3 组卧室卫生间要注意躲开楼下的公共餐饮空间，对官邸本身一层的餐厅倒不在限制之列。

（5）一些要注意的细节问题，例如，厨房的出入口既要隐蔽又要方便进出，相对独立；建筑二层的卫生间不能设置在一层有厨房或餐厅的位置上侧；二层的机要室要有独立的位置，便于保密等。当然这些细节问题是在方案不断深入进行中逐步明晰的，但设计者对这些基本设计点应该具有相应的敏锐度。

四、确定建筑的平面形态和柱网

（1）在 90m×70m 的矩形控制线范围内，受保留的古树的影响，建筑平面的基本形态应为"匚"形或工字形。

（2）看面积指标，抓住 48m²、24m² 这样的关键数据，宜采用 8m 与 6m 柱网，为设计方便，考试时，我们不要局限于同一柱网，可以局部跨采用 8m×8m 或 12m×6m 的形式。

五、具体设计的思考过程

把四部分功能按建筑面积的大小，根据场地条件布置在总平面中，通常情况下可以参考功能分析图的位置进行大致摆放。

确定各部分入口位置。功能分析图也给了大家很好的提示。

大体分区及柱网明确后，按区域分别进行功能细化。首先考虑大使馆建筑的重点区域：主入口接待区域。门厅是连接各功能块的核心枢纽，首先考虑把大空间功能块，如多功能厅、会议、接待通过门厅，组织起来。多功能厅布置在门厅的西侧、会议布置在北侧、接待布置在东侧。大的功能块布置在平面相应的位置后，把剩余的功能空间，如休息、卫生间、衣帽间、值班等房间，再根据柱网的有机的布置在已有的功能块周围。设计时要注意兼顾与其他功能块之间的关系。此功能区域根据功能关系图要求，只与办公区要产生直接的联系，所以在设计中，这两部分内容至少需要通过连廊相互联系。而区域中的多功能厅要与办公区中的厨房备餐有紧密联系，所以这两部分的内容应该是相连的。

完成主入口接待区域的布置接下来考虑与之关系密切的办公区域。整个建筑基本为工字形，办公区域基本于建筑总体的西北侧。此部分区域与其他三部分功能区都有联系，与接待区和签证区都是直接的交通联系，与使馆官邸区是厨房之间的简单功能相同的归类联系（方便物流的处理）。我们同样从门厅开始组织各部分的功能空间。门厅的西侧布置各类活动室，门厅的东侧布置少量的剩余功能空间，如门厅、卫生间等，最重要的是东侧与签证区要有简单直接的联系口，所以不要布置太多复杂的功能房间。南侧布置餐厅、厨房、备餐等，这样布置的目的便于厨房与其他两个功能块的联系。

这两个区域布置完成后，建筑基本会是个 z 字形，把剩余的两部分内容布置在自己的相应位置上，我们首先布置签证区。签证区重要的空间为签证厅，要求一个长度不小于 10m 的接案台。按 8m 的柱网考虑，大概要占掉 1 跨半或者 2 跨的长度距离，在东侧布置入口门厅，通过安检后进入签证厅，签证厅呈横向布置，辅助功能房间布置在签证厅的南侧，这样布置可增加辅助房间的采光面，使各功能房间更加容易布置下来。在功能区域的东侧通过走廊与办公区相联系。另外此功能区域中有两个设计细节是我们应该注意的：一是会谈间要特别注意，考生在设计中很容易把这部分内容与制证办公等办公空间统一考虑，实际上会谈间有自己特殊的要求，它要求有两个门分别通向内外区域，这是应该注意的地方；二是卫生间的使用对象为签证人员，并不是办公人员，注意位置不要设错。

接下来，布置最后一组功能区：大使官邸。这部分区域的功能关系有点像别墅的设计，但它的建筑结构为柱网较为规整的框架结构。首先门厅入口位于建筑西侧，分别布置会客（起居室）、餐厅、客房等辅助房间。布置中首先确定餐厅与厨房的位置。因为厨房要与办公区的厨房紧密联系，所以它的位置是受限的。布置好餐厅后，自然在餐厅的南侧布置会客厅。然后布置剩余空间内容。

一层的各功能空间大概有了布置后，别忘了考虑竖向的交通空间—楼梯。合理的设置楼梯的位置会让二层的空间布置起来更加轻松。

根据建筑的剖面标高，建筑的二层只能设置在标高为 3.900m 的建筑上方，因此接待区及签证大厅上方是不考虑二层内容的。根据二层的功能关系图，考虑布置相应的房间。这部分内容相对简单，要注意的有机要室的布置要相对独立，便于管理，另外一些基本的设计常识应熟练掌握，如大房间的疏散距离、疏散宽度、大使官邸的二层卫生间注意不要布置在餐厅及厨房的上方等。

参考答案

作答如图 8-43～图 8-45 所示，评分标准见表 8-19。

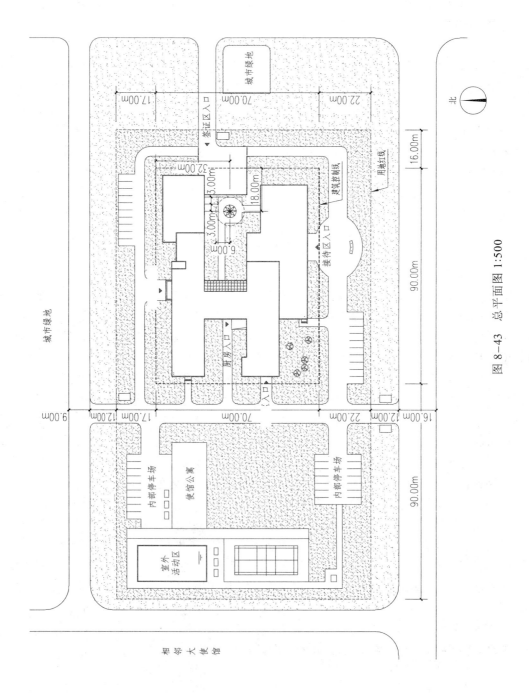

图 8-43 总平面图 1:500

152

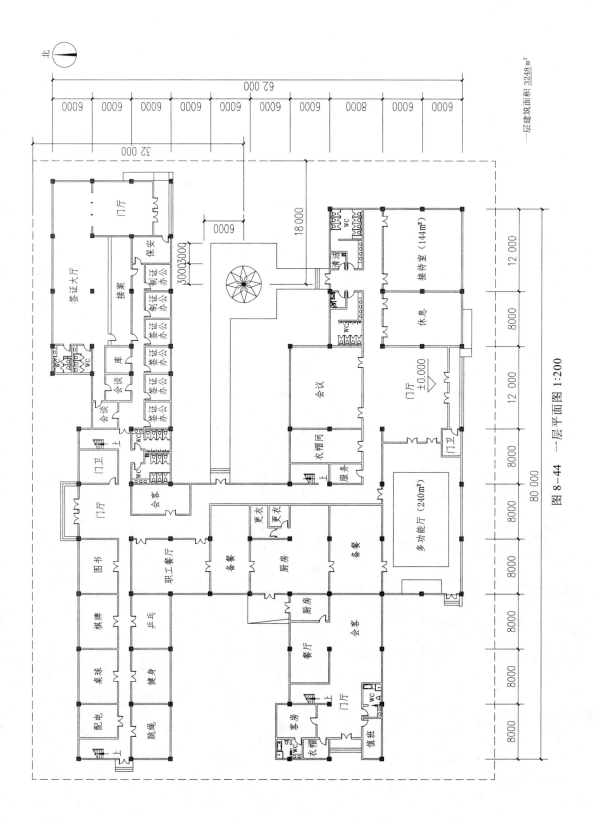

图 8-44 一层平面图 1:200

一层建筑面积 3248 m²

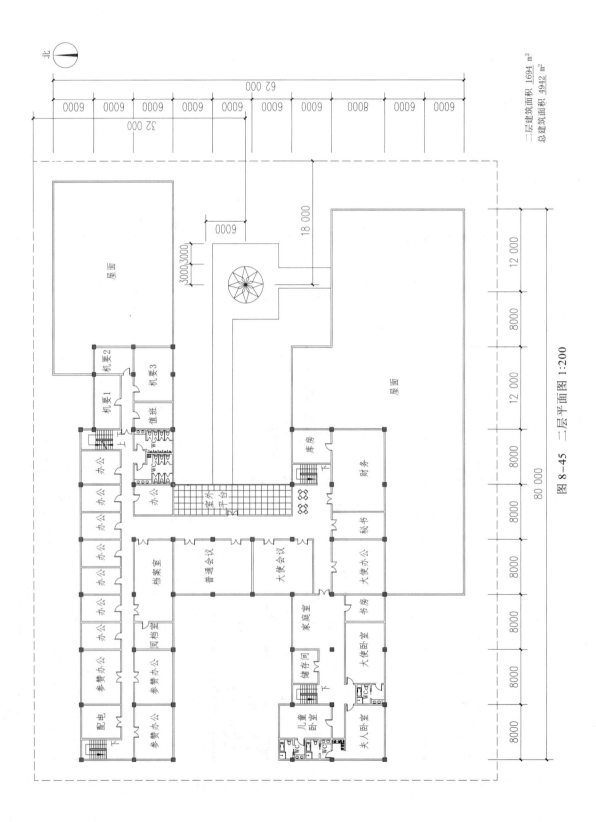

图 8-45 二层平面图 1:200

二层建筑面积 1694 m²
总建筑面积 4942 m²

154

表 8–19   2009 年度全国一级注册建筑师资格考试建筑方案设计（作图题）评分表

序号	项目		考 核 内 容	分值	扣分范围	扣分小计	得分
1	总平面 （15分）		建筑物超红线扣10分，古树未保留扣5分	15	5～10		
			总平面与单体不符每处扣1分		1～5		
			接待区、签证区均未分别通往主次干道，每处扣2分；办公、官邸区未通城市道路扣1分		1～3		
			对城市的出入口（最少三处）未设置警卫安检房每处扣1分		1～3		
			未表示建筑物的五个出入口（四大区及厨房），少一个扣1分		1～3		
			签证区入口处未布置 200～350m² 场地，该入口场地未设活动铁栅栏与各区分隔的各扣1分		1～2		
			场地内道路布置不当或未布置扣1～2分，20个车位每缺3个扣1分，未布置绿化扣2分		1～3		
2	一层平面 （47分）	功能交通	四大区分区不清，交通混乱交叉	12	2～6		
			办公区与其余三区内部不通（允许经楼梯与二层官邸相通）或无门相隔，每处扣2分		2～4		
			厨房未设单独出入口，厨房备餐未与员工餐厅、多功能厅紧密相连。每处扣2分		2～4		
			房间比例不当（＞1:2），每处扣1分（厕所、库房除外）		1～2		
		接待区	平面布置功能关系明显不良	10	1～5		
			缺门厅、多功能厅、接待每缺一间扣3分，缺会议室、休息、卫生间每缺一间扣1分		1～5		
			面积不符合：门厅（150m²±15m²）、多功能厅（240m²±24m²）、接待室（145m²±15m²）每处扣2分；其他明显不符每处扣1分		1～3		
			门厅、多功能厅、接待室、会议室层高不足 5m，每处扣1分		1～2		
			除服务间、衣帽间外，每间暗房间扣1分		1～2		
		办公区	平面功能布置关系明显不良	8	1～4		
			缺门厅、会客、活动室6间、卫生间、员工餐厅、备餐、厨房、每缺一间扣1分		1～4		
			面积明显不符的房间，每间扣1分		1～3		
			厨房内部无男女更衣室、厕所每项扣1分		1～2		
			除备餐、厨房内更衣厕所外，每间暗房间扣1分		1～2		
		签证区	平面布置功能关系明显不良，扣1～5分；内外人流交叉混乱或内外不通，扣2分	10	1～5		
			缺门厅、签证大厅、会谈室2间，办公4间，制证室2间，保安及供签证者用卫生间，每缺一间扣1分		1～6		
			面积不符：门厅（220m²±22m²）扣2分，其他明显不符合每处扣1分		1～3		
			会谈室未开两个门分别通向内外区域的，每处扣1分		1～2		

序号	项目		考 核 内 容	分值	扣分范围	扣分小计	得分
2	一层平面（47分）	签证区	大厅未设 60m² 的接案，接案柜台长度<10m 的每处扣 1 分	7	1~2		
			除库房外，每间暗房间扣 1 分		1~2		
		大使官邸	平面布置功能关系明显不良		1~4		
			缺门厅、值班、会客厅、餐厅、厨房、客房、卫生间每间扣 1 分		1~4		
			除衣帽间外，每间暗房间扣 1 分		1~2		
3	二层平面（26分）	功能交通	功能分区及平面布置明显不当，交通混乱交叉	8	2~6		
			办公区与大使官邸不通或无门相隔		2~4		
			房间比例不当（>1:2），每处扣 1 分（厕所、库房除外）		1~3		
		办公区	平面布置功能关系明显不良	10	2~6		
			缺大使办公、大使会议、秘书室、机要室 3 间，值班室、会议室、参赞室办公室 3 间、办公室 8 间、会计、档案室、阅案室、卫生间，每缺 1 间扣 1 分		1~6		
			面积明显不符，每处扣 1 分		1~3		
			未经值班室而进入机要室		1		
			未经阅案室进入档案室		1		
			秘书、大使办公未相邻并未与官邸紧密靠近，每处扣 1 分		1~2		
			除档案室、机要室外，每间暗房间扣 1 分		1~2		
		大使官邸	平面布置功能关系明显不良	8	2~4		
			缺大使卧室、夫人卧室、家庭厅、书房、儿童房、卫生间，每缺一间扣 1 分		1~4		
			面积明显不符，每处扣 1 分		1~2		
			大使卧室与夫人卧室未内部相通		1		
			未布置至少一个卧室朝南，扣 1 分		1		
4	规范规定（4分）		未按规范合理布置疏散楼梯，安全疏散距离不满足扣 4 分	4	4		
			接待门厅、签证门厅入口处未设轮椅坡道扣 2 分，接待区未设残疾人厕位扣 1 分		1~4		
5	结构（3分）		未表示承重结构体系，结构柱网不合理扣 2 分	3	2		
			一、二层结构体系不吻合，有结构柱影响房间使用的每处扣 1 分		1~3		
6	图面（5分）		未标注房间名称、带★号房间的面积、每层面积的，每处扣 1 分	5	1~4		
			未按要求标注轴线尺寸和总尺寸的。每处扣 1 分		1~3		
			图面粗糙潦草不清的，酌情扣 1~5 分		1~5		
			墙体为单线，为表示承重柱与门的开启方向。酌情扣 1~5 分		1~5		

注：每项考核内容范围内扣分小计不得超过该项分值。

2010 年建筑方案设计（作图题）：医院门诊楼

任务描述：

● 某医院根据发展需要，拟对原有门急诊楼进行改建并扩建约 3000m² 二层用房；改扩建后形成新的门急诊楼。

场地条件：

● 场地平整、内部环境和城市道路关系见总平面图；医院主要人、车流由东面城市道路进出。建筑控制用地为 72m×78.5m。

原门急诊楼条件：

● 原门急诊楼为二层钢筋混凝土框架结构，柱截面尺寸为 500mm×500mm，层高 4m，建筑面积为 3300m²，室内外高差 300mm；改建时保留原放射科和内科部分，柱网及楼梯间不可改动，墙体可按改扩建需要进行局部调整。

总图设计要求：

● 组织好扩建部分与原门急诊楼的关系。

● 改扩建后门急诊楼一层和二层均应有连廊与病房楼相连。

● 布置 30 辆小型机动车及 200m² 自行车的停车场。

● 布置各出入口、道路与绿化景观。

● 台阶、踏步及连廊允许超出建筑控制线。

门急诊楼设计要求：

● 门急诊主要用房及要求见表 8-20 和表 8-21，主要功能关系图如图 8-46 和图 8-47 所示。

● 改建部分除保留的放射科、内科外，其他部分应在保持结构不变的前提下按题目要求完成改建后的平面布置，总平面图如图 8-48 所示，原门诊楼平面如图 8-49 所示。

● 除改建部分外，按题目要求尚需完成约 3000m² 的扩建部分平面布置，设计中应充分考虑改扩建后门急诊楼的完整性。

● 扩建部分为二层钢筋混凝土框架结构（无抗震设防要求），柱网尺寸宜与原有建筑模数相对应，层高 4m。

● 病人候诊路线与医护人员路线必须分流；除急诊外，相关科室应采用集中候诊和二次候诊廊相结合的布置方式。

● 除暗室、手术室等特殊用房外，其他用房均应有自然采光和通风（允许有采光廊相隔）；公共走廊轴线宽度不小于 4.8m，候诊廊不小于 2.4m，医护走廊不小于 1.5m。

● 应符合无障碍设计要求及现行相关设计规范要求。

制图要求：

● 在第 2 页绘制改扩建后的屋顶平面图（含病房楼连廊），绘制并标明各出入口、道路、机动车和自行车停车位置，适当布置绿化景观。

● 在第 3、4 页分别画出改扩建后的一、二层平面图，内容包括：

1）绘制框架柱、墙体（要求双线表示），布置所有用房、注明房间名称，表示门的开启方向，窗、卫生间器具等不必画。

2）标注建筑物的轴线尺寸及总尺寸、地面和楼面的相对标高，在右下角指定位置填写一、二层建筑面积和总建筑面积。

提示：

尺寸及面积均以轴线计算，各房间面积及各层建筑面积允许在规定面积的10%以内。

图例：（比例1:200）

医用电梯 　　　自动扶梯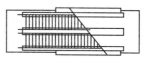

表8–20　　　　　　　　　　一层门、急诊主要用房及要求

区域	房间名称	单间面积/m²	间数	备　注
门诊大厅	大厅	300	1	含自动扶梯、导医位置
	挂号厅	90	1	深度不小于7m
	挂号收费	46	1	窗口宽度不小于6m
药房	取药厅	150	1	深度不小于10m
	收费取药	40	1	窗口宽度不小于10m
	药房	190	1	
	药房办公	18	1	
急诊	门厅	80	3	门厅48m²，挂号10m²，收费取药22m²
	候诊	50		
	诊室	50	5	每间10m²
	抢救、手术、准备	140	3	抢救、手术室各55m²，手术准备间30m²
	观察间	45	1	
	医办、护办	36	2	每间18m²
儿科	门厅	120	3	门厅90m²，挂号收费取药、药房各15m²
	预诊、隔离	46	3	预诊一间20m²，取药、药房各15m²
	输液	18	1	
	候诊	80		包括候诊厅、候诊廊
	诊室	60	6	每间10m²
	厕所	30	2	男女各一间，每间15m²
输液	输液室	220	1	
	护士站、皮试、药库	78	3	每间26m²
放射科	（保留原有平面）	480		
其他	公共厕所	80		
	医护人员更衣、厕所	100		成套布置，可按各科室分别或共用设置
	交通面积	790		含公共走廊、医护走廊、楼梯、医用电梯等
一层建筑面积小计		3337m²		
允许一层建筑面积±10%		3003～3671m²		

表 8-21

二层门、急诊主要用房及要求

区域	房间名称	单间面积/m²	间数	备　注
外科	候诊	160		包括候诊厅、候诊廊
	诊室	170	17	每间 10m²
	病人更衣	28	1	
	手术室、准备间	60	2	手术室、准备间各 30m²
	医办、护办、研究	60	3	每间 20m²
五官科	候诊	160	1	包括候诊厅、候诊廊
	眼科诊室	60	6	每间 10m²，其中包含暗室
	耳鼻喉科诊室	60	6	每间 10m²，其中包含测听室
	口腔科诊室	45	2	口腔诊室 35m²，石膏室 10m²
	办公	45	3	眼科、耳鼻喉科、口腔科各一间，每间 15m²
妇产科	候诊	160		妇科与产科的候诊厅、候诊廊应分设
	妇科诊室	60		每间 10m²
	妇科处置	40	5	含病人更衣厕所 10m²、医生更衣洗手 10m²
	产科诊室	60	3	每间 10m²
	产科处置	40	1	含病人更衣厕所 10m²、医生更衣洗手 10m²
	办公	40	2	妇科、产科各一间，每间 20m²
检验科	检验等候	110	3	
	采血、取样	40	3	柜台长度不小于 10m
	化验、办公	120	1	化验三间，办公一间，每间 30m²
内科	（保留原有平面）	480		
其他	公共厕所	80		
	医护人员更衣、厕所	100		成套布置，可按各科室分别或共用设置
	交通面积	860		含公共走廊、医护走廊、楼梯、医用电梯等
二层建筑面积小计				3018m²
允许二层建筑面积±10%				2716～3320m²

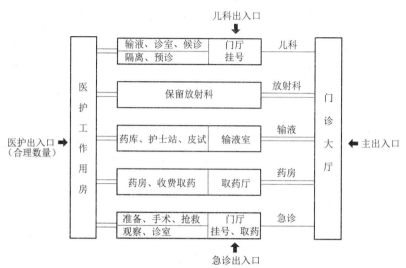

图 8-46　一层主要功能关系图

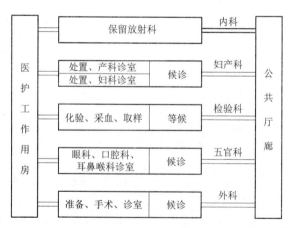

注：功能关系图并非简单的交通图，
双线表示连着之间紧邻并相通

图 8-47　二层主要功能关系图

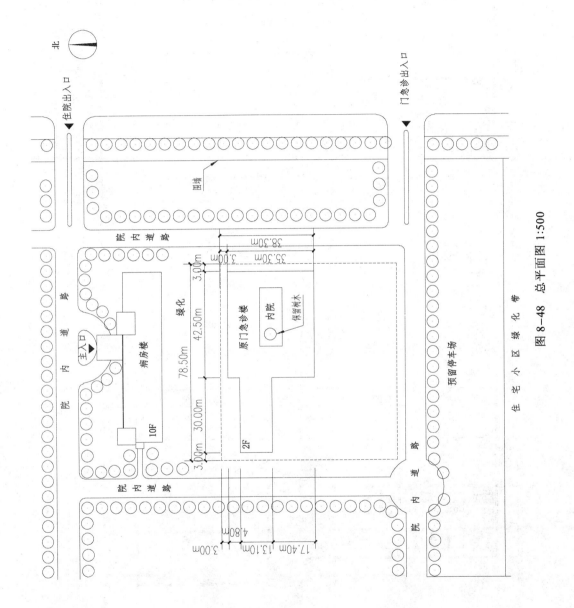

图 8-48　总平面图 1:500

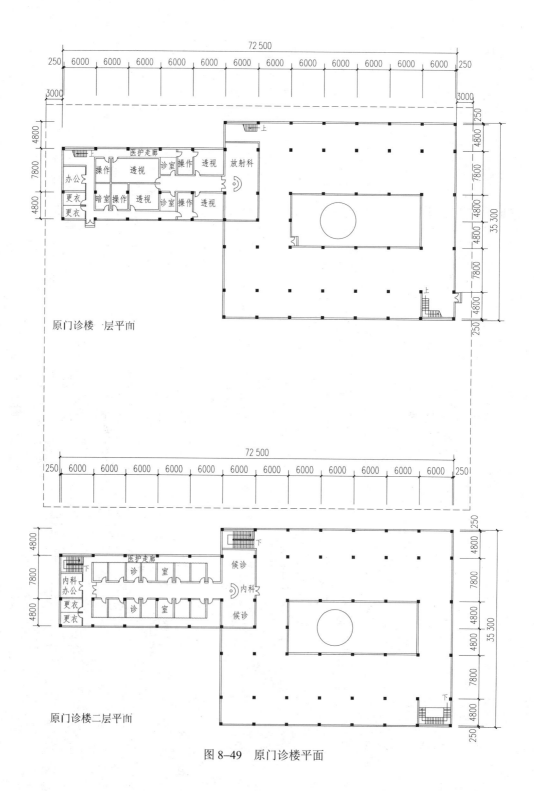

原门诊楼 层平面

原门诊楼二层平面

图 8-49 原门诊楼平面

解题思路

一、思考医院建筑类型

医院建筑类型的考题相对较复杂，对于我们考生而言有基本的生活体验，但是功能流线相对还是比较复杂。

在现实的医院里相互之间交叉比较严重，但在考题中要求医护人员和病人之间的流线要清晰不交叉，对于不熟悉医院结构的考生而言还是感觉一头雾水。但是万变不离其宗，针对不同的服务对象进行深入分析，按照熟悉的设计手段和分析方法，进行充分的逻辑理线，充分理解泡泡图的相互关系，做好分区和流线设计。

二、场地分析

1. 明确地块的周边信息。

（1）建筑红线范围位于整个医院内部，原门急诊楼的格局已有。

（2）题目总图指北针为上北下南的方式。

（3）建筑用地范围北侧为病房楼，新建门诊楼需与原病房楼走廊联通。

（4）建筑用地范围东侧为医院内部道路，在东侧为城市道路，门急诊入口位于地块的东南角。

（5）建筑用地范围东北角为住院部入口。

（6）建筑用地范围南侧为医院内部道路。

2. 明确地块尺寸信息。建筑控制线：东西宽 78.5m，南北长 72m，总共约 5652m²，原有门急诊楼占据一半的空间。原门急诊楼采用内庭院的方式布置，对新扩建的部分做了限定和参考。

三、场地分析结果预判

（1）根据建筑物周边的道路和东南角门急诊楼入口的关系，在新门急诊楼的入口宜设置在地块的东南角，门诊适宜醒目，故门诊入口向东，面向城市道路，急诊与门诊适宜人流分流，从门急诊入口进入后向西，沿着地块南侧的道路进入急诊，沿着地块东侧的道路进入门诊。

（2）地块用地紧张，停车与自行车停放难以形成规模，适宜分散于建筑周边布置，门诊急诊儿科属于不同类型的人群，其独立出入口处应设置停车。

四、功能分区分析

1. 确定建筑物形态与体量

根据现有设计条件，原门急诊楼的平面采用内庭院环绕加一字形的布局方式，给我们一个提示，新建的门急诊楼也可采用这种方式来布置，形成内院环形相通、科室各自独立的结构。门诊大厅位于原门急诊楼南侧面向东，门诊大厅处人流量较大，故将门诊后退在建筑物东侧形成一个小型广场。

根据门急诊楼须与北侧病房楼相连的条件提示，门急诊楼须有一条公共走廊轴，直接通往病房楼。一二层平面图中的信息给考生提示了各科诊室的布局方式，内科诊室示意要采用集中候诊与二次候诊廊的布局方式，对于医护人员流线与病人流线的分流方式也给出示范，其他科室可参照布局。

从各项条件分析得出：平面布局应为一条主走廊，左右分枝布置各科室，各科室南北方向用庭院相隔的布局，每一层有五个分支，通过公共走廊轴线串联。

2. 一层平面功能分析

（1）划分功能分区。一层的功能，医护工作用房分别布置到每个科室，平面功能分为：门诊大厅和五个科室部分（儿科、放射科、输液、药房和急诊），其中对于病人而言，需要的独立入口是门诊大厅、急诊与儿科三个出入口。对病人的出入口应显著，直面地块东侧和南侧道路。对医护人员而言，需要单独设置出入口，宜面向北侧，与病人入口形成明显的区分。

（2）看懂功能泡泡图。根据泡泡图，各科室之间平行并列布置，相互之间独立无关联。各科室设置独立的医护用房。而儿科与急诊和门诊大厅联系相对其他三个科室较弱。

（3）确定功能布局。新建门诊楼平面与原有平面呼应，以一条公共走廊为主线，东南角与门诊大厅相连，剩余空间左右分支布置五个科室。其中，根据急诊入口的方位，西南角支设为急诊科室，西北支为原有放射科，中间东侧与门诊大厅联系最为紧密，宜布置输液，药房与门诊大厅宜需联系紧密，可布置在中间西侧分支中，儿科作为独立的流线分支布置在东北角。

（4）确定交通核心位置。原门急诊楼已布置三部楼梯间，分别布置在原有建筑物的西北角、西南角以及公共走廊轴的北端。面向新建门诊大厅布置建筑物的电梯核心筒，两部医梯加一部楼梯的组合布置在公共交通廊的南端，大厅另外布置扶梯。为满足疏散要求，在建筑物西端急诊科室和药房科室的两个分支分别布置两部楼梯。

（5）确定卫生间位置。卫生间服务对象有两类：病人和医护人员。对于病人，卫生间宜布置在各科室均可方便到达的公共走廊的旁侧。对于医护人员，其办公场所主要根据科室布置在建筑物的东端和西端，五个科室共布置三套更衣卫生间系统。

3. 二层平面功能分析

（1）划分功能分区。二层面积从题目面积表中可知，二层面积比一层面积少 320m²，对应一层面积表，与门诊大厅面积相差不多，据此可以推荐门诊大厅一二层上下通高。

二层平面功能分为：门诊大厅上空和五个科室部分（内科，妇产科、五官科、检验科和外科）。内科位于西北角为已知条件，将各个科室面积总和计算得出，外科面积最大为 478m²，对应一层最大面积为急诊 401m²，故将外科放置在急诊上方；第二大面积为妇产科，面积为400m²，对应一层第二大面积为药房（398m²），故将妇产科放置在药房上方；第三大面积为五官科（370m²），对应一层第三大面积为儿科（354m²），故将五官科放置在儿科上方；剩下的输液（298m²）放置在检验科（270m²）上方。

（2）看懂功能泡泡图。根据泡泡图，各科室之间平行并列布置，相互之间独立无关联。各科室设置独立的医护用房。

（3）确定功能布局。二层平面功能布局同样以公共走廊为主线，左右分支分别布置五个科室。其中，检验科居中布置以方便各科室病人使用；外科所需面积最大，布置在最南端，剩下科室——妇产科、内科、五官科，依次布置。

（4）确定交通核心位置。根据一层的布局设置交通核心位置。

（5）确定卫生间位置。对应一层的卫生间位置进行布置。

五、确定柱网

对于有已知柱网条件的题目，需保持扩建部分与原建筑物柱网的一致性。原门诊楼的开间尺寸为6m，独立科室的进深尺寸为4.8m和7.8m的大小不等柱跨，在其他科室中继续延续该柱网关系。放射科南侧的庭院延续原建筑物的柱网，形成4.8m+7.8m进深的庭院，最南侧的内庭院参照原建筑物的原有两个4.8m庭院的柱网关系，形成9.6m进深的庭院。

六、在柱网内定位各功能区

1. 一层平面图

（1）布置门诊大厅，在门诊大厅北侧垂直于公共走廊轴的方向，布置自动扶梯。南侧布置挂号以及收费取药。正对门诊大厅的位置设置交通核，各区域各自独立，将人流分散布置。

（2）布置急诊，根据泡泡图布置，将门诊挂号取药布置在该区域的东侧，上部设置准备、手术和抢救，下部布置观察与诊室，诊室的布置参照内科的方式，南侧留出医护人员通道，并与布置在西侧医办和护办联通形成医护人员独立流线，实现医护人员流线与病人流线无交叉。

（3）布置药房，根据泡泡图的要求，取药厅，收费取药、药房依次一字排开布置，在药房区的最西侧布置药品出入口并布置药办。

（4）布置输液，输液区域以输液室为主要空间，其空间与门诊大厅和公共走廊相连，在其东侧依次布置皮试、护士站和药房。其内部形成独立的医护人员出入口。

（5）布置儿科，儿科为避免交叉感染，面向东侧道路设立独立的门厅，进入门厅依次布置挂号取药药房等功能，将儿科诊室布置在儿科区的南侧以方便与输液区的医护通道相连，形成独立的医护人员流线，在该区域北侧依次布置隔离和预诊。

2. 二层平面图

（1）门诊大厅为一二层通高。

（2）布置外科，参照泡泡图以及内科和放射科的平面布置方式，依次布置候诊、诊室和准备手术。

（3）布置妇产科，根据泡泡图的设定，在该区域北侧布置产科诊室，南侧布置妇科诊室，注意产科和妇科要相互独立。

（4）布置检验科，在该区域依次布置等候区、化验、办公空间。

（5）布置五官科，五官科分别包括耳鼻喉科、口腔科和眼科，根据诊室的数量，将眼科和耳鼻喉科工整地布置在该区域的南北两个方向，口腔科布置的东端，以方便形成连续的医护人员走廊，与南侧的检验科的医护人员走廊相连，形成独立的医护人员疏散通道。

⊚ 参考答案

作答如图8-50～图8-52所示，评分标准见表8-22。

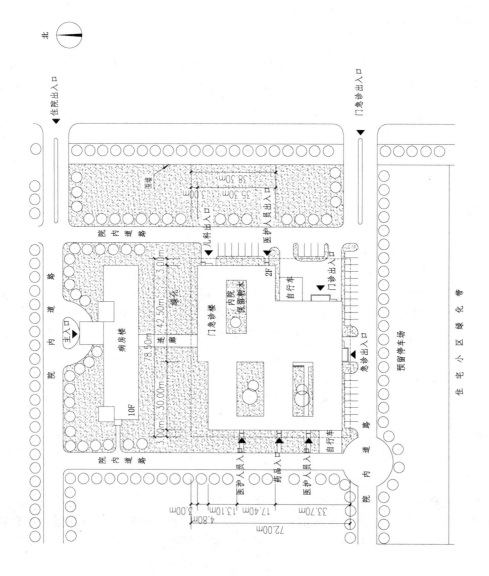

图 8-50 总平面图 1:500

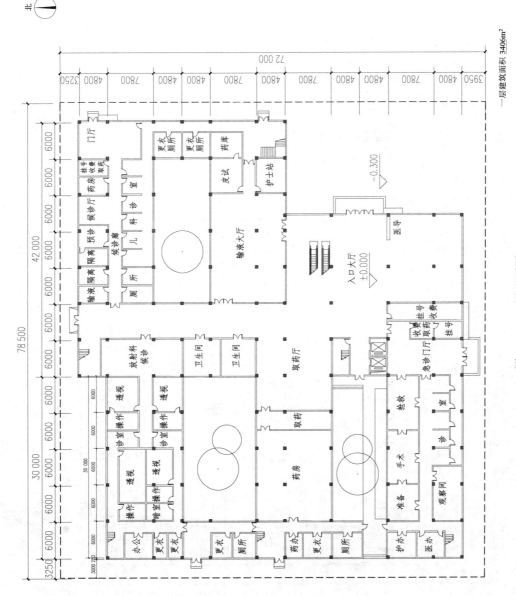

图 8-51 一层平面图 1:200

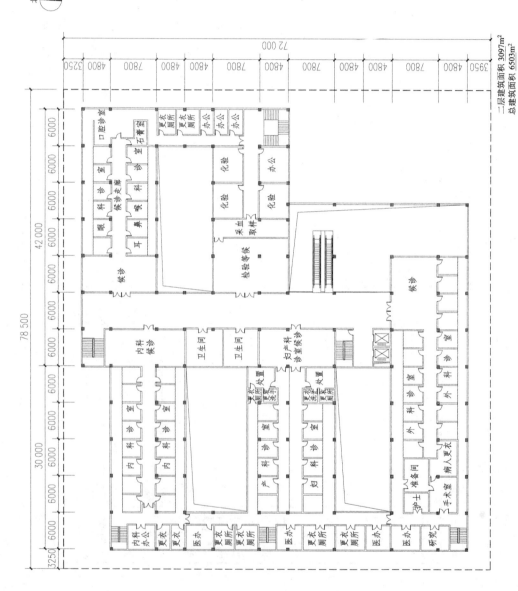

北

72 000

3950 4800 7800 4800 4800 7800 4800 4800 7800 4800 3250
3250

二层建筑面积 3097m²
总建筑面积 6503m²

口腔诊室

石膏室

眼科诊室　耳鼻喉科诊室　候诊走廊

更衣　厕所　更衣　厕所　办公　办公　办公

化验

化验　化验　办公

候诊

采血取样

检验等候

内科候诊

内科诊室　内科诊室　内科办公　更衣　更衣　医办　更衣　厕所　更衣　厕所

卫生间

卫生间

妇产科诊室候诊

产科诊室　妇科诊室　更衣　厕所处置　洗浴　更衣　更衣浴厕　处置　消毒　更衣　厕所　更衣　厕所　医办

候诊

外科诊室　外科诊室

外科诊室　冲洗　无菌准备间　手术室　病人更衣　医办　研究

42 000

6000 6000 6000 6000 6000 6000 6000 6000 6000 6000 6000 6000 6000

78 500

30 000

3250 6000 6000 6000 6000

图 8-52　二层平面图 1:200

168

表 8-22　　2010 年度全国一级注册建筑师资格考试建筑方案设计（作图题）评分表

序号	项目		考 核 内 容	分值	扣分范围	扣分小计	得分
1	总平面（10分）	用地布局	主体建筑超红线扣 6 分	10	6		
			总平面与单体不符扣 1～3 分，树未保留扣 3 分，未表示与病房楼连廊扣 1 分		1～5		
		出入口	未标明门诊、急诊、儿科、医护入口，门诊、急诊、儿科入口处无临时停车处每项扣 1 分		1～3		
		道路车位	停车位不足扣 1 分，未布置停车场扣 2 分		1～2		
			道路未完善或缺扣 1～2 分		1～2		
2	功能布局（12分）	功能流线	除放射、内科保留外，改扩建应有 8 个科室，缺一扣 5 分	12	5～10		
			交通混乱交叉或患者与医护工作区无分隔，每处扣 1 分		1～5		
			各科室与公共走道联系不当，或互串联每处扣 1 分		1～3		
		交通	自动扶梯、电梯各 2 部，缺一扣 2 分；主通道＜4.8m 扣 2 分		2～6		
			急诊、儿科与门诊完全不通，每处扣 1 分		1～2		
		其他	内天井间距＜8m 扣 2 分；公共厕所无采光通风扣 2 分，缺扣 5 分；诊室、医办暗房间，每间扣 1 分		1～8		
3	一层平面（36分）	门诊大厅	门诊大厅（300）面积明显不符扣 1～2 分，缺挂号扣 4 分	6	1～5		
			挂号厅深度（除去走道）＜7m 或窗口宽＜6m，每项扣 1 分		1～2		
			大厅内未能看见自动扶梯、电梯，每项扣 1 分		1～2		
		药房	缺药房扣 3 分，面积（190）明显不符扣 1～2 分，无进药入口扣 2 分	6	1～4		
			取药厅深度（除去走道）＜10m 或窗口宽＜10m，每项扣 1 分		1～4		
			缺取药、药房办公，每处扣 2 分		1～2		
			无内部更衣厕所（可合用）扣 1～2 分		2～4		
		输液	医患流线交叉扣 2～3 分，无医护人员入口扣 1 分	6	1～4		
			缺输液室扣 3 分，面积（220）明显不符扣 1～2 分		1～3		
			护士站、皮试、药库各 1，缺一扣 1 分		1～3		
			无内部更衣厕所（可合用）扣 1～2 分		1～2		
		急诊	医患流线交叉扣 2～3 分，无医护人员入口扣 1 分	9	1～3		
			无急诊出入口扣 3 分		3		
			抢救未紧邻门厅，且未直通手术室扣 1～2 分		1～2		
			诊室 5，观察、抢救、手术、准备、挂号、收费取药、医办、护办各 1，缺一扣 1 分		1～6		
			无内部更衣厕所（可合用）扣 1～2 分		1～2		
		儿科	医患流线交叉扣 2～3 分，无医护人员入口扣 1 分	9	1～3		
			无儿科入口扣 3 分		3		
			隔离室未经预诊扣 2 分，缺二次候诊扣 1 分		1～3		
			诊室 6，预隔 3，输液、挂号收费、药房各 1，缺一扣 1 分		1～6		
			无患者厕所、无内部更衣厕所（可合用），各扣 1～2 分		1～3		

序号	项目		考 核 内 容	分值	扣分范围	扣分小计	得分
4	二层平面（30分）	外科	医患流线交叉扣2~3分，无医护人员入口扣1分	8	1~3		
			缺二次候诊扣1分		1		
			患者→更衣→手术←准备←医护，流线不服各扣1~2分		1~2		
			诊室17，更衣、手术、准备、医办、护办、研究各1，缺一扣1分		1~6		
			无内部更衣厕所（可合用）扣1~2分		1~2		
		五官科	医患流线交叉扣2~3分，无医护人员入口扣1分	8	1~3		
			缺二次候诊扣1分		1		
			眼6，耳鼻喉6，口腔2，办公3，缺一间扣1分		1~6		
			无内部更衣厕所（可合用）扣1~2分		1~2		
		妇产科	医患流线交叉扣2~3分，无医护人员入口扣1分	8	1~3		
			妇产候诊未分口1分，缺二次候诊扣1分		1~2		
			患者→更衣（厕所）→处置←更衣（洗手）←医护，流线不符各扣1分		1~2		
			妇科、产科诊室各6，更衣（厕所）、处置、更衣（洗手）、办公各1，缺一扣1分		1~6		
			无内部更衣厕所（可合用）扣1~2分		1~2		
		检验科	医患流线交叉扣2~3分，无医护人员入口扣1分	6	1~3		
			等候厅（110）面积明显不符扣1~2分，柜台窗口<10m，扣1分		1~2		
			化验3，采血取样、办公各一，缺一扣1分		1~4		
			无内部更衣厕所（可合用）扣1~2分		1~2		
5	规范规定（6分）	安全疏散	带形走道>20m，楼梯间距离>70m，各扣3分	6	3~6		
			楼梯尺寸明显不够，每处扣1分		1~2		
			未设残障坡道扣1分		1		
6	图面表达（6分）	结构图面	结构布置不合理扣2~3分，未画柱扣2分，改变原有承重结构布局扣2分	6	2~6		
			尺寸标注不全或未标注扣1~2分		1~2		
			每层面积未标或不符，房间名称未标注扣1~4分		1~4		
			图面粗糙不清扣2~4分		2~4		
			单线作图扣2~6分		2~6		

总平面、一层、二层未画（含基本未画），该页为 0 分；其中一层或二层未画时，5、6项也为 0 分。

每项考核内容扣分小计不得超过该项分值。

2011 年建筑方案设计（作图题）：图书馆

任务描述：

● 我国华中地区某县级市拟建一座两层、建筑面积为 9000m² 、藏书量为 60 万册的中型图书馆。

用地条件：

● 用地条件见总平面图，该用地地势平坦；北侧临城市主干道、东侧临城市次干道，南侧、西侧均临居住区；用地西侧有一座保留行政办公楼；图书馆的建筑控制线范围为 68m×107m。

总图设计要求：

● 在建筑控制线内布置图书馆（台阶、踏步可超出）。

● 在用地内预留 4000m² 图书馆发展用地，设置 400m² 少儿室外活动场地。

● 在用地内合理组织交通流线，设置主、次入口（主出入口要求设在城市次干道一侧）建筑各出入口和环境有良好关系，布置社会小汽车停车位 30 个、大客车停车位 3 个，自行车停车场 300m²；布置内部小汽车停车位 8 个，货车停车位 2 个，自行车停车场 80m²。

● 在用地内合理布置绿化景观，用地界限内北侧的绿化用地宽度不小于 15m，东侧、南侧、西侧的绿化用地宽度不小于 5m，应避免城市主干道对阅览室的噪音干扰。

建筑设计要求：

● 各用房及要求见表 8-23 和表 8-24，主要功能关系图如图 8-53 和图 8-54 所示，总平面图如图 8-55 所示。

● 图书馆布局应功能关系明确，交通组织合理，读者流线与内部业务流线必须避免交叉。

● 主要阅览室应为南北向采光，单面采光的阅览室进深不大于 12m，双面采光不大于 24m；有建筑物遮挡阅览室采光面时，其间距应不小于该建筑物的高度。

● 除书库区、集体视听室、各类库房外，其余用房均应有自然通风、采光。

● 报告厅应能独立使用并与图书馆一层公共区连通，少儿阅览室应有独立对外出入口。

● 图书馆一层、二层层高均为 4.5m，报告厅层高为 6.6m。

● 图书馆结构体系采用钢筋混凝土框架结构。

● 应符合现行国家有关规范和标准要求。

制图要求：

总平面图：

● 绘制图书馆建筑屋顶平面图并标注层数和相对标高。

● 布置用地的主、次出入口，建筑各出入口，道路及绿地；标注社会及内部机动车停车位，自行车停车场。

● 布置图书馆发展用地范围，室外少儿活动场地范围，标注其名称与面积。

平面图：

● 按要求分别绘制图书馆一层平面图和二层平面图，标注各用房名称。

● 画出承重柱、墙体（要求双线表示），表示门的开启方向，窗、卫生间洁具可不表示。

● 标注建筑轴线尺寸、总尺寸、地面、楼面的相对标高。

● 标注带★号房间的面积（见表一、表二），在 3、4 页左下角指定位置填写一层、二层建筑面积和总建筑面积（面积按轴线计算，各房间面积、各层建筑面积及总建筑面积允许控制在规定面积的10%以内）。

表 8-23 一 层 用 房 及 要 求

功能分区	房间名称		建筑面积/m²	间数	设 计 要 求
公共区	★门厅		540	1	含部分走道
	咨询办证处		50	1	含服务台
	寄存处		70	1	
	书店		180	1+1	含35m²书库
	新书展示区		130	1	
	接待室		35	1	
	男女厕所		72	4	每间18m²，分两处布置
书库区	★基本书库		480	1	
	中心借阅处		100	1+1	含借书、还书间，每间15m²，服务台长度应不小于12m
	目录检索区		40	1	应靠近中心借阅处
	管理室		35	1	
阅览区	★报刊阅览室		420	1+1	含70m²辅助书库
	★少儿阅览室		420	1+1	应靠近室外少儿活动场地，含70m²辅助书库
报告厅	★观众厅		350	1+1	设讲台，含24m²放映室
	门厅与休息处		180		
	男女厕所		40	2	每间20m²
	贵宾休息室		30	1	应设独立出入口，含厕所
	管理室		20	1	应连通内部服务区
内部业务区	编目	拆包室	50	1	按照拆—分—编的流程编制
		分类室	50	1	
		编目室	100	1	
	典藏室、美工室、装裱室		150	3	每间50m²
	男女厕所		24	2	每间12m²
	库房		40	1	
	空调机房		30	1	不宜与阅览室相邻
	消防控制室		30	1	
交通	交通面积		1214		含全部走道、楼梯、电梯等

一层建筑面积 4900m² （允许±10%；4410～5389m²）

表 8-24　　　　　　　　　　二 层 用 房 及 面 积

功能分区	房间名称		建筑面积/m²	间数	设 计 要 求
公共区	★大厅		360	1	
	咖啡茶座间		280	1	也可开敞式布置，含供应柜台
	售品部		120	1	也可开敞式布置，含供应柜台
	读者活动室		120	1	
	男女厕所		72	4	每间 18m²，分两处布置
阅览区	★开架阅览室		580	1+1	含 70m² 辅助书库
	★半开架阅览室		520	1+1	含 150m² 书库
	微缩阅览区	微缩阅览室	200	1	朝向应北向，含出纳台
		资料库	100	1	
	音像视听区	个人视听室	200	1	含出纳台
		集体视听室	160	1+2	含控制 15m²，库房 10m²
		资料库	100	1	
		休息厅	60	1	
内部业务区	影像区	摄影室	50	1	有门斗
		拷贝室	50	1	有门斗	按照摄—拷—冲流程布置
		冲洗室、暗室	50	1+1	
	缩微室		25	1	
	复印室		25	1	
	办公室		100	4	每间 25m²
	会议室		70	1	
	管理室		40	1	
	男女厕所		24	2	每间 12m²
	空调机房		30	1	
	交通面积		764		含全部走道、楼梯、电梯等

二层建筑面积 4100m² （允许±10%；3690～4510m²）

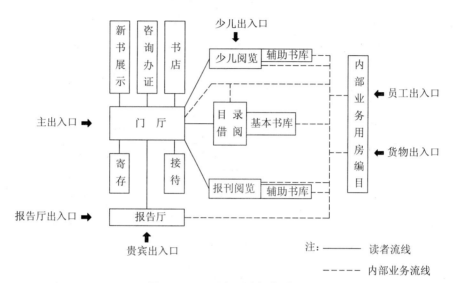

图 8-53　一层主要功能关系图

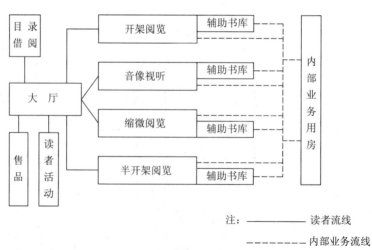

图 8-54　二层主要功能关系图

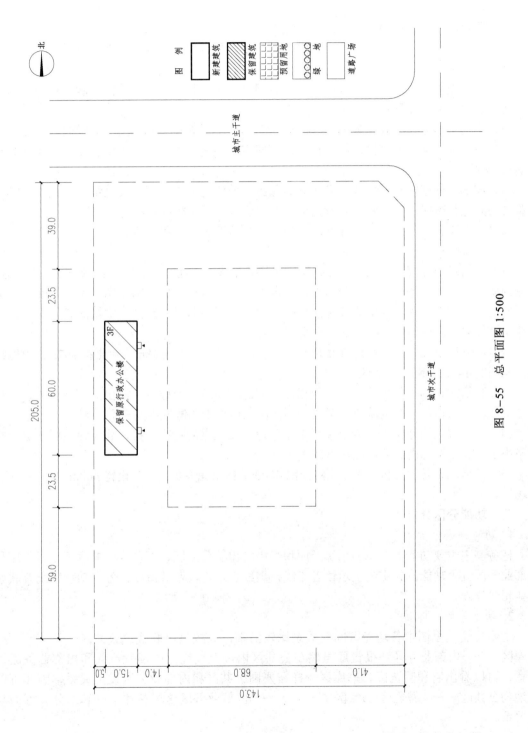

图 8-55　总平面图 1:500

解题思路

一、思考图书馆建筑的特点，抓住关键点

作为公共建筑的一个重要类型，图书馆是一个专门收集、整理、保存、传播文献并提供利用的场所。

（1）图书馆的总体规划要因地制宜，结合现状，集中紧凑，功能分区明确，布局合理，各分区联系要方便，并且互不干扰。

（2）交通组织应做到人车分流，道路布置应便于人员进出，图书运送、装卸和消防疏散。

（3）设有少年儿童阅览区的图书馆，该区应有单独的出入口，室外应有设施较完善的儿童活动场地。

（4）图书馆的建筑布局应与管理方式和服务手段相适应，合理安排采编、收藏、外借、阅览之间的运行路线，使读者、管理人员和书刊运送路线便捷畅通，互不干扰。

（5）图书馆各类用房除有特殊要求者外，应利用天然采光和自然通风。

二、场地分析

（1）分析场地环境条件。建筑控制线位于场地中央。场地两边邻路，北侧为城市主干道，东侧为城市次干道。场地西侧有一座保留行政办公楼，为东西向，暗示图书馆若有辅助用房东西向也是允许的。南、西侧为相邻居住区，但任务书中并没有给出住宅楼的具体布置，说明这个条件只是图书馆周边环境的一个交代，可以忽略。

（2）明确建筑控制线及用地红线范围。建筑控制线：东西宽 68m，南北长 107m；用地红线：东西宽 141m，南北长 205m。

（3）分析用地周边的道路情况。根据场地周边道路情况及题目中给出的明确要求，初步确定场地主出入口位于东侧城市次干道一侧，次入口位于北侧城市主干道一侧。

（4）分析绿化用地条件。为避免城市主干道对阅览室的噪声干扰，北侧绿化用地宽度要求不小于 15m；东、南、西侧绿化宽度不小于 5m。

（5）其他场地条件分析。在用地内预留 4000m² 图书馆发展用地，设置 400m² 少儿室外活动场地。

三、功能分区分析

1. 功能分区分析

任务书中主要功能关系图和用房及面积表中给出了公共区、阅览区、书库区、报告厅和内部业务区五个功能区。实线表示读者流线，虚线表示内部业务流线。各个功能区既有联系又要相对分隔。

2. 功能关系分析

主要功能关系图中各功能区间的关系比较清晰，大致呈串联式：公共区——（阅览区/书库区）——内部业务区。报告厅虽然在公共区内，但通过图中读者流线和内部业务流线示意，可以看出它和阅览区、书库区一样需要同公共区和内部业务区发生关系，因此可以归纳为公共区——（阅览区/书库区/报告厅）——内部业务区这样整体串联和部分并行的功能关系。

3. 平面图形确定

图书馆要求各功能区紧凑布局，以使流线短捷，加之建筑控制线范围并不宽裕，平面布局宜为集中式。任务书要求各阅览室自然采光、通风，且为南北朝向，这种情况下只有通过"挖内院"的方式才能解决大面积阅览室的朝向、采光和通风需求。这个时候我们再看功能关系图，把它转成竖向，一个平面的图形就呈现在眼前了，结合上述第二条的分析，横卧的"目"字形平面图形基本上可以确定了。

4. 建筑各出入口分析

一层功能关系图中表示了 6 个出入口，其中 4 个出入口对外，分别为建筑主出入口、少儿出入口、报告厅出入口和贵宾出入口，是为不同读者服务的；另外 2 个出入口对内，分别是员工和书籍出入口。

建筑主出入口：面向广大成人读者，位置应在平面图形东面居中，与场地主入口形成对话关系。

少儿出入口：由于少儿阅览室和室外活动场地必须朝南，因此其出入口应在南侧。

报告厅出入口：报告厅设于平面北侧，建筑分区相对独立，同时对阅览区还可起到隔声降噪的作用，报告厅出入口也从主出入口的正面偏北进入。

贵宾出入口：考虑到贵宾需要开车接送，其出入口临近场地次入口为宜，因此设在平面图形北侧偏西的位置。

员工和书籍出入口：设在场地西侧，临近保留行政办公楼，方便内部人员使用。其中员工出入口考虑到员工进出较为频繁，因此设在北边，靠近场地次出入口。书籍出入口货物进出相对较少，因此设在南边。

四、确定建筑的平面形态和柱网

（1）在 107m×68m 的矩形控制线范围内，结合我们上述分析，建筑的平面的基本形态应为横卧的"目"字形。

（2）任务书规定单面采光阅览室进深不大于 12m，双面采光不大于 24m；此外根据图书馆阅览桌等家具排列尺寸，平面开间尺寸宜为 2.5m 的倍数，因此柱网尺寸定为 7.5m，一个柱跨面积大约为 50m²。当建筑物遮挡阅览室采光时，其间距应不小于该建筑物的高度。两层阅览室层高为 9m，因此内院的开间不能小于 9m，内院部分采用两个 6m 的柱距。

五、具体设计的思考过程

根据上述分析，建筑的平面形式、各出入口位置关系、主体柱网基本上已经确定。根据用房及面积表首先确定大的功能块位置和柱网排布。公共区位于场地东侧一条；中间部分从南至北依次布置少儿阅览室、中心借阅书库区、报刊阅览室和报告厅；内部业务区位于场地西侧一条。

1. 平面面宽

少儿阅览室：面积与报刊阅览室一样，420m²， 2 个 7.5m 跨；

内庭园：根据题目日照间距要求：2 个 6m 跨；

书库区：3 个 7.5m 跨；

观众厅：2 个 7.5m 跨；

平面面宽共 15 跨，总长度 103.5m，在建筑控制线范围内。

2. 平面进深

公共区（包含报告厅门厅部分）：面积 1300m² 左右，面宽 103.5m，考虑空间大气和交通面积较多，取 16m；

阅览区、书库区、观众厅：采用 4 个 7.5m 跨；

内部业务区：取 9m；

平面进深总长度 53m，在建筑控制线范围内。

3. 核算面积

大概计算一层面积为 4415m²，在范围内，但偏下限，还有多拿多占的余地。

分析用房及面积表，二层建筑面积小于一层建筑面积，而报告厅部分要求层高为 6.6m，有别于其他房间层高要求，属于高大空间，说明报告厅部分只能为 1 层。其他部分公共区、阅览区、内部业务区上下层面积基本可以兜住，因此这个柱网布局没有太大问题。

4. 平面设计

大的功能块占好位置，确定好大小后，就可以详细设计每一处功能区了。

一层平面主出入口门厅作为图书馆水平交通流线起始节点，与各读者使用房间都是空间与空间对接，不需要走廊线形空间形态连接。由于门厅门面较宽，宜在咨询、办证、寄存柜台两侧各设主出入口。入口旁各设一部楼梯通往二层，位置醒目。门厅中心靠内院一侧设两部电梯，迎合读者进入门厅的方向。公共区的书店、接待室为封闭空间，设于门厅两端。新书展示为开敞空间，在门厅内划分相对独立区域。两处男女卫生间分设于南北内庭院一侧，靠近阅览区，便于人员使用。少儿阅览室设独立门厅专供儿童读者进入，阅览室西侧设辅助书库。中心借阅处正对建筑出入口，设借书、还书间，服务台长度不小于 12m。借阅处前设目录检索和管理室，后部连接基本书库。报刊阅览室面向主出入口，后部设辅助书库。报告厅设在平面最北侧，观众厅前部为入口门厅兼休息，门厅与阅览区大厅利用墙分隔开，中间设门联系。观众厅后部设贵宾休息室和管理室，贵宾休息室有独立出入口，含厕所；管理室可与内部业务区相连通。内部业务区因房间众多，且与库区要有联系，为避免暗房间，宜做单廊水平交通。并在南北布置两个出入口门厅。为了不占业务办公用房面积，在庭院分设三部楼梯。中间部分增加一部货梯，便于货物的垂直运输。

二层平面的三大功能区与一层基本吻合。大厅两侧分设咖啡茶座间和售品部。南侧设开架阅览室，由于它的面积大于一层的少儿与阅览室，因此平面向东部延伸了一跨，东部剩下的一跨作为读者活动室。中心部分阅览室面积相对较大，因此适宜设音像视听区和缩微阅览区。根据要求缩微阅览区设在北边，朝向向北。音像视听区前端设休息区。半开架阅览室放在北侧。

内部业务区从南至北依次布置影像区、缩微室、复印室、会议室、办公室等业务用房。

5. 总平面设计

将图书馆屋顶平面放在建筑控制线居中位置。首先在用地南侧留出 35m 宽的二期用地（包括边界 5m 绿化），东西向也各退让 5m 作为绿化带。建筑周边设置一圈环形道路。在主入口的北侧道路边设置外部车辆停车场地，包含社会小汽车停车位 30 个、大客车停车位 3 个。主入口南侧道路边设置自行车停车场 300m²。在少儿阅览室南侧设 300m² 室外少儿活动场地，场地周边通过绿化隔离开来。在保留行政办公楼两侧，靠近货物出入口和员工出入口分设货车停车位两个，和内部小汽车停车位 8 个，就近停车，流线便捷。靠近次要入口绿地内设 80m² 内部自行车停车场。停车场沿道路周边布置，为建筑争取了更多的入口绿化景观过渡空间，为人车分流创造了条件。

 参考答案

作答如图 8-56～图 8-58 所示，评分标准见表 8-25。

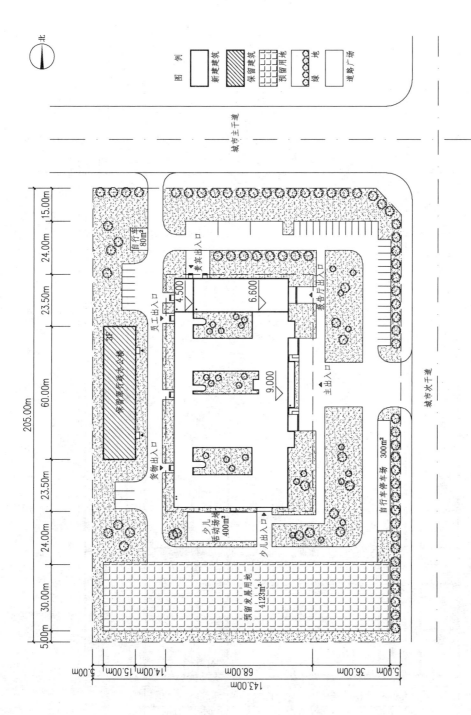

北

图 例

新建建筑
保留建筑
预留用地
绿地
道路广场

城市主干道

205.00m
5.00m 30.00m 24.00m 23.50m 60.00m 23.50m 24.00m 15.00m

自行车
80m²

来宾出入口

4.500

6.600

报告厅出入口

保留煤气表办公楼
3F

员工出入口

货物出入口

9.000

少儿活动场地
400m²

少儿出入口

主出入口

自行车停车场
300m²

预留发展用地
4123m²

城市次干道

5.00m 36.00m 68.00m 15.00m 14.00m 5.00m
143.00m

图 8-56 总平面图 1:500

179

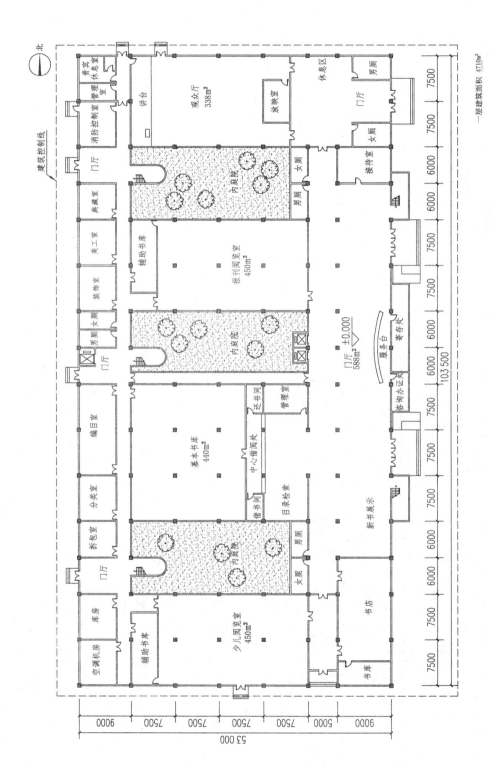

图 8-57　一层平面图 1:200

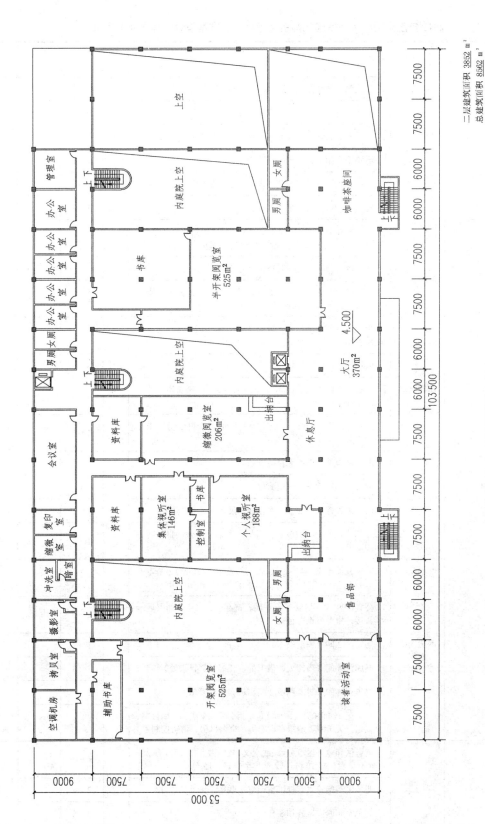

图 8-58 二层平面图 1:200

二层建筑面积 3852 m²
总建筑面积 8362 m²

表 8–25 2011 年度全国一级注册建筑师资格考试建筑方案设计（作图题）评分表

序号	项目		考核内容	分值	扣分范围	扣分小计	得分
1	总平面 （15分）		建筑物超红线扣15分，总体与单体不符扣5分	15	5～15		
			出入口只设一个，主入口未设在次干道上各扣5分		5～10		
			未留发展用地，未设儿童活动场地各扣1分		4～12		
			道路不全扣1分，未画道路扣2分		1～2		
			车位不足不合理扣1分，未画车位扣2分		1～2		
			建筑出入口只设1个扣1分		1～2		
2	一层平面 （43分）	功能布局	读者和业务区不分，流线交叉，较轻微者扣5分，有2～3处不良者，扣12分，较严重者扣15～20分	28	5～20		
			业务区与门厅无直接联系扣5分		5		
			报告厅无单独出入口扣5分，位置不合理扣3分，未与读者区或业务区扣2分		2～5		
			少儿阅览室无单独出入口扣3分，未与读者区或业务区联系各扣2分		2～5		
			阅览室东西向，各扣3分		3～6		
			阅览室单向采光＞12m，双面采光＞24m，阅览室天井宽＜9m，各扣3分		3～6		
			报告厅层高＜6.6m，一层层高＜4.5m，各扣3分，未标各扣1分		1～6		
			编目区与基本书库无直接联系		3		
			编目区不符拆一分一编流程		1		
			门厅未设咨询办证处、寄存处、展示区、书店各扣1分		1～2		
			除书库、库房、放映室、机房、咨询办证外，暗房间每间扣1分。		1～3		
		缺房间或面积	缺少儿阅览室（420m²）、报刊阅览室（420m²）、基本书库（480m²）各扣10分，面积严重不符，各扣5分	15	5～15		
			公共区9间（男女厕所4间、寄存处、书店、新书展示区、接待室、咨询办证处）		1～5		
			阅览区2间（辅助书库）		1～2		
			书库区4间（借阅处、借书处、还书处、目录处）		1～3		
			报告厅4间（男女厕所2间、贵宾室、管理室）		1～3		
			业务区11间（男女厕所2间、拆包室、分类室、编目室、典藏室、美工室、装裱室、库房、空调机房、消防控制室）		1～5		
3	二层平面 （30分）	功能布局	读者区和业务区不分，流线交叉，较轻微者扣5分，有2～3处不良者，扣10分，较严重者扣12～15分	18	5～15		
			业务区与阅览室、视听室无直接联系，每处扣2分		2～4		
			阅览室东西向，各扣3分		3～6		

序号	项目		考 核 内 容	分值	扣分范围	扣分小计	得分
3	二层平面（30分）	功能布局	阅览室单向采光＞12m，双面采光＞24m，阅览室天井宽＜9m，各扣3分	18	3～6		
			二层层高＜4.5m，扣3分，未标各扣1分		1～3		
			除资料室、书库、集体视听室、控制室与库房外，暗房间每间扣1分		1～3		
			摄影用房不符摄—拷—冲流程		1		
		缺房间或面积	缺开架阅览室（580m²）、半开架阅览室（520m²）、缩微阅览室、个人视听室、集体视听室各扣10分，面积严重不符各扣5分	12	5～12		
			公共区7间（男女厕所4间、咖啡茶座间、售品部、读者活动室）		1～4		
			阅览室4间（资料库2间、辅助书库、书库）		1～2		
			业务区14间（男女厕所2间、摄影室、拷贝室、冲洗室、缩微室、复印室、办公室4间、会议室、管理室、空调机房）		1～6		
4	规范图面（12分）		袋形走廊＞20m，楼梯间距大于70m	12	10		
			公共区未设电梯扣2分，办公区未设电梯扣2分		2～4		
			未标房间名称，未标尺寸，未标面积，没标处扣2分		2～6		
			单线作图，未画门扣2分		2～4		
			未考虑无障碍设施扣1分，楼梯间尺寸明显不够每处扣2分		1～3		
			结构布置不合理		2		
			图面潦草，辨认不清		1～3		

注：每项考核内容范围内扣分小计不得超过该项分值。

2012 年建筑方案设计（作图题）：博物馆方案设计

任务描述：

● 在我国中南地区某地级市拟建一座两层、总建筑面积约为 10 000m² 的博物馆。

用地条件：

● 用地范围见总平面图，该用地地势平坦，用地西侧为城市主干道，南侧为城市次干道，东侧和北侧为城市公园，用地内有湖面以及预留扩建用地，建筑控制线范围为 105m×72m。

总平面设计要求：

● 在建筑控制线内布置博物馆建筑。

● 在城市次干道上设车辆出入口，主干道上设人行出入口，在用地内布置社会小汽车停车位 20 辆，大客车停车位 4 个，自行车停车场 200m²，布置内部与贵宾小汽车停车位 12 个，内部自行车停车场 50m²，在用地内合理组织交通流线。

● 布置绿化与景观，沿城市主次干道布置 15m 的绿化隔离带。

建筑设计要求：

● 博物馆布置应分区明确，交通组织合理，避免观众与内部业务流线交叉，其主要功能关系图如图 8-59 和图 8-60 所示，总平面图如图 8-61 所示。

● 博物馆由陈列区、报告厅、观众服务区、藏品库区、技术与办公区五部分组成各房间及要求见表 8-26 和表 8-27。

● 陈列区每层设三间陈列室，其中至少两间能天然采光，陈列室每间应独立使用互不干扰，陈列室跨度不小于 12m。陈列区贵宾与报告厅贵宾共用门厅，贵宾参观珍品可经接待室，贵宾可经厅廊参观陈列室。

● 报告厅应能独立使用。

● 观众服务区门厅应朝主干道，馆内观众休息活动应能欣赏到湖面景观。

● 藏品库区接受技术用房的藏品先经缓冲间（含值班、专用货梯）进入藏品库，藏品库四周应设巡视走廊；藏品出库至陈列室、珍品鉴赏室应经缓冲间，通过专用的藏品通道送达（详见功能关系图），藏品库区出入口须设门禁，缓冲间、藏品通道、藏品库不需天然采光。

● 技术与办公用房应相应独立布置且有独立的门厅及出入口，并与公共区域相通，技术用房包括藏品前处理和技术修复两部分，与其他区域进出须经门禁，库房不需天然采光。

● 应适当布置电梯与自动扶梯。

● 根据主要功能关系图布置主要 5 个出入口及必要的疏散出口。

● 预留扩建用地主要考虑今后陈列区及藏品库区扩建使用。

● 博物馆采用钢筋混凝土框架结构，报告厅层高≥6.0m，其他用房层高 4.8m。

● 设备机房布置在地下室，本设计不必考虑。

规范及要求：

● 本设计应符合现行国家有关规范和标准要求。

制图要求：

● 在总平面图上绘制博物馆建筑屋顶平面图并标注层数、相对标高和建筑物各出入口。

● 布置用地内绿化、景观，布置用地内道路与各出入口并完成与城市道路的连接，布置停车场并标注各类机动停车位数量、自行车停车场面积。

● 按要求绘制一层平面图与二层平面图，标注各用房名称及表一、表二中带★号房间的面积。

● 画出承重柱、墙（双线表示），表示门的开启方向，窗、卫生洁具可不表示。

● 标注建筑轴线尺寸、总尺寸，地面、楼面的相对标高。

● 在 3、4 页图名左侧指定位置填写一层、二层建筑面积（面积以按轴线计算、各房间面积、各层建筑面积允许控制在规定建筑面积的±10%以内）。

表 8–26　　　　　　　　　　　　一 层 用 房 及 要 求

功能区		房间名称	建筑面积/m²	间数	备　　注
陈列区	陈列	★陈列室	1245	3	每间 415m²
		★通廊	600	1	兼休息；布置自动扶梯
		男女厕所	50	3	男女各 22m²，无障碍 6m²
	贵宾	贵宾接待室	100	1	含服务间、卫生间
		门厅	36	1	与报告厅贵宾室共用
		值班室	48	1	与报告厅贵宾室共用
报告厅		门厅	80	1	
		★报告厅	310	1	
		休息厅	150	1	
		男女厕所	50	3	男女各 22m²，无障碍 6m²
		音响控制室	36	1	
		贵宾休息室	75	1	含服务间、卫生间，与陈列室贵宾室共用门厅、值班室
观众服务区		★门厅	400	1	
		问询服务处	36	1	
		售品部	100	1	
		接待室	36	1	
		寄存处	36	1	
藏品库区		★藏品库	375	2	每间 110m²，四周设巡视廊
		缓冲间	110	1	含值班，专用货梯
		藏品通道	100	1	紧密联系陈列室，珍品鉴赏室
		珍品鉴赏室	130	2	贵宾使用，每间 65m²
		管理室	18	1	
技术与办公区	藏品前处理区	门厅	36	1	
		卸货清点处	36	1	
		值班室	18	1	
		登录室	18	1	
		蒸熏消毒间	36	1	应与卸货清点紧密联系
		鉴定室	18	1	
		修复室	36	1	
		摄影室	36	1	
		标本室	36	1	
		档案室	54	1	

功能区		房间名称	建筑面积/m²	间数	备注
技术与办公区	办公区	门厅	72	1	
		值班室	18	1	
		会客室	36	1	
		管理室	72	2	
		监控室	18	1	
		消防控制室	36	1	
		男女厕所	25	2	与藏品前处理共用
其他			583		楼梯、电梯等
一层建筑面积			5300		
一层允许建筑面积			4470～5830		允许±10%

表 8-27　　　　　　　　　　二 层 用 房 及 要 求

功能区		房间名称	建筑面积/m²	数量	备注
陈列区		★陈列室	1245	3	每间415m²
		★通廊	600	1	兼休息，布置自动扶梯
		男女厕所	50	3	男女各22m²，无障碍6m²
观众服务区		茶座咖啡间	150	1	含操作间、库房
		商店	180	1	
		售品部	100	1	
		男女厕所	50	3	男女各22m²，无障碍6m²
藏品库区		★藏品库	80	2	2间藏品库，每间110m²，四周设巡视廊
		缓冲间	110	1	含值班，专用货梯
		藏品通道	100	1	
		阅览室	54	1	供研究工作人员用
		资料室	72	1	
		管理室	18	1	
技术与办公区	技术修复区	书画修复室	54	1	修复36m²，库房18m²，室内相通
		织物修复室	54	1	修复36m²，库房18m²，室内相通
		金石修复室	54	1	修复36m²，库房18m²，室内相通
		瓷器修复室	54	1	修复36m²，库房18m²，室内相通
		档案室	36	1	
		实验室	54	1	
		复印室	36	1	
	办公区	研究室	180	5	每间36m²
		会议室	54	1	
		馆长室	36	1	
		办公室	72	4	每间18m²

功能区		房间名称	建筑面积/m²	数量	备 注
技术与办公区	办公区	文印室	25	1	
		管理室	108	3	每间 36m²
		库房	36	1	
		男女厕所	25	2	
其他交通面积			798		含全部走道、过厅楼梯、电梯等
二层建筑面积			4750		
二层允许建筑面积			4375~5285		允许±10%

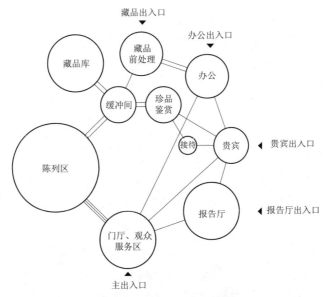

图 8-59　一层主要功能关系图

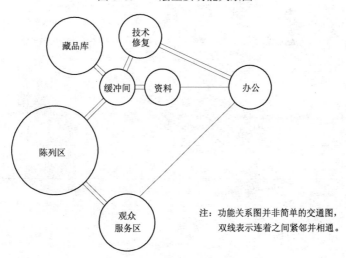

注：功能关系图并非简单的交通图，双线表示连着之间紧邻并相通。

图 8-60　二层主要功能关系图

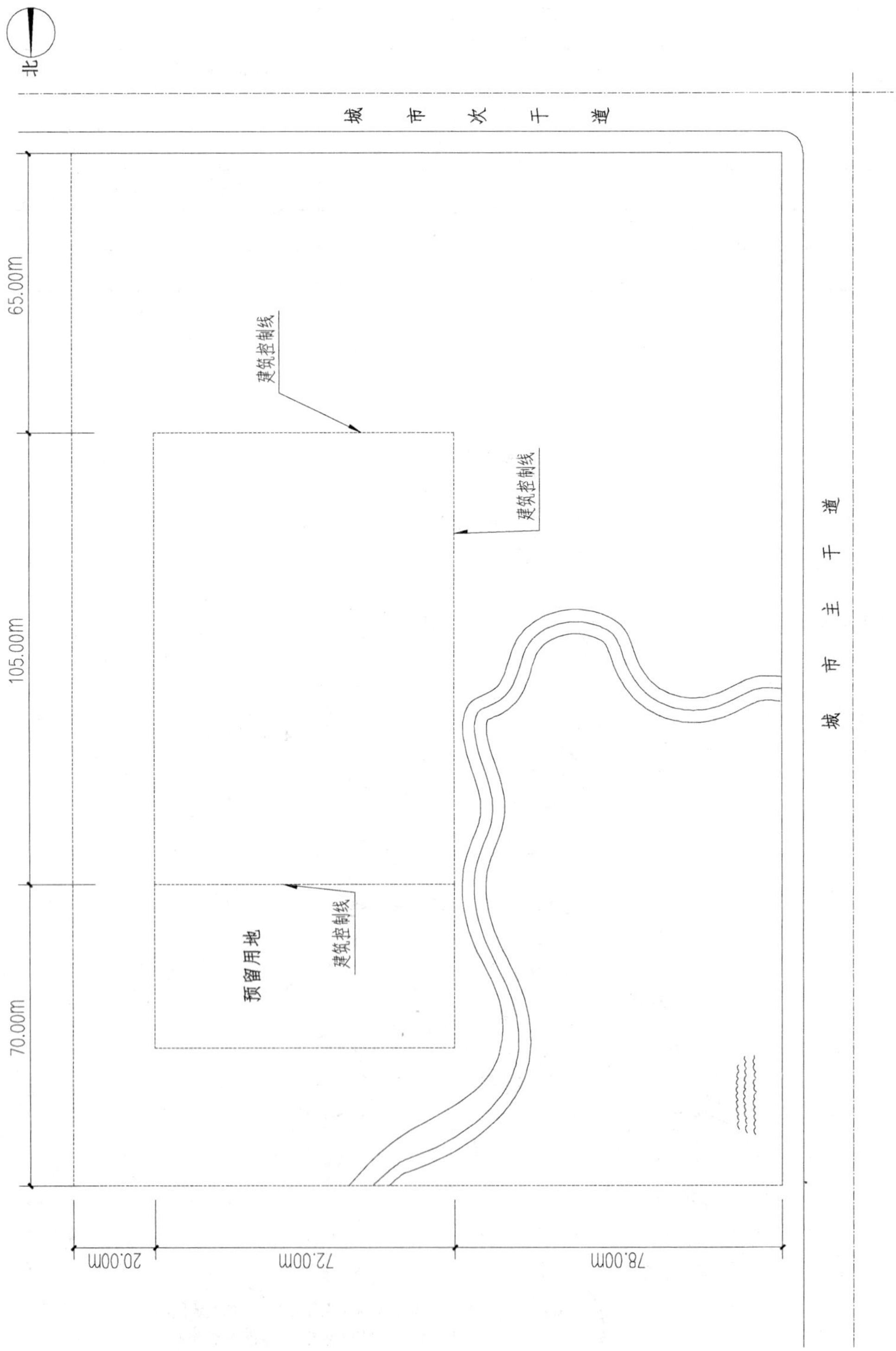

图 8-61 总平面图 1:500

解题思路

一、思考博物馆建筑的特点，抓住关键点

博物馆建筑是了解当地的历史文化或者其他某方面的重要场所，作为典型的文化建筑，其设计的核心在于功能分区明确，交通流线组织清晰，避免观众流线、贵宾流线、办公流线、报告厅流线、藏品流线之间的交叉。其中需特别注意贵宾流线，贵宾区域需与办公区、陈列区、珍品鉴赏室、报告厅都有所联系，设置不当极易造成整体流线混乱。

二、场地条件分析

● 道路条件：西侧为城市主干道，设置人行入口；南侧为城市次干道，设置车行入口。

● 景观资源：用地东侧、北侧为城市公园，与本次设计无直接关系；用地西侧有湖面，根据题目要求，馆内的休息厅应能直接欣赏湖面。

● 本题建设用地规整，并无非常复杂的要素，但要注意指北针被逆时针旋转了90°，用地北侧有预留发展用地。

三、功能分区分析

● 五个功能分区：观众服务区、陈列区、藏品库区、技术与办公区、报告厅；各个功能分区需分区明确且能相互关联，其中观众服务区与陈列区、陈列区与藏品库区，藏品库区与技术办公区需紧密联系。

● 五条主要流线：观众流线、贵宾流线、藏品流线、办公流线、报告厅流线，各个流线需互不交叉。

四、细节设计

方案设计的作图题，最主要考察建筑功能的布局是否合理，所以在不考虑建筑形态的情况下，只需要用简单合理的布局方式将建筑功能组合起来就行。同时兼具考虑建筑物的采光、通风、消防等与功能息息相关的问题。

本解题先考虑用 7.2m×7.2m 的柱跨，将场地划分。考虑有两方面，一方面对于这种类型的现代大型公共建筑，7.2m 的柱跨是比较合适的；另一方面，7.2m 的柱跨，一跨面积约为 $52m^2$，也与题目模数较为符合。当然，结构柱网的大小不是考核的重点，柱距合理即可，确定柱距对于建筑布局的进一步排布具有很大影响，在做题时应尽早确定。

对于这一类型的大型公共建筑，单层面积很大，并综合考虑通风采光要求，合理的布置内院也是很有必要的。内院一旦设置，就能解决很多通风采光的问题，综合几年的考题来看，布置内院可以合理地解决各种大型公建的采光通风问题，考生可在审题时结合具体的题目类型，结合平面功能最后确定内院的数量和位置。

本题最主要的平面功能分区就是要解决好内外分区的问题，不可交叉混杂一起。外部流线主要是观众进入门厅经由服务区、通廊到达陈列厅的流线和观众到达报告厅这两条流线，这两条流线应当有便捷的联系，并且报告厅应有独立对外开放的入口及门厅。本解题方案结合场地将陈列厅的门厅入口和报告厅的入口均设置在场地的西南角，切题中要求将人行入口设置于城市主干道的要求，并在两个门厅之间设置联系。

博物馆的内部流线分为内部管理办公区和技术工作区两部分，题目要求技术与办公用房应独立布置且有独立的门厅及出入口，并与公共区域相通。根据功能关系图可知，技术工作部分应与展厅紧密联系，而管理办公区只需与门厅有联系。在细分平面布局时，就应注意到技术工作区中，藏品库应要设置在陈列厅与办公区之间，之间经由缓冲区为中转。本解题答案在先考虑将技术办公区和陈列厅分两侧布置，中间为缓冲区，缓冲区一侧布置藏品库，保证了藏品库的独立和技术办公区和陈列厅的紧密联系。藏品库的布局需注意，藏品的价值相当之高，这一流线应与外界隔离。藏品出入藏品库必须经过缓冲区，藏品送到陈列室与珍品鉴赏室必须经过专业的藏品通道，该路径应该完全独立封闭。

本题还有一条特殊流线，就是贵宾流线，贵宾流线应独立设置，又位于报告厅和办公区之间，贵宾活动的内容为在报告厅作报告和鉴赏珍品，所以贵宾需要和内部管理办公直接联系，并贴临报告厅布置。

根据一层平面布局，二层平面布局将比较简单，只需要考虑竖向交通空间的合理分布即可，注意袋形走道和楼梯间之间的间距要求不得超过消防规范要求。

最后考虑平面布置的同时，不要忽略建筑的剖面设计。例如，报告厅层高为 6m，因此报告厅上空，在二层不考虑布置房间功能等细节。

 参考答案

作答如图 8-62～图 8-64 所示，评分标准见表 8-28。

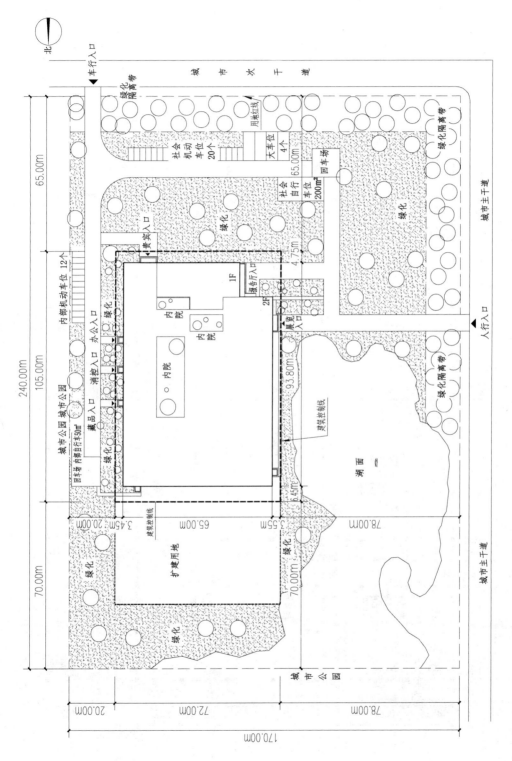

图 8-62 总平面图 1:500

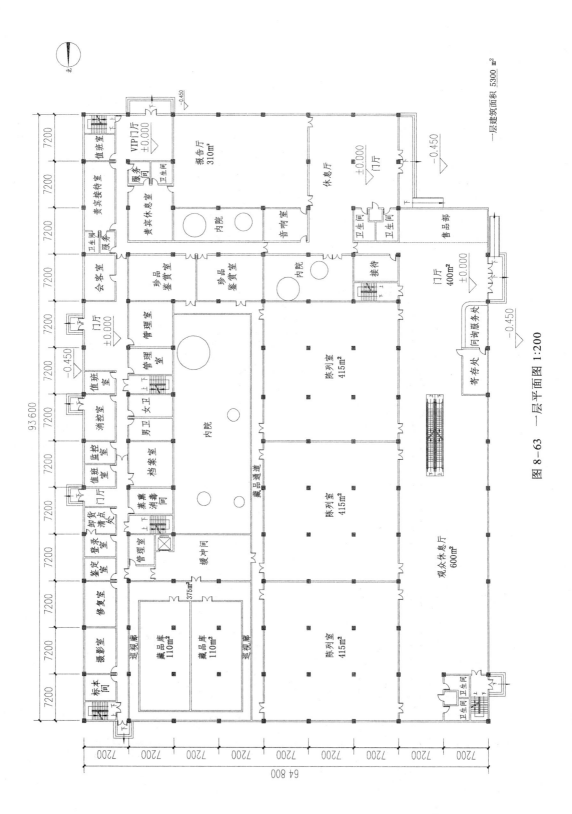

图 8-63 一层平面图 1:200

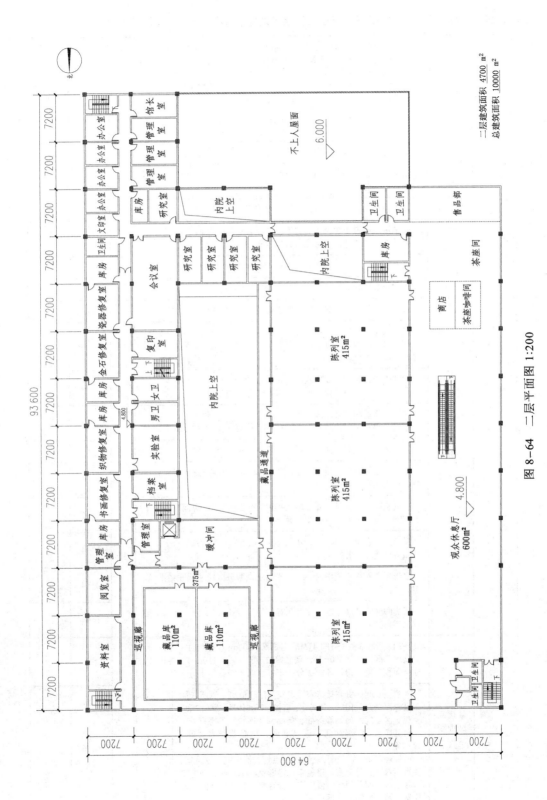

图 8-64　二层平面图 1:200

二层建筑面积 4700 m²
总建筑面积 10000 m²

北

不上人屋面
6.000

馆长室
管理室
管理室
办公室
办公室
办公室
办公室
研究室
库房
内院上空
卫生间
卫生间
售品部

文印间
卫生间
库房
会议室
研究室
研究室
研究室
研究室
内院上空
库房
茶座间

瓷器修复室
金石修复室
复印室
茶座咖啡间
商店

织物修复室
库房
男卫
女卫
内院上空
陈列室
415m²

书画修复室
库房
实验室

管理室
档案室
藏品通道

管理室
缓冲间
陈列室
415m²
观众休息厅
600m²
4.800

阅览室

资料室
巡视廊
藏品库
110m²
藏品库
110m²
375m²
巡视廊
陈列室
415m²
卫生间
卫生间

93 600

7200 7200 7200 7200 7200 7200 7200 7200 7200 7200 7200 7200 7200

64 800

7200 7200 7200 7200 7200 7200 7200 7200 7200

表 8-28　　2012 年度全国一级注册建筑师资格考试建筑方案设计（作图题）评分表

提　示			1. 一层或二层未画（含基本未画）该项为 0 分，序号 4 项也为 0 分，为不及格卷。 2. 总平面未画（含基本未画）该项为 0 分。 3. 扣到 45 分后即为不及格卷				
序号	项目		考　核　内　容	分值	扣分范围	扣分小计	得分
1	总平面 （15分）	整体布局及交通绿化	建筑超出控制线扣 15 分	15	5～15		
			总体与单体不符扣 5 分，未表示层数或标高各扣 1 分		1～5		
			次干道未设车辆出入口，主干道未设人行出入口，各扣 3 分，未注明各扣 1 分		1～6		
			道路系统未表示扣 3 分，表示不全或组织不合理扣 1 分		1～3		
			停车场未布置扣 3 分，布置不全或不合理扣 1 分； 内外不分扣 2 分，未标注自行车停车面积扣 2 分		1～5		
			未布置绿化隔离带扣 2 分，未注 15m 或表示不明确扣 1 分		1～2		
			五个建筑出入口缺一个扣 1 分		1～5		
2	一层 平面 （43分）	功能布局接待区	公众观展与内部业务分区不明或流线交叉扣 20 分	43	20		
			藏品入库流程未按：藏品前处理区—缓冲间—藏品库，扣 4 分； 藏品出库流程未按：藏品库—缓冲间—藏品通道—陈列室及精品鉴赏室，扣 4 分		4～8		
			缓冲间未设值班、专用货梯，各扣 1 分； 藏品库四周未设巡视走道或设置不合理，扣 2 分		1～4		
			藏品前处理与办公流线交叉，扣 4 分； 未设门禁（无门相隔），扣 2 分；未设独立门厅，扣 2 分		2～6		
			办公区与观众服务区门厅无直接联系，扣 2 分		2		
			观众服务区门厅未朝主干道，休息活动区看不到湖景，未布置电梯、自动扶梯，各扣 2 分		2～6		
			陈列室应有 3 间且独立使用、至少 2 间自然采光、每间跨度不小于 12m，每违反一项，各扣 2 分		2～6		
			贵宾无独立出入口，扣 2 分；未与珍品鉴赏、报告厅、办公、观众服务厅连通，各扣 1 分		1～4		
			报告厅不能独立使用，扣 4 分；未与观众服务区连通或联系不当，扣 3 分		2～4		
			暗房间（除藏品库区、库房、音控外），每间扣 1 分（陈列室另按上述条文）		1～4		
		缺房间或面积	缺：陈列室 3 间（每间 415m²）、通廊（600m²）、报告厅（310m²）、观众服务区门厅（400m²）、藏品库 2 间（每间 110m²），各扣 10 分；面积严重不符，各扣 2 分；未标注面积，各扣 1 分		1～15		
			陈列区 6 间：贵宾接待室、贵宾门厅、值班、厕所 3 间 报告厅 7 间：门厅、休息厅、音控、贵宾休息、厕所 3 间 观服区 4 间：问询服务处、售品部、接待室、寄存处 藏品库 5 间：缓冲间、藏品通道、精品鉴赏室 2 间、管理室 前处理区 10 间：门厅、卸货清点处、值班室、登录室、蒸熏消毒间、鉴定室、修复室、摄影室、标本间、档案室 办公区 9 间：门厅、值班室、会客室、管理室 2 间、监控室、消防控制室、厕所 2 间	缺一间扣 1 分	1～6		

194

序号	项目		考 核 内 容	分值	扣分范围	扣分小计	得分
3	二层平面（30分）	功能交通办公区	公众观展与内部业务分区不明或流线交叉扣15分	30	15		
			藏品入库流程未按：藏品前处理区—缓冲间—藏品库，扣4分；藏品出库流程未按：藏品库—缓冲间—藏品通道—陈列室及精品鉴赏室，扣4分		4～8		
			缓冲间未设值班、专用货梯，各扣1分；藏品库四周未设巡视走道或设置不合理，扣2分		1～4		
			技术修复与办公流线交叉扣4分；未设门禁（无门相隔）扣2分		2～4		
			办公区与观众服务区门厅无直接联系，扣2分		2		
			休息活动区看不到湖景，扣2分		2		
			陈列室应有3间且独立使用，至少2间自然采光、每间跨度不小于12m，每违反一项，各扣2分		2～6		
			报告厅层高<6.0m，其余房间层高不等于4.8m或无法判断，各扣1分		1～2		
			暗房间（除藏品库区、库房外），每间扣1分（陈列室另按上述条文）		1～4		
		缺房间或面积	缺：陈列室3（每间415m²）、通廊（600m²）、藏品库2（每间110m²），各扣10分；面积严重不符，各扣2分；未标注面积，各扣1分		1～10		
			陈列区3间：厕所3间 观众服务区6间：咖啡茶座间、书画室、售品部、厕所3间 藏品库5间：缓冲间、藏品通道、珍品鉴赏室2间、管理 修复区11间：修复室8间、档案室、实验室、复制室 办公区18间：研究室5间、会议室、馆长室、办公室4间、文印室、管理室3间、库房、厕所2间	缺一间扣1分	1～6		
4	规范图面（12分）		楼梯间开敞（封闭）时，房间疏散门至最近安全出口：袋形走道>20m（22m），两出口之间>35m（40m）；首层楼梯距室外出口>15m，各扣5分	12	5～10		
			入口未考虑无障碍每处扣1分，楼梯间尺寸明显不足扣2分		1～3		
			未标注房间名称、未标尺寸、未标楼层建筑面积每处扣2分		2～6		
			单线作图扣5分，未画门扣1～3分		1～5		
			结构布置不合理		3		
			图面潦草，辨认不清		1～3		

注：1. 方案作图的及格分数未达60分。

2. 扣分小计不得超过该项分值；当考核扣分已到达该项分值时，其余内容即忽略不看。

2013 年建筑方案设计（作图题）：超级市场

任务描述：

● 在我国某中型城市拟建一座两层、总建筑面积约为 12 500m² 的超级市场（即自选商场），按下列各项要求完成超级市场方案设计。

用地条件：

● 用地地势平坦；用地西侧为城市主干道，南侧为城市次干道，北侧为居住区，东侧为商业区；用地红线、建筑控制线、出租车停靠站及用地情况详见总平面图。

总平面设计要求：

● 在建筑控制线内布置超级市场建筑。

● 在用地红线内组织人行、车行流线、布置道路及行人、车辆入口。在城市主干道上设一处客车出入口，次干道上分设客、货车出入口各一处，出入口允许穿越绿化带。

● 在用地红线内布置顾客小汽车停车位 120 个，每 10 个小汽车停车位附设 1 个超市手推车停放点，购物班车停车位 3 个，顾客自行车停车场 200m²；布置货车停车位 8 个，职工小汽车停车场 300m²，职工自行车停车场 150m²。相关停车位见总平面图示。

● 在用地红线内布置绿化。

建筑设计要求：

超级市场由顾客服务区、卖场区、进货储货区、内务办公如图 8-65 所示和外租用房如图 8-65 所示 5 个功能分区组成，用房、面积及要求见表 8-29 和表 8-30，功能关系图如图 8-65 所示，选用的设施见图例，如图 8-66 所示，总平面图如图 8-67 所示。相关要求如下：

● 顾客服务区：建筑主出入口朝向城市主干道，在一层分别设置，宽度均不小于 6m。设一部上行自动坡道供顾客直达二层卖场区，部分顾客也可直接进入一层卖场区。

● 卖场区：区内设上、下行自动坡道及无障碍电梯各一部。卖场区由若干区块和销售间组成，区块间由通道分隔，通道宽度不小于 3m 且中间不得有柱，收银台等候区域兼做通道使用。等候长度自收银台边缘起不小于 4m。

● 进货储货：分设普通进货处和生鲜进货处，普通进货处设两部货梯，走廊宽度不小于 3m。每层设两个补货口为卖场补货，宽度均不小于 2.1m。

● 内务办公区：设独立出入口，用房均应自然采光。该区出入其他各功能区的门均设门禁；一层接待室、洽谈室连通门厅，与本区其他用房应以门禁分隔；二层办公区域相对独立，与内务区域以门禁分隔。本区内卫生间允许进货储货与卖场区职工使用。

● 外租用房区：商铺、茶餐厅、快餐店、咖啡厅对外出入口均朝向城市次干道以方便对外使用，同时一层茶餐厅与二层快餐店、咖啡厅还应尽量便捷的联系一层顾客大厅。设一部客货梯通往二层快餐店以方便厨房使用。

● 安全疏散：二层卖场区的安全疏散总宽度最小为 9.6m，卖场区内任意一点到最近安全出口的直线距离最大为 37.5m。

● 其他：建筑为钢筋混凝土框架结构，一层、二层层高均为 5.4m，建筑面积以轴线计算，各房间面积、各层建筑面积及总建筑面积允许控制在给定建筑面积的 ±10% 以内。

规范及要求:
● 本设计应符合现行国家有关规范和标准要求。
制图要求:
总平面图:
● 绘制超级市场建筑屋顶平面图并标注层数和相对标高。
● 布置并标注行人及车辆出入口、建筑各出入口、机动车停车位(场)、自行车停车场,布置道路及绿化。
平面图:
● 绘制一层、二层平面图,画出承重柱、墙体(双线)、门的开启方向及应有的门禁,窗及卫生洁具可不表示;标注建筑各出入口、各区块及各用房名称,标注带★号房间或区块(见表一、表二)的面积。
● 标注建筑轴线尺寸、总尺寸及地面、楼面的标高,在3、4页左下角指定位置填写一、二层建筑面积和总建筑面积。

表 8–29 一层用房、面积及要求

功能区	房间或区块名称		建筑面积/m²	数量	要求及备注
顾客服务区	★顾客大厅		640		分设建筑主出、入口,宽度均<6m
	手推车停放处		80		设独立外入口,供室外手推车回放
	存包处		60		面向顾客大厅开口
	客服中心		80		含总服务台,20m²售卡,广播、货物退换各1间
	休息室		30	1	紧邻顾客大厅
	卫生间		80	4	男、女各25m²,残卫、清洁间单独设置
卖场区	收银处		320		布置收银台不少于10组,设1处宽度2.4m的无购物出口
	★包装食品区块		360		紧邻收银处、均分两块且相邻布置
	★散装食品区块		180		
	★蔬菜水果区块		180		
	★杂粮干货区块		180		
	★冷冻食品区块		180		
	★冷藏食品区块		150		
	★豆制品禽蛋区块		150		
	★酒水区块		80		
	生鲜加工销售间		54	2	销售18m²、36m²加工间连接进货储货区
	熟食加工销售间		54	2	销售18m²、36m²加工间连接进货储货区
	面包加工销售间		54	2	销售18m²、36m²加工间连接进货储货区
	交通		1000		含自动坡道、无障碍电梯、通道等
进货储货区	普通	★普通进货处	210		含收货间12m²,有独立外出口的垃圾间18m²,货梯二部

功能区		房间或区块名称	建筑面积/m²	数量	要求及备注
进货储货区	普通	普通卸货停车间	54	1	含4m×6m车位2个，内接普通进货处，设卷帘门
		食品常温库	80	1	
	生鲜	★生鲜进货处	144	1	含收货间12m²，有独立外出口的垃圾间18m²
		生鲜卸货停车间	54		含4m×6m车位2个，内接普通进货处，设卷帘门
		食品冷藏库	80	1	
		食品冷冻库	80	1	
	辅助用房		72	2	每间36m²
内务办公区		门厅	30	1	
		接待室	30	1	连通门厅
		洽谈室	60	1	连通门厅
		更衣室	60	2	男、女各30m²
		职工餐厅	90	1	不考虑厨房布置
		卫生间	30	3	男、女卫生间及清洁间各一间
外租用房区		商铺	480	12	每间40m²，均独立对外经营，设独立对外出入口
		茶餐厅	140	1	连通顾客大厅，设独立对外出入口
		快餐、咖啡厅门厅	30	1	联系顾客大厅
		卫生间	24	3	男、女卫生间及清洁间各一间，供茶餐厅、二层快餐店与咖啡厅共用，亦可设在二层
交通		走廊、过厅，楼梯、电梯等	540		不含顾客大厅和卖场内交通

一层建筑面积6200m²（允许±10%：5580～6820m²）

表 8-30   **二层用房、面积及要求**

功能区		房间名称	建筑面积/m²	数量	备　注
卖场区		★特卖区块	300		靠墙设置
		★办公体育用品区块	300		靠墙设置
		★日用百货区块	460		均分二块且相邻布置
		★服装区块	460		均分二块且相邻布置
		★家电用品区块	460		均分二块且相邻布置
		★家用清洁区块	50		
		★数码用品区块	120		含20m²体验间二间
		★图书音像区块	120		含20m²音像、试听各一间
		交通	1210		含自动坡道、无障碍电梯、通道等
进货储货区		库房	640	4	每间160m²
内务办公区	内务	业务室	90	1	
		会议室	90	1	
		职工活动室	90	1	
		职工休息室	90	1	
		卫生间	30	3	男、女卫生间及清洁间一间
	办公	安全监控室	30	1	
		办公室	90	3	每间30m²

功能区		房间名称	建筑面积/m²	数量	备 注
内务办公区	办公	收银室	60	2	30m²收银、金库各一间、金库为套间
		财务室	30	1	
		店长室	90	3	每间30m²
		卫生间	30	3	男、女卫生间及清洁间各一间
外租用房区		快餐店	400	1	餐厅330m²内含服务台30m²、厨房70m²，客货梯一部
		咖啡厅	140	1	内含服务台15m²
交通		走廊、过厅、楼梯、电梯等	860		不含卖场内交通

二层建筑面积6240m²（允许±10%：5616～6864m²）

一层、二层建筑面积为 12 440m²（允许±10%：11 196～13 684m²）

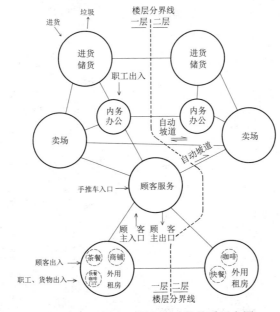

图 8-65　一层和二层主要功能关系示意图

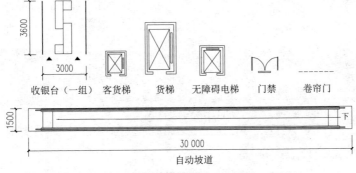

图 8-66　平面图用设施图示及图例 1:200

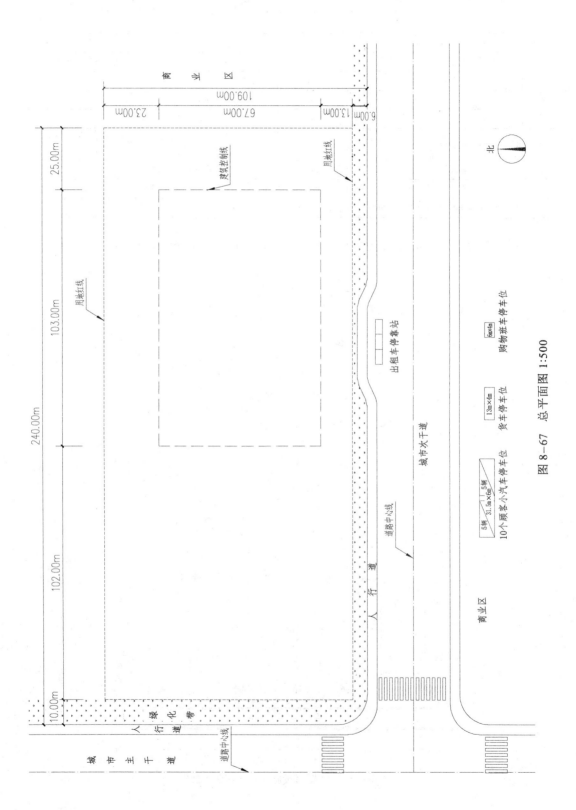

图 8-67 总平面图 1:500

商业区

出租车停靠站

城市次干道

道路中心线

城市主干道

人行道

绿化带

人行道

道路中心线

用地红线

建筑控制线

用地红线

北

商业区

5辆 31.3m×6m / 5辆
10个顾客小汽车停车位

13m×4m
货车停车位

6m×8m
购物班车停车位

240.00m

10.00m   102.00m   103.00m   25.00m

109.00m

13.00m   67.00m   23.00m

6.00m

解题思路

一、思考超市建筑特点，抓住关键流线

超市作为人们日常购物的场所，是比较熟悉和常见的建筑类型。

超市是供人们日常购物的小型商业建筑。功能不是特别复杂，但流线难度较大，特别是超市具有人流量大的特点，除了大空间特殊疏散外，还包括购物流线、进出货物流线、购物便利性等一系列需要考虑的问题。基于一种常见的购物场所及其所在的地段，决定了此类建筑设计中需要特别注意的地方，例如，基地内的各种外部流线规划和建筑物内各种流线的合理设置等。

具体至建筑设计本身，包括基地内部和建筑物内部的设计要求，即外部车流、建筑主入口、购物人流、货流的合理规划，建筑物内部的购物流线、疏散、内部人员设施、进货补货等，还包括大小空间的组合和对内对外使用功能的不同处理等一系列功能需求和布置要求。超市一般包括了开敞购物空间、售后及服务空间、内部人员业务办公空间、货物储藏补货和直接对外使用空间。设计中需要对各个不同要求的功能空间进行合理规划设计，并且对大小空间进行合理组合，为购物人群提供一个便利、愉悦舒适的购物空间。

超市是我们经常使用的购物场所，我们可以根据自身购物经历，并根据题目提供的功能关系示意图，搞清楚建筑内部各个功能之间的关联性，根据自己熟悉的设计方法进行方案的设计深化。

二、场地分析

● 看懂总平面，明晰场地的周边条件，例如，西侧为城市主干道，南侧为城市次干道及出租车停靠站等。这是影响建筑平面布局的重要场地条件。

● 明确建筑控制线及用地红线范围。建筑控制线：东西宽 100m，南北长 67m；用地红线：东西宽 240m，南北长 109m（含原建筑范围）。

● 分析用地周边的道路情况，初步确定建筑的主入口与次入口的位置：题目要求主干道设置一个客车出入口，次干道设置客、货车入口各一个，且设置停车场 120 辆；而总平面图中在矩形的场地西侧有大片预留空地，故可以推断停车场应位于基地内用地红线内西侧的空地上，故次干道上客车出入口设置与建筑控制线以西的次干道上；按照客货分开的原则可以确定次干道货车出入口设置与用地红线东侧。主干道客车出入口根据距离路口不小于 70m 的原则应设置与基地的西北角处。

三、功能分区分析

● 在任务书中功能关系图中规定了超市分为顾客服务区、卖场区、进货储货区、外租用房区和内务办公区五个主要功能区。要求各个部分按照功能关系示意图进行合理布置。

● 按照功能关系图及建筑的主、次入口位置分析结果，并且根据题目对各功能区的要求描述分析，将这五部分内容布置在基地内，并根据面积指标，简单的划分各部分功能块的大小。即外租用房区位于基地的南侧，临近城市次干道；建筑主入口及顾客服务区位于建筑基地的西端，面向城市主干道；储货进货区位于建筑基地的最东端，临近货运出入口，建筑物北侧设置内务办公区，内部职工可通过主干道客车次入口方便到达。这样分析完毕，结果形成的基本建筑平面布局是：卖场区（大空间且无需自然采光）位于整个建筑物的中间位置，其他区均围绕卖场区四周进行设置。

- 根据以上确定的功能分区情况进行一层平面功能的布置，同时兼顾二层平面的区域划分。

- 注意各个区域的独立和联系要求，例如，哪些地方需要设置门禁，哪些地方需要相互联系，哪些功能直接对外且必须有独立的出入口等。

- 其他的细节问题：例如，顾客服务区内设置一部直达二层的自动坡道，卖场内设置一处上下行自动坡道和一部无障碍电梯；内务办公区应有自然通风采光，外租区需设置独立的出入口及客货梯等要求，这些要求均为设计提供了参考线索，进行下一步设计的深化工作。

四、确定建筑的平面形态和柱网

- 在建筑控制线范围内，建筑基底面积为6700m²，而一层和二层建筑面积均为6200m²，故建筑平面应为矩形，基本把建筑控制线内基地占满。

- 根据面积指标，基本房间面积为40的倍数，并结合超市为大空间，故采用9m×9m柱网；内务办公区房间面积均为30的倍数，可以推测为9m柱网去掉2.4m宽走廊后半跨面积。

五、具体设计的思考过程

把五部分功能按建筑面积的大小，根据场地条件布置在总平面中，通常情况下可以参考功能分析图的位置进行大致摆放。

确定各部分入口位置。根据功能分析图和题目要求中的提示基本可以确定下来各个功能区的出入口位置。

大体分区及柱网明确后，按区域分别进行功能细化。首先考虑超市建筑的重点区域：主入口顾客服务区和卖场区。主入口直接通往顾客服务区，以顾客大厅为中心三面依次为客服中心、卫生间、休息室、存包处等，并单独设置一部自动坡道至二层卖场，一层卖场区和顾客服务区直接毗邻，并通过收银处相隔，卖场区位于整个建筑物的中心位置，收银处邻近顾客大厅，根据购物流线分别设置入口和出口。卖场区内布置根据题目要求进行布置即可，特别要提醒的是冷冻区块和冷藏区块不要距储货进货区过远，尽量毗邻进货储货（根据以上功能分区，储货进货区位于建筑基地最东侧与卖场区相接）。二层卖场区内有特别要求的区块布置需要注意，二层卖场不单独设置收银处，故购物流线需通过下行自动扶梯或无障碍电梯下至一层收银处，卖场区与北侧进入内务办公区及紧急疏散需要设置门禁，同样卖场区与南侧也需要有联系并设置门禁。在这里还需要单独考虑卖场区的疏散问题，题目中已经给出最大疏散距离为37.5m，故设置疏散楼梯的时候一定要估算一下大概疏散距离是否满足规范要求。

完成以上布置后，接下来考虑与卖场区关系密切的储货进货。根据总平面分析和功能分区分析，储货进货区位于建筑基地最东侧与卖场区相接，其进货通过用地最东侧次干道上所开货运入口进入，故根据面积区块大小讲两处进货区设置与建筑物最东侧部分，值得提示的是需要设置两部货梯至二层库区，此处布置需要同时兼顾到二层库区和货梯的关系，进行合理布置；其他还需要注意的是与卖场区的联系补货要求不要漏掉，如补货口的设置、生鲜、熟食、面包加工间与进货区的联系等。

上述布置完后，建筑基本上还剩下建筑物最外侧的最南端和最北端，分别为内务办公区和外租用房区，这两个区相对独立但与卖场区和顾客服务区有联系的要求，故设置的时候一定要看清题目要求，需要独立出口，比如外租用房区二层办公区与内务区相互独立并设置门禁等特别要求；需要与其他区有联系的地方也需特别注意。

最后要特别核对一下垂直交通的设置是否合理，垂直交通包括上下层的联系及各层的疏散，特别是人流量大的一层和二层卖场区的上下联系及其疏散距离和疏散宽度是否合理，也要特别注意外租用房区的客货梯单独设置的要求。

一层和二层功能分区大致相同，根据题目要求合理布置即可。本类型建筑物解题关键在于首先要根据题目要求进行主要功能分区的位置关系布置，例如，客货流入口的设置与建筑功能分区息息相关，客货流位置确定后基本能确定下来整个功能分区的大致方位，然后再根据题目要求和顾客购物流线、内务办公流线、进出货流线及其相互之间的关系进行合理的平面布局。

 参考答案

作答如图 8-68～图 8-70 所示，评分标准见表 8-31。

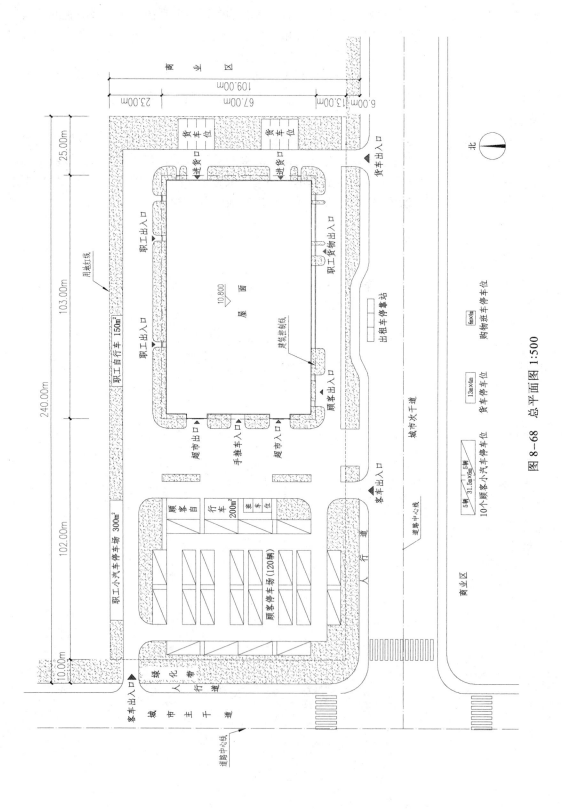

图 8-68 总平面图 1:500

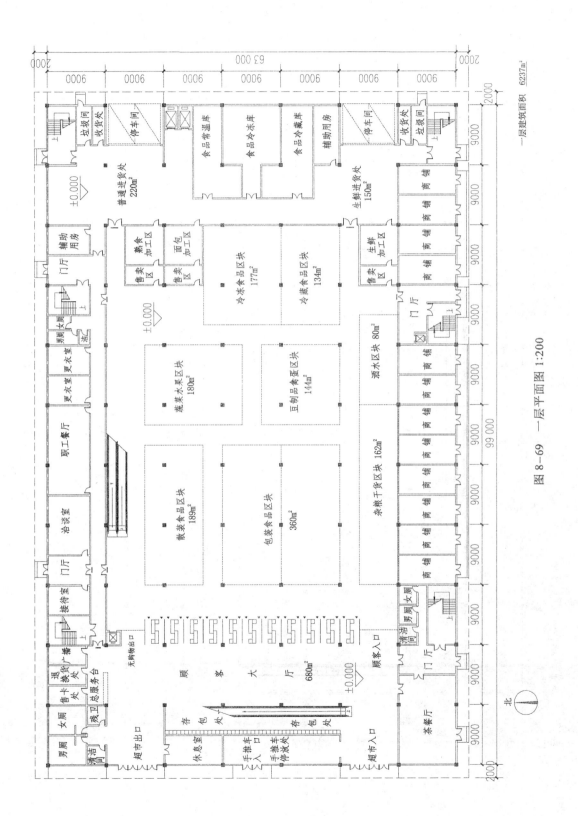

图8-69 一层平面图 1:200

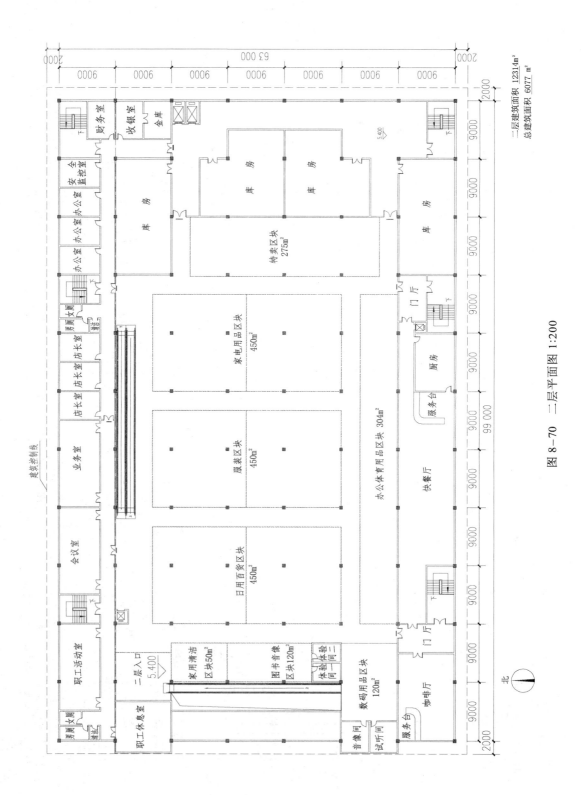

图 8-70　二层平面图 1:200

表 8–31　　2013 年度全国一级注册建筑师资格考试建筑方案设计（作图题）评分表

序号	考核项目		考 核 内 容		分值	扣分范围	扣分小计	得分
1	总平面（15 分）	整体布局及交通绿化	建筑物超控制线或单体未画（不包括台阶、坡道、雨篷等）		15	15		
			总平面与单体不符扣 3 分，未表示层数、标高或表示错误，各扣 1 分			1～3		
			场地机动车出入口缺 1 处扣 2 分，未按要求设置，或开口距离路口＜70m，各扣 2 分			2～6		
			道路未表示扣 3 分，表示不全或组织不合理各扣 1～2 分，未做绿化设计扣 1 分			1～3		
			机动车：顾客停车场未画扣 4 分；职、货、班停车场未画、布置不当、未分区设置，各扣 2 分；职工停车场未标注面积扣 1 分；自行车：停车场未画，各扣 2 分；未标注面积，各扣 1 分			1～8		
			建筑出入口：顾客 2、货物 2、手推车、办公，标注缺各扣 1 分			1～3		
2	一层平面（40 分）	功能布局	卖场区、办公区、进货储货区、外租商铺区之间，分区不明或流线交叉扣 20 分（功能分区明确但未按要求连通，按下述条款扣分）		40	20		
			服务区	未布置由服务区直达二层卖场区的自动扶梯扣 5 分；超市出、入口未朝向主干道或未分别设置各扣 1 分；手推车停放未设置或设置不当，扣 2 分；未设置卖场入口，扣 1 分；未设无购物出口，扣 1 分		1～8		
			卖场区	未分设 9 个独立区块，不同区块间主通道小于 3m 或中间有柱，各扣 2 分；面包、熟食、生鲜销售与其加工间未布置在一起，各扣 1 分；包装食品区块未紧邻收银处，扣 2 分；收银处未画，扣 4 分；排队等候距离小于 4m，扣 2 分；数量、宽度不足，各扣 1 分；无障碍电梯未设在卖场区、卖场区内设卫生间，各扣 2 分		1～14		
			库区	货物未按：卸货停车间—进货处–库房（加工间）–卖场区，扣 4 分；普通、生鲜进货区未分别设置，扣 2 分；2 个补货口，缺 1 扣 3 分；补货口未直通库区走廊或未直通卖场区通道，各扣 3 分；库区内未设走廊扣 2 分，宽度小于 3m，扣 1 分；货梯设于库房内，扣 2 分		1～10		
			办公区	与服务区、卖场区、库区之间未连通，各扣 2 分；未设门禁，各扣 1 分；对外洽谈和接待未连通门厅或未与其他用房分离，扣 1 分；办公用房（不含卫生间）无自然采光，每间扣 1 分		1～8		
			外租区	咖啡厅及快餐店、茶餐厅、外租商铺、快餐货物未设独立出入口，各出入口未朝向城市次干道，各扣 1 分；茶餐厅未与顾客大厅直接联系，扣 1 分；快餐咖啡门厅未与顾客大厅直接联系，扣 1 分		1～5		
			垂直交通	未布置自动扶梯 2（卖场内）、快餐客货梯 1、库区货梯 2（需位于普通进货处）、无障碍电梯 1（需位于卖场内），各扣 2 分		2～6		
		缺房间或面积	售货区块 9、顾客大厅（640m²）、进货处（210m²+144m²），缺 1 扣 3 分；面积严重不符（±10%），各扣 2 分；未标注面积，各扣 1 分			1～10		
			服务区 8 间：手推车停放、存包处、客服中心 4、休息室、卫生间	每一间扣 1 分		1～5		
			卖场区 6 间：生鲜加工销售间 2、熟食加工销售间 2、面包加工销售间 2					

序号	考核项目		考 核 内 容		分值	扣分范围	扣分小计	得分
3	一层平面（40分）	缺房间或面积	库区 7 间：普通卸货停车间、食品常温库、食品冷藏库、食品冷冻库、生鲜卸货停车间、辅助用房 2 内务区 7 间：门厅、接待室、洽谈室、更衣室 2、职工餐厅、卫生间 外租区 15 间：商铺 12、茶餐厅、咖啡快餐门厅、卫生间	每一间扣 1 分	40	1～5		
	二层平面（30分）	功能布局	卖场区、办公区、进货储货区、外租商铺区之间，分区不明或流线交叉扣 15 分（功能分区明确但未按要求连通，按下述条款扣分）		30	15		
			卖场区	顾客流线未按：卖场区–收银处（一层）–顾客服务区，扣 4 分； 未分 11 个独立区块，不同区块间主通道小于 3m 或中间有柱，各扣 2 分； 特卖区与办公体育用品区块未靠墙布置，各扣 1 分； 百货、服装区、家电区块未按要求均分且相邻布置，各扣 1 分		1～10		
			库区	货物流线未按：库房–卖场区，扣 4 分； 2 个补货口，缺 1 扣 3 分；补货口未直通库区走廊或未直通卖场区通道，各扣 3 分； 库区内未设走廊扣 2 分；宽度小于 3m，扣 1 分； 货梯设于库房内，扣 2 分		2～8		
			办公区	与卖场区、库区之间未连通，各扣 2 分；未设门禁，各扣 1 分； 办公区域与内务区域未设门禁，扣 1 分； 办公用房（不含卫生间）无自然采光，每间扣 1 分		1～6		
			外租区	外租区直接连通二层卖场区，扣 5 分； 快餐店客货梯未与厨房相邻，扣 2 分		2～7		
			垂直交通	楼电梯位置与一层不符，每处扣 2 分		2～6		
		缺房间或面积	售货区块 11、快餐店、咖啡厅，缺 1 扣 3 分； 面积严重不符（±10%），各扣 2 分；未标注面积，各扣 1 分			1～10		
			卖场区 4 间：影像室、试听室、体验间 2； 库区 4 间：库房 4； 内务区 5 间：业务室、会议室、职工活动室、职工休息室、卫生间； 办公区 11 间：安全监控室、办公室 3、收银室 2、财务室、店长室 3、卫生间； 外租区 1 间：快餐店厨房	每一间扣 1 分		1～6		
4	规范图面（15分）		卖场总疏散宽度小于 9.6m，卖场内任意一点距离最近安全出口距离＞37.5m，各扣 4 分；房间门至最近安全出口：袋形走道＞20m（开敞）/22m（封闭），首层楼梯距室外出口＞15m，各扣 4 分		15	4～12		
			一层、二层平面墙体单线作图，各扣 4 分			4～8		
			顾客主出、入口未考虑无障碍每处扣 1 分；自动扶梯、楼梯间尺寸明显不足，每处扣 2 分			1～5		
			二层快餐店未设两个疏散口，扣 1 分			1		
			未标注房间名、尺寸、标高、楼层建筑面积，每处扣 1 分			1～5		
			未画门，缺 1 个扣 1 分			1～3		
			结构体系未布置，扣 8 分；仅单层布置或布置不合理，扣 3 分			3～8		
			房间或卖场区块比例不当，各扣 1 分			1～5		
			画图潦草、辨认不清，每处扣 1 分			1～3		

注：每项考核内容范围内扣分小计不得超过该项分值。

2014 年建筑方案设计（作图题）：老年养护院

根据《老年养护院建设标准》和《养老设施建筑设计规范》的定义，老年养护院是为失能（介护）、半失能（介助）老年人提供生活照料、健康护理、康复娱乐、社会工作等服务的专业照料机构。

任务描述：

● 在我国南方某城市，拟新建二层 96 张床位的小型老年养护院，总建筑面积约 7000m²。

用地条件：

● 用地地势平坦，东侧为城市主干道，南侧为城市公园，西侧为住宅区，北侧为城市次干道。

用地情况详见总平面图。

总平面设计要求：

● 在建筑控制线内布置老年养护院建筑。

● 在用地红线内组织交通流线，布置基地出入口及道路。在城市次干道上设主、次出入口各一个。

● 在用地红线内布置 40 个小汽车停车位（内含残疾人停车位，可不表示）、1 个救护车停车位、2 个货车停车位。

● 在用地红线内合理布置绿化及场地。设 1 个不小于 400mm² 的衣物晾晒场（要求临近洗衣房）和一个不小于 800m² 布置职工及访客自行车停车场各 50m²。

● 老年人室外集中活动场地（要求临近城市公园）。

建筑设计要求：

● 老年养护院建筑由五个功能区组成，包括：入住服务区、卫生保健区、生活养护区、公共活动区、办公与附属用房区。

● 入住服务区：结合建筑主出入口布置，与各区练习方便，与办公、卫生保健、公共活动区的交往厅（廊）联系紧密，属用房区。各区域分区明确，相对独立。用房及要求详见表 8-31、表 8-32，主要功能关系如图 8-71 和图 8-72 所示，平面图用设施图示及图例如图 8-73 所示，总平面图如图 8-74 所示。

● 卫生保健区：是老年养护院的必要医疗用房，需方便老年人就医和急救。其中临终关怀室应靠近抢救室，相对独立布置，且有独立对外出入口。

● 生活养护区：是老年人的生活起居场所，由失能养护单元和半失能养护单元组成。一层设置 1 个失能养护单元和 1 个半失能养护单元；二层设置 2 个半失能养护单元。养护单元内除亲情居室外，所有居室均须南向布置，居住环境安静，并直接面向城市公园景观、其中失能养护单元应设专用廊道直通临终关怀室。

● 公共活动区：包括交往厅（廊）、多功能厅、娱乐、康复、社会工作用房五部分。交往厅（廊）应与生活养护区、入住服务区联系紧密；社会工作用房应与办公用房联系紧密。

● 办公与附属用房区：办公用房、厨房和洗衣房应相对独立，并分别设置专用出入口。办公用房应与其他各区联系方便，便于管理。厨房、洗衣房应合理布置，流线清晰，并设一条送餐与洁衣的专用服务廊道直通生活养护区。

● 本建筑内须设 2 台医用电梯、2 台送餐电梯和 2 条连接一层、二层的无障碍坡道（坡道坡度≤1:12，坡道净宽≥1.80m，平台深度≥1.80m）。

● 根据主要功能关系图布置六个主要出入口及必要的疏散口。

● 本建筑内除生活养护区的走廊净宽不小于2.40m外，其他区域的走廊净宽不小于1.80m。

● 本建筑为钢筋混凝土框架结构（不考虑变形缝），建筑层高：一层为4.2m；二层为3.9m。

● 本建筑内房间除药房、消毒室、客房、抢救室中的器械室和居室中的卫生间外，均应天然采光和自然通风。

规范及要求：

● 本设计应符合现行国家有关规范和标准要求。

制图要求：

总平面图：

● 绘制老年养护院建筑屋顶平面图并标注层数和相对标高，注明建筑各主要出入口。

● 绘制并标注基地主次出入口、道路和绿化、机动车停车位和自行车停车场、衣物晾晒场和老年人室外集中活动场地。

平面图：

● 绘制一、二层平面图，表示柱、墙（双线）、门（表示开启方向），窗、卫生洁具可不表示。

● 标注建筑轴线尺寸、总尺寸、标注室内楼、地面及室外地面相对标高。

● 注明房间活空间名称，标注带★号房间（见表8–32、表8–33）的面积。各房间面积允许误差在规定面积的±10%以内。在3、4页中指定位置填写一层、二层建筑面积，允许误差在规定面积的±5%以内。

注：房间及各层建筑面积均以轴线计算。

表8–32　　　　　　　　　　　　一 层 用 房 及 要 求

功能区	房间或区块名称	建筑面积/m²	数量	要求及备注
入住服务区	★门厅	170	1	含总服务台、轮椅停放处
	总值班兼监控室	18	1	靠近建筑主出入口
	入住登记室	18	1	
	接待室	36	2	每间18m²
	健康评估室	36	2	每间18m²
	商店	45	1	
	理发室	15	1	
	公共卫生间	36	1（套）	男、女各13m²，无障碍5m²，污洗5m²
卫生保健区	护士站	36	1	
	诊疗室	108	1	每间18m²
	检查室	36	2	每间18m²
	药房	26	1	
	医护办公室	36	2	每间18m²

功能区		房间或区块名称	建筑面积/m²	数量	要求及备注
卫生保健区		★抢救室	45	1（套）	含 10m² 器械室 1 间
		隔离观察室	36	1	有相对独立的区域和出入口，含卫生间 1 间
		消毒室	15	1	
		库房	15	1	
		★临终关怀室	104	1（套）	含 18m² 病房 2 间、5m² 卫生间 2 间、58m² 家属休息
		公共卫生间	15	1（套）	含 5m² 独立卫生间 3 间
生活养护区	半失能养护单元（24床）	居室	324	12	每间 2 张床位，面积 27m²，布置见示意图
		★餐厅兼活动厅	54	1	
		备餐间	26	1	内含或靠近送餐电梯
		护理站	18	1	
		护理值班室	15	1	含卫生间 1 间
		助浴间	21	1	
		亲情居室	36	1	
		污洗间	10	1	设独立出口
		库房	5	1	
		公共卫生间	5	1	
	失能养护单元（24床）	居室	324	12	每间 2 张床位，面积 27m²，布置见示意图
		备餐间	26	1	内含或靠近送餐电梯
		检查室	18	1	
		治疗室	18	1	
		护理站	36	1	
		护理值班室	15	1	含卫生间 1 间
		助浴间	42	2	每间 21m²
		污洗间	10	1	设独立出口
		库房	5	1	
		公共卫生间	5	1	
		专用通道	直通临终关怀室		
公共活动区		★交往厅（廊）	145	1	
办公与附属用房区	办公	办公门厅	26	1	
		值班室	18	1	
		公共卫生间	30	1	男、女各 15m²
	附属用房	★职工餐厅	52	1	
		★厨房	260	1（套）	含门厅 12m²，收货 10m²，男、女更衣各 10m²，库房 2 间各 10m²，加工区 168m²，备餐间 30m²
		★洗衣房	120	1（套）	合理分设接收与发放出入口，内含更衣 10m²
		配餐与洁衣专用服务廊道直通生活养护区，靠近厨房与洗衣房合理布置配送车停放处			
其他		交通面积（走廊、无障碍坡道、楼梯、电梯等）约 1240m²			
一层建筑面积 3750m²					

表 8-33　　　　　　　　　　　　二 层 用 房 及 要 求

功能区		房间或区块名称	建筑面积/m²	数量	要求及备注
生活 养护区					
公共 活动区		★交往厅（廊）	160	1	
		★多功能厅	84		
	康复	★物理康复室	72	1	
		★作业康复室	36	1	
		语言康复室	26	1	
		库房	26		
	娱乐	★阅览室	52	1	
		书画室	36	1	
		亲情网络室	36	1	
		棋牌室	72	2	每间 36m²
		库房	10	1	
	社会 工作	心理咨询室	72	4	每间 18m²
		社会工作室	36	2	每间 18m²
		公共卫生间	36	1（套）	男、女各13m²，无障碍5m²，污洗5m²
办公与 附属 用房区		办公门厅	26	1	
		值班室	18	1	
		公共卫生间	30	1	男、女各15m²
		★职工餐厅	52	1	
		★厨房	260	1（套）	含门厅 12m²，收货 10m²，男、女更衣各 10m²，库房 2 间各 10m²，加工区 168m²，备餐间 30m²
		★洗衣房	120	1（套）	合理分设接收与发放出入口，内含更衣10m²
		配餐与洁衣专用服务廊道直通生活养护区，靠近厨房与洗衣房合理布置配送车停放处			
其他		交通面积（走廊、无障碍坡道、楼梯、电梯等）约 1160m²			

二层建筑面积 3176m²

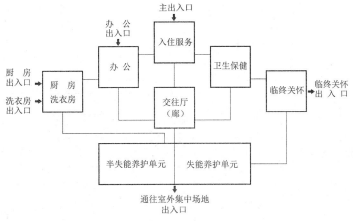

图 8-71　一层主要功能关系图

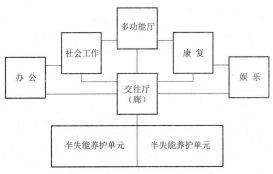

图 8-72　二层主要功能关系图

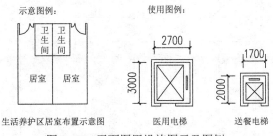

图 8-73　平面图用设施图示及图例

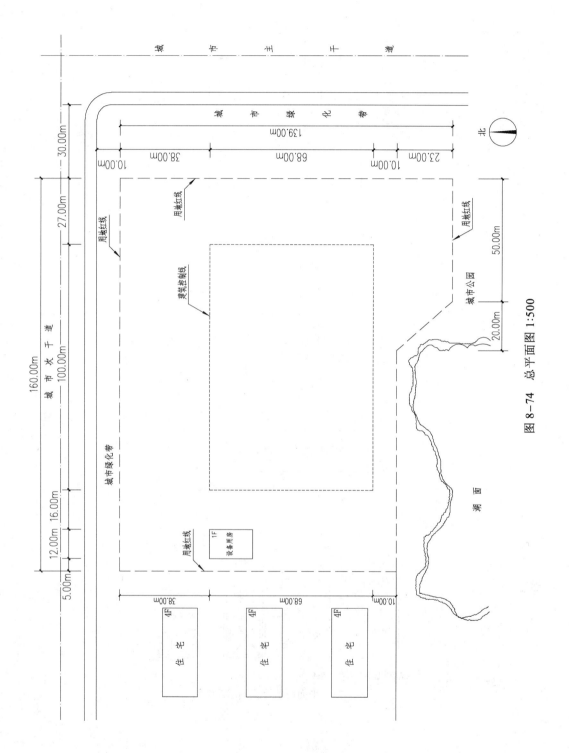

图 8-74 总平面图 1:500

解题思路

一、思考老年养护院建筑类型特点

老年养护院建筑是有专门社会机构介入运营集养护、服务、休闲娱乐的综合体建筑。基于特定的使用人群和建筑服务设施特点及后勤和办公人员设置的要求，形成一套比较独特和复杂的功能组合，包括总平面设计上多处功能区需要明确划分等。老年人建筑具有特定的设计要求，主要包括：基地环境、交通便利性、功能分区、交通流线等方面。

具体来讲，老年人建筑设计必须满足老年人使用便利性及各功能部分的合理组织的要求，譬如老年特定人群的具体划分（具体为半失能人员与失能人员的区别）及其对不同功能的需求、后勤服务用房及办公用房娱乐设施的具体布局，且这几个功能分区之间的分区与联系，还要为特定人群提供便利舒适的室外活动场所。老年养护院建筑一般包括养护区、服务区、后勤服务设施区、医疗办公区、康复娱乐区等，各区需要相互独立而又有便利的联系。

基于对老年养护建筑的大致了解，具体解题过程中需要仔细分析功能关系图，从而捋清楚各个功能之间的关系和关联程度，建筑内部的功能关系是对建筑设计基本功的考察，所以分析功能关系图的目的在于捋清楚流线及各大功能的划分和各功能区之间的关系。同时根据题目要求对功能分析图进行进一步的解读，从而运用自己擅长的设计手法进行平面功能的划分与空间关系的组织。

二、场地分析

● 看题目描述和总平面图，明晰场地的环境条件。场地西侧为住宅，南侧有城市公园，北侧和东侧分别为城市的次干道和主干道，这些场地条件影响建筑平面功能区块的布局。

● 明确建筑控制线及用地红线范围。建筑控制线：东西宽 100m，南北长 68m；用地红线：东西宽 160m，南北最长端为 139m。

● 分析用地周边的道路情况。并根据题目要求，初步确定基地的主入口与次入口的位置，基地主入口一般为社会及入住人员进出，应位于基地内建筑控制线的居中位置；次入口一般供办公及后勤人员出入，次入口根据基地情况应位于场地的西端。建筑主入口应朝向基地北侧城市次干道，建筑的其他内部出入口在基地范围内可以通过内部道路建立联系。

三、功能分区分析

● 在任务书中功能关系图中规定了老年养护院分为入住服务区、卫生保健区、公共活动区、生活养护区、办公与附属用房区五个大功能区。要求各个部分既要相互联系又要各自相对独立。

● 按照功能关系图及建筑的主、次入口位置将这四部分内容布置在基地内，根据面积指标及题目对各功能区的要求，简单的划分各部分功能块的大小及确定大致位置。即生活养护区应位于基地的南侧，临近基地南侧城市公园；入住服务区位于北侧，应接近基地的主入口位置；办公及附属用房区位于比较隐蔽的基地西侧，切临近基地次入口；卫生保健区位于基地东侧；公共活动区居于各功能区的中心位置，与各区应具有方便的联系。再根据各个功能区的大致方位分析，确定建筑各部分出入口位置。

● 一层平面分区及各功能房间基本确定后，同步考虑二层平面的功能情况。并根据平面布局中特定房间的朝向要求，确定二层房间的区块划分，同时考虑一层和二层公共活动区与各区的联系。

● 应注意各功能区朝向要求和上下对应关系及楼梯的对应位置。例如，生活养护区一层和二层均应位于基地南侧邻近城市公园且居室应朝南布置，北侧二层办公及附属用房区应尽量南北向布置。

● 一些要注意的细节问题：例如，厨房的出入口既要隐蔽又要方便进出，相对独立；卫生保健区的临终关怀室具有独立的出入口等；生活养护区和附属用房区中的厨房和洗衣部分应设置专门的服务通道，方便生活养护区的服务等。这些细节问题均需要在下一步分析过程中不断推敲深化。

四、确定建筑的平面形态和柱网

● 首先根据基底面积和一层建筑面积估算得出本建筑物在建筑控制线内的占地面积为基底面积的 0.5 倍，并结合建筑物性质和所在南方地域，可以推断本建筑物属于半集中式建筑，且考虑到各个建筑出入口需临近基地内道路，故可考虑功能沿控制线四面布置，中间留内庭院的空间形式。

● 根据题目中部分房间的特别尺寸要求，例如，生活养护区居室的面积、数量、开间、尺寸等要求，可以推断出柱网开间尺寸应为 7.2m，生活养护区北侧布置服务用房，除去走廊宽度后，根据其余房间面积推断出进深尺寸可定为 7.5m。并结合各个房间面积数值，如小房间面积为 27m²、18m²、15m² 等，可推断房间大小为 3.6m×5m 或 3m×5m 或 3.6m×7.5m 等，故合理的主要柱网尺寸可定为 7.2m×7.5m，局部可根据需要调整柱网尺寸。

五、具体设计的思考过程

把五大部分功能按建筑面积的大小，根据场地条件布置在总平面中，通常情况下可以根据题目要求提示结合功能分析图进行大致摆放。

确定各部分入口位置。功能分析图也给了大家很好的提示。

大体分区及柱网明确后，按区域分别进行功能细化。首先考虑本建筑物的重点区域：生活养护区。首先生活养护区根据题目要求必须置于基地的南侧临近城市公园，并根据题目中对居室全南向的要求和面积、数量、开间尺寸要求，将生活养护区居室全部朝南布置，每个房间为 3.6m×7.5m，一层和二层居室各为 24 间共 12 个柱网，并根据题目要求需要设置一个出口通往南侧活动场地，故一共设置 13 跨；此部分功能布置在题目中有明显提示，故首先将此区居室部分功能细化，然后把本区剩余的服务功能空间，如护士站、餐厅兼活动厅、助浴间、卫生间、亲情居室等房间根据柱网进行合理的划分布置于生活养护区北面。设计在布置的同时注意兼顾与其他功能块之间的关系，如失能养护单元应设专用廊道直通临终关怀室等。

接下来，考虑主入口部分的入住服务区、卫生保健区的布置，入住服务区与其他各区之间应方便联系，属于核心枢纽空间。首先确定其临近基地主入口，将入住服务区位于基地北侧，并且根据功能关系图其西侧应联系办公与附属用房区的入口门厅，东侧连接卫生保健区，主入口对应南面通过交往厅直接通往生活养护区，入住服务区确定后将内部的房间进行细化布置，同时考虑卫生保健区房间的特殊性尽量南北向布置，故此部分区域与入住服务区相接呈南北向布置于入住服务区的东侧，并将特殊要求的房间如隔离观察室、抢救室靠最东端布置，以满足抢救室靠近临终关怀室和隔离观察室需有独立出口的要求。此部分二层全部南北向，可布置二层功能区里的办公部分和康复娱乐部分。

这几大区域布置完成后，建筑基本会是个工字形，接下来根据功能关系图分析剩下卫生保健区里的临终关怀部分和厨房洗衣部分。临终关怀室需设置独立出入口，故位于基地东侧即工字形的右侧庭院做东边，正好和失能养护单元可以直接联系，并且可以与卫生保健区抢救室部分紧密联系，符合题目要求。厨房、职工餐厅和洗衣部分自然而然应设置与建筑形态的最西侧，根据题目要求将厨房和洗衣部分的内部房间进行细化，同时需考虑到设置一条专用送餐和洁衣服务通道直通生活养护区的送餐电梯和备餐间。

接下来，进行公共活动区的深化：由于公共活动交往厅（廊）的特殊性，需要与入住服务区、卫生保健区、办公区、生活养护区均有直接联系，故除了交往厅南北两端分别连接入住服务区和生活养护区外，根据题目要求并参考功能关系图分别单独设置室外连廊连接办公门厅和卫生保健区，以便联系方便。

一层的各功能空间大概有了具体布置后，整个建筑物一层基本呈竖向日字形布置；接下来需考虑竖向的交通空间如楼电梯等；根据题目功能要求及疏散考虑，并结合二层功能大致布局特点合理设置楼电梯位置，并根据题目要求设置一部直通二层的无障碍坡道，考虑到所占空间较大且其兼具的公共交通属性，故与交往厅一并考虑。

二层布置一层功能基本确定的情况下可以快速确定，首先生活养护区部分基本同一层一致，办公与附属用房区、康复娱乐区直接布置于工字形平面的最北侧一排，呈南北向布置，二层平面为标准的工字形，北端一字形布置办公与附属用房和康复娱乐部分，且办公、社会工作各部分、康复、娱乐各部分部分、生活养护部分均可直接通向交往厅（廊）。

综上所述，解题关键在于抓住功能流线，从大的分区着手，根据题目部分功能区特定要求并结合功能关系图进行分析突破从而确定大的功能布局，然后再根据各区功能房间的要求进行细节深化，从而做到方案设计的不断深化和推进，从而做到功能布局和各区交通流线的合理安排。

 参考答案

作答如图 8-75～图 8-77 所示，评分标准见表 8-34。

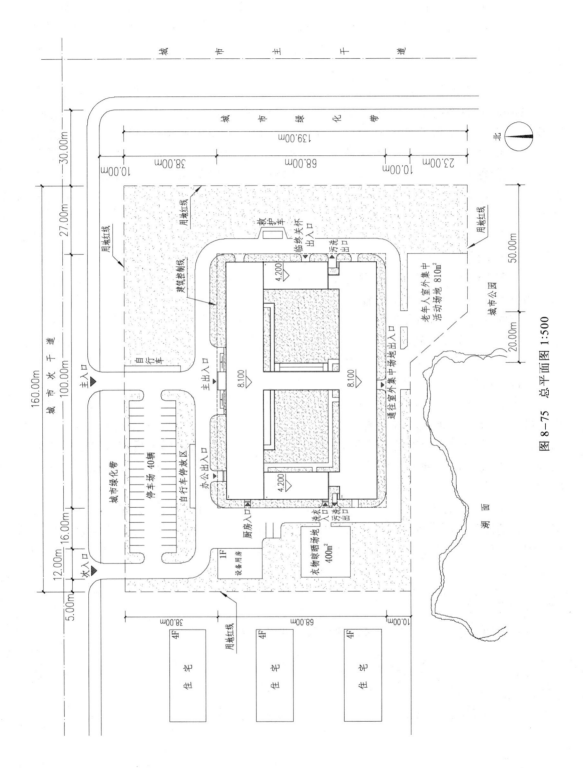

图 8-75　总平面图 1:500

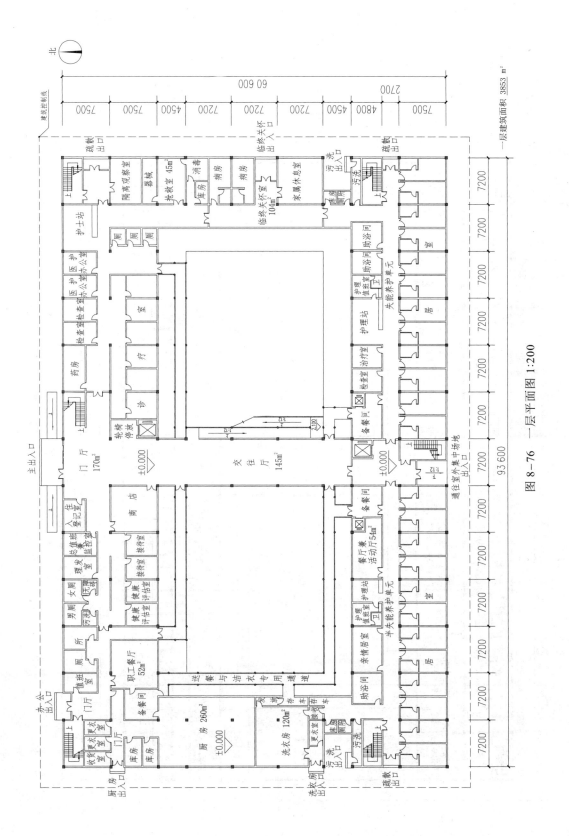

图 8-76　一层平面图 1:200

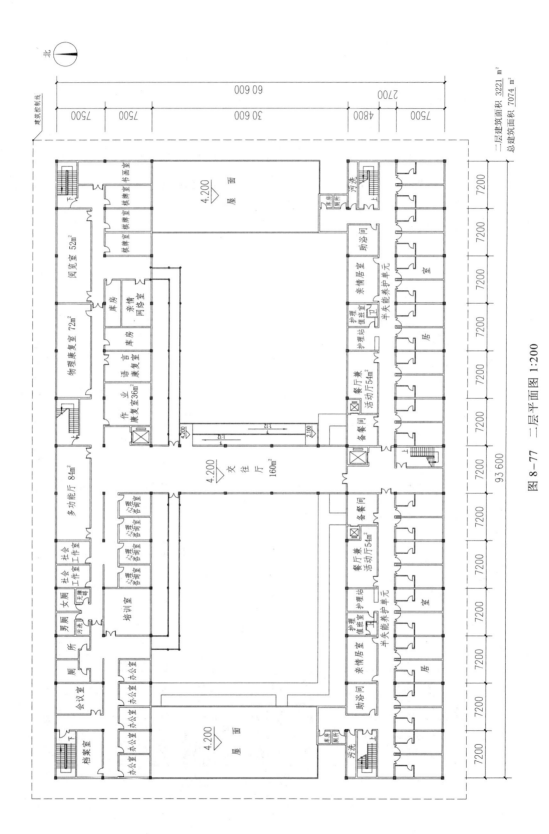

图 8-77 二层平面图 1:200

表 8–34　　2014 年度全国一级注册建筑师资格考试建筑方案设计（作图题）评分表

	提　　示		1. 一层或二层未画（含基本未画）该项为 0 分，序号 4 项也为 0 分，为不及格卷。				
			2. 总平面未画（含基本未画），该项为 0 分。				
			3. 扣到 45 分后即为不及格卷。				
序号	考核项目		分项考核内容	分值	扣分范围	扣分小计	得分
1	总平面（15 分）	整体布局及交通绿化	建筑物超出控制线或未画扣 15 分（不包括台阶、坡道、雨篷等）	15	15		
			场地出入口（2 处）未设在城市次干道、缺 1 处、开口距离主干道路口＜70m、主干道上设出入口，各扣 3 分		3～6		
			基地内道路未表示扣 3 分，表示不全或流线不合理，扣 1～2 分		1～3		
			机动车停车场未画（含基本未画）扣 3 分；车位不足（40 个）、未布置救护车停车位（1 个）、货车停车位（2 个），职工及访客自行车停车场（各 1 处），或布置不合理，各扣 1 分		1～6		
			未布置衣物晾晒场（400m²）、老年人室外集中活动场地（800m²）各扣 2 分；位置不合理、面积不足，或未布置绿化，各扣 1 分		1～5		
			总图与单体不符，扣 2 分，未表示层数或相对标高，扣 1 分		1～3		
			未标注主出入口（6 个），缺一个扣 1 分		1～3		
2	一层平面（43 分）	功能布局	功能分区	入住服务区、卫生保健区、生活养护区、公共活动区、附属办公区域未相对独立设置，缺区、分区不明确或不合理，每处扣 5 分	43	5～20		
			入住服务	入住服务区与办公区、卫生保健区、公共活动区的交往厅（廊）联系不紧密，各扣 2 分；与生活养护区联系不便，扣 1 分		1～4		
				功能房间布置不合理或流线交叉，扣 3 分；总值班兼监控室未靠近建筑主入口，公共卫生间布置不合理，各扣 1 分		1～4		
			卫生保健	功能用房布局或流线不合理，扣 1～4 分		1～4		
				临终关怀室未相对独立，扣 5 分；内部未画或布置不合理、未靠近抢救室、未设置独立对外出入口，各扣 3 分		3～8		
				隔离观察室未相对独立，未设独立对外出入口，扣 3 分；未设卫生间，扣 1 分		1～4		
			生活养护	养护单元居室（除亲情居室外），未朝南向布置，或未面向城市公园景观，各扣 6 分，居室开间小于 3.3m 或缺居室房间，扣 6 分		6～12		
				相邻养护单元分区不明确，扣 4 分；单元内功能布局不合理，如护理站与居室联系不当，扣 2～5 分；餐厅兼活动厅与备餐未紧密相邻设置，每处扣 1 分；养护单元未设置通往室外活动场地的出口，或设置不合理扣 1 分		1～10		
				失能养护单元未设专用廊道直通向临终关怀室，扣 5 分		5		

序号	考核项目			分项考核内容	分值	扣分范围	扣分小计	得分
2	一层平面（43分）	功能布局	生活养护	配餐间未设（靠近）送餐电梯或布置不合理，污洗间位置不合理或未设置独立的出入口，各扣2分	43	2～6		
			公共活动	交往厅（廊）与生活养护区联系不紧密、尺度或设计不合理		3～6		
			附属办公	办公用房、厨房和洗衣机未相对独立布置，未分别设置专用出入口，各扣3分		3～6		
				厨房（含门厅，收货区，男、女更衣室，库房2间，加工区，备餐间）布置不合理，洗衣房（含更衣）未合理分设接收与发放出入口，各扣3分		3～6		
				未设置专用的送餐与洁衣专用服务廊道，扣6分；设置不合理、洁污不分或穿越养护单元，扣4分		3～6		
		缺房间或面积		未在指定位置标注一层建筑面积（3750m²），或误差面积大于±5%以上，扣1分		3～6		
				缺带★号房间：门厅（170m²），抢救室（45m²），临终关怀室（104m²），餐厅兼活动厅（54m²），交往厅（廊）（145m²），职工餐厅（52m²），厨房（260m²），洗衣房（120m²），每间扣2分；未标注带★号房间面积，或面积严重不符，每间扣1分；缺其他房间，每间扣1分		1～6		
3	二层平面（30分）	功能分区		生活养护区、公共活动区、附属办公区域未相对独立设置、缺区、分区不明确或不合理，每处扣5分	30	5～15		
		功能布局	生活养护	养护单元居室（除亲情居室外），未朝南向布置，或未面向城市公园景观，各扣6分，居室开间小于3.3m或缺居室房间，扣6分		6～12		
				相邻养护单元分区不明确，扣2分；单元内功能布局不合理，如护理站与居室联系不当，扣2～5分；餐厅兼活动厅与备餐未紧密相邻设置，每处扣1分		1～6		
				配餐间未设（靠近）送餐电梯或布置不合理，污洗间位置不合理，各扣2分		2～4		
			公共活动	交往厅（廊）与生活养护区联系不紧密、尺度或设计不合理		3～6		
			康复娱乐社会工作	康复、娱乐、社会工作各区域未相对独立，或流线不合理，各扣3分；社会工作用房与办公用房联系不紧密、未设公共卫生间或功能房间布置不合理，各扣1分		1～6		
			附属办公	办公用房未相对独立、与各区联系不方便，或穿越其他功能区，各扣2分		2～4		
		缺房间或面积		未在指定位置标注一层建筑面积（3176m²），或误差面积大于±5%以上，扣1分		1		
				缺带★号房间：交往厅（廊）（160m²），多功能厅（84m²），物理康复室（72m²），作业康复室（36m²），餐厅兼活动厅（54m²），每间扣2分；未标注带★号房间面积，或面积严重不符，每间扣1分；缺其他房间，每间扣1分		1～6		

序号	考核项目	分项考核内容	分值	扣分范围	扣分小计	得分
4	规范和图面（12分）	房间疏散门至最近安全出口：袋形走廊>20m，两出口之间>35m，首层楼梯距室外出口>15m，各扣5分	12	5		
		未设置电梯或连接一层、二层的无障碍坡道，各扣4分；设置不合理，各扣2分；疏散楼梯未封闭或设计不合理，扣2分		1~6		
		主出入口、生活养护区通往室外场地入口未设无障碍坡道，生活养护区的走廊净宽小于 2.4m，或其他区域的走廊净宽小于1.8m，各扣1分		1~2		
		除药房、消毒室、库房、抢救室中的器械室和居室中的卫生间外，未天然采光的房间，每个扣1分		1~3		
		一层、二层平面单线表示墙线，各扣2分；未画门或开启方向有误，每个扣1分；未标注轴线尺寸、总尺寸，或未标注楼地面及室外地面相对标高，每项扣1分		1~5		
		结构布置不合理，或未布柱，图面潦草、辨认不清，扣1~3分		1~3		

注意事项：1. 方案作图题的及格分数为60分。

2. 扣分小计不得超过该项分值；当考核扣分已达到该项分值时，其余内容忽略不看。

第九章 模拟试题

2018 年度全国一级注册建筑师执业资格考试

建筑方案设计（作图题）

（2017 年真题）

二零一八年四月

建筑方案设计（作图题）：旅馆扩建

任务描述：

● 因旅馆发展需要，拟扩建一座九层高的旅馆建筑（其中旅馆客房布置在二～九层），按下列要求设计并绘制总平面图和一、二层平面图，其中一层建筑面积4100m²，二层建筑面积3800m²。

用地条件：

● 基地东侧、北侧为城市道路，西侧为住宅区，南侧临近城市公园。基地内地势平坦，有保留的既有旅馆建筑一座和保留大树若干，具体情况详见总平面图。

总平面设计要求：

根据给定的基地主出入口、后勤出入口、道路、既有旅馆建筑、保留大树等条件进行如下设计：

● 在用地红线内完善基地内部道路系统、布置绿地及停车场地（新增：小轿车停车位20个、货车停车位2个、非机动车停车场一处100m²）。

● 在建筑控制线内布置扩建旅馆建筑（雨篷、台阶允许突出建筑控制线）。

● 扩建旅馆建筑通过给定的架空连廊与既有旅馆建筑相连接。

● 扩建旅馆建筑应设主出入口、次出入口、货物出入口、员工出入口、垃圾出口及必要的疏散口。扩建旅馆建筑的主出入口设于东侧；次出入口设于给定的架空连廊下，主要为宴会（会议）区客人服务，同时便于与既有旅馆建筑联系。

建筑设计要求：

扩建旅馆建筑主要由公共部分、客房部分、辅助部分三部分组成，各部分应分区明确，相对独立。用房、面积及要求详见表1、表2，主要功能关系图如图1和图2所示，总平面图如图3所示。

一、公共部分

1. 扩建旅馆大堂与餐饮区、宴会（会议）区、健身娱乐区及客房区联系方便。大堂总服务台位置应明显，视野良好。

2. 次出入口门厅设2台客梯和楼梯与二层宴会（会议）区联系。二层宴会厅前厅与宴会厅、给定的架空连廊联系紧密。

3. 一层中餐厅、西餐厅、健身娱乐用房的布局应相对独立，并直接面向城市公园或基地内保留大树的景观。

二、客房部分

1. 客房应临近城市公园布置，按城市规划要求，客房楼东西长度不大于60m。

2. 客房楼设2台客梯、1台货梯（兼消防电梯）和相应楼梯。

3. 二～九层为客房标准层，每层设23间客房标准间，其中直接面向城市公园的客房不少于14间。客房不得贴邻电梯井道布置，服务间邻近货梯厅。

三、辅助部分

1. 辅助部分应分设货物出入口、员工出入口及垃圾出口。

2. 在货物门厅中设1台货梯，在垃圾电梯厅中设1台垃圾电梯。

3. 货物由货物门厅经验收后进入各层库房；员工由员工门厅经更衣后进入各厨房区或服务区。

4. 厨房加工制作的食品经备餐间送往餐厅；洗碗间须与餐厅和备餐间直接联系；洗碗间

和加工制作间产生的垃圾通过走道运至垃圾间，不得穿越其他房间。

5. 二层茶水间、家居间的布置便于服务宴会厅和会议室。

四、其他

1. 本建筑为钢筋混凝土框架结构（不考虑设置变形缝）。

2. 建筑层高：一层层高 6m；二层宴会厅层高 6m；客房层高 3.9m；其余用房层高 5.1m；三～九层客房层高 3.9m；室内外高差 150mm。给定的架空连廊与二层室内楼面同高。

3. 除更衣室、库房、收验间、备餐间、洗碗间、茶水间、家具库、公共卫生间、行李间、声光控制室、客房卫生间、客房服务间、消毒间外，其余用房均应天然采光和自然通风。

4. 本题目不要求布置地下车库及出入口、消防控制室等设备用房和附属设施。

5. 本题目要求不设置设备转换层及同层排水措施。

规范及要求：

本设计应符合国家相关标准的规定。

表1　　　　　　　　　　　　　　　　一层用房、面积及要求

房间及空间名称			建筑面积/m²	间数	备注
公共部分	旅馆大堂区	大堂	400	1	含前台办公 40m²、行李间 20m²、库房 10m²
		大堂吧	260		
		商店	90	1	
		商务中心	45	1	
		次出入口门厅	130	1	含 2 台客梯、1 部楼梯，通往二层宴会（会议）区
		客房电梯厅	70	1	含 2 台客梯、1 部楼梯可结合大堂布置适当扩大面积
		客房货梯厅	40	1	含 1 台货梯（兼消防电梯）、1 部楼梯
		公共卫生间	55	1	男女各 25m²，无障碍卫生间 5m²
	餐饮区	中餐厅	600	1	
		西餐厅	260	1	
		公共卫生间	85	4	男女各 35m²，无障碍卫生间 5m²，清洁间 10m²
	健身娱乐区	休息厅	80	1	含接待服务台
		健身房	260	1	含男、女更衣各 30m²（含卫生间）
		台球室	130	1	
辅助部分	厨房共用区	货物门厅	55	1	含 1 台货梯
		收验间	25	1	
		垃圾电梯厅	20	1	含 1 台垃圾电梯，并直接对外开门
		垃圾间	15	1	与垃圾电梯厅相邻
		员工门厅	30	1	含 1 部专用楼梯
		员工更衣室	90	1	男女各 45m²（含卫生间）
	中餐厨房区	加工制作间	180	1	
		备餐间	40	1	
		洗碗间	30	1	
		库房	80	2	每间 40m²，与加工制作间相邻
		加工制作间	120	1	每间 40m²，与加工制作间相邻

房间及空间名称			建筑面积/m²	间数	备 注
辅助部分	中餐厨房区	备餐间	30	1	
		洗碗间	30	1	
		库房	50	2	每间 25m²，与加工制作间相邻
其他交通面积（走道、楼梯等）约 800m²					
一层建筑面积小计			4100m²（允许±5%　3895～4305m²）		

表2　　　　　　　　　　二层用房、面积及要求

房间及空间名称			建筑面积/m²	间数	备 注
公共部分	宴会（会议）区	宴会厅	660	1	含声光控制室 15m²
		宴会厅前厅	390	1	含通向一层次出入口的 2 台电梯和一部楼梯
		休息廊	260	1	服务于宴会厅与会议室
		公共卫生间（前厅）	55	3	男女各 25m²，无障碍卫生间 5m²，服务于宴会厅前厅
		休息室	130	2	每间 65m²
		会议室	390	3	每间 130m²
		公共卫生间（会议）	85	4	男女各 25m²，无障碍卫生间 5m²，清洁间 10m²，服务于宴会厅与会议室
辅助部分	厨房共用区	货物电梯厅	55	1	含 1 台货梯
		总厨办公室	30	1	
		垃圾电梯厅	20	1	含 1 台垃圾电梯
		垃圾间	15	1	与垃圾电梯厅相邻
	中餐厨房区	加工制作间	260	1	
		备餐间	50	1	
		洗碗间	30	1	
		库房	75	3	每间 25m²，与加工制作间相邻
	服务区	茶水间	30	1	方便服务宴会厅、会议室
		家居库	45	1	方便服务宴会厅、会议室
客房部分	客房区	客房电梯厅	70	1	含 2 台客梯、1 部楼梯
		客房标准间	736	23	每间 32m²、客房标准间可参照提供的图例设计
		服务间	14	1	
		消毒间	20	1	
		客房货梯厅	40	1	含 1 台货梯（兼消防电梯）、1 部楼梯
其他交通面积（走道、楼梯等）约 340m²					
一层建筑面积小计			3800m²（允许±5%　3610～3990m²）		

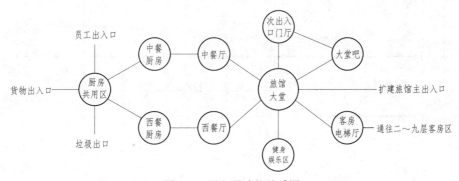

图 1　一层主要功能关系图

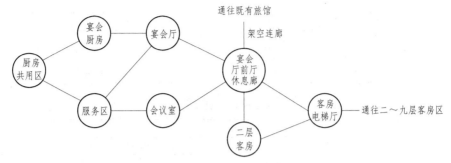

图2　二层主要功能关系图

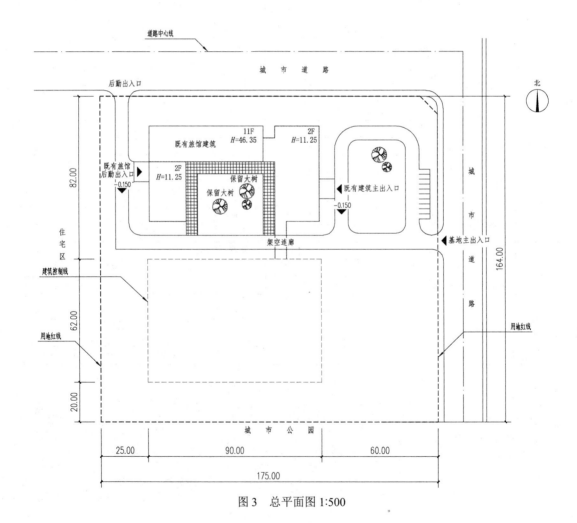

图3　总平面图 1:500

 解题思路

一、思考旅馆建筑类型

旅馆建筑类型的考题对于我们考生而言有基本的生活体验，但是功能流线、布局相对还是比较复杂，其所涉及的方面比较繁多，属于比较费力的一类建筑。

但是建筑的逻辑分析和解题思路还是一样，针对不同的服务对象进行深入分析，按照熟悉的设计手段和分析方法，进行充分的逻辑理线，充分理解泡泡图的相互关系，看懂题目中的每一个条件，做好分区和流线设计，一层、二层上下对照比较分析，达到完成题目。

二、场地分析

1. 明确地块的周边信息。

（1）建筑用地范围东侧为城市道路，是地块的主要人流方向；北侧为原有旅馆建筑；南侧为城市公园，是场地的重点景观方向；西侧为后勤出入口，为地块的物流方向。

（2）建筑用地范围内有一颗保留树木，北侧原有建筑中有两颗保留树木并面向建筑用地范围。

（3）建筑用地宽度与原有旅馆占地宽度基本均等。

（4）原有建筑的架空走廊位置确定。

2. 明确地块尺寸信息。建筑控制线：东西宽 90m，南北长 62m，总共约 5580m²。

三、场地分析结果预判

（1）根据地块周边道路和原有建筑的关系，新建建筑主入口宜设置在地块的东侧，次入口宜设置在地块北侧架空连廊下方。员工主入口、货物出入口、垃圾出入口宜布置在地块的西侧并与北侧城市道路相连接。

（2）地块从主入口进入右转为原有旅馆建筑，左转为新建旅馆，在道路两侧按照对称方式布置机动车，道路边侧布置货车。非机动车的主要服务对象是员工，故尽量贴近员工出入口。

（3）新建建筑物为高层建筑，故应根据规范只是消防扑救场地。

四、功能分区分析

1. 确定建筑物形态与体量

在题目中给出的限定条件：

A：客房直接面向城市公园的客房部少于 14 间。

B：中西餐厅需直接面向城市公园或保留树木。

C：除更衣室、库房、收验间、备餐间、洗碗间、茶水间、家具库、公共卫生间、行李间、声光控制室、客房卫生间、客房服务间、消毒间外，其余用房均应天然采光和自然通风。

D：本建筑物不设置设备转换层及同层排水措施。

这几条中，地块对南北方向、内外景观、采光朝向等方面对建筑物都做出了限定，再借鉴原旅馆建筑围绕两个保留树木环绕布置，新建建筑可以确定为以保留树木为核心，形成内院环形结构的建筑形态，以争取景观采光最大化。

2. 一层平面功能分析

（1）划分功能分区。

一层的功能，按照服务对象分为两类，客人和员工，根据这两个类型的功能差别，划分为公共区域（大堂区、餐饮区、健身区）和辅助区域（厨房区、货物区、垃圾区和员工休息区）。对于员工而言，需要与客人划分独立的流线空间。厨房操作、货物、垃圾都需要独立的出入口以满足各自的独立分区。

（2）看懂功能泡泡图。

根据泡泡图，对于客人而言，功能开展以大堂为核心，环绕保留树木布置健身餐厅等功能；对于员工而言，以走廊为序列依次展开后厨以及货物垃圾等功能区域。

（3）确定功能布局。

新建旅馆大堂面朝东，布置于保留树木的东侧，在树木北侧布置餐厅区，南侧布置健身区，西侧布置辅助区域。

（4）确定交通核心位置。

根据题目要求，整个新建建筑根据功能要求需配套，次入口楼电梯交通核、客房楼电梯交通核、客房货梯交通核、后厨货物电梯交通核、垃圾电梯交通核、员工楼梯交通核，共六部分。次入口楼电梯交通核宜靠近次入口布置，位于建筑物东北角；客房楼电梯交通核方便客人直接从大堂进入，宜布置在大堂南侧；客房货梯交通核宜布置在客房的另一端，参照二层功能分区，将交通核布置在客房西端；垃圾、货物以及员工交通核都直接面向西侧，独立开口布置。客房区域属于高层建筑部分，故交通核中，楼电梯应设置防烟楼梯间。

（5）确定卫生间位置。

卫生间服务对象有两类：客人和员工。对于客人，大量的人流活动在大堂、餐厅和健身房，健身房设有内部的卫生间，邻近大堂东北角的核心筒布置卫生间，另外餐厅人员较多且使用集中，邻近餐厅布置一套卫生间，可设置在大堂背后，不仅与餐厅联系方便且相对隐蔽。对于员工，在进入旅馆进行工作的第一步是更衣，在专属的员工门厅，与更衣一起布置内部的卫生间即可。

3. 二层平面功能分析

（1）划分功能分区。

二层的功能，也按照客人和员工这两类服务对象将功能划分为公共区域（宴会区、客房区）和辅助区域（厨房、垃圾、货物，办公等）。针对不同对象的需求，回形区域西段给员工，东南北给客人。

（2）看懂功能泡泡图。

根据泡泡图，客房独立成区，宴会、会议与后厨服务联系紧密。

（3）确定功能布局。

根据题目要求：客房需至少14间面向城市公园。则客房区宜布置在回字形南端，东侧和北侧布置宴会和会议。根据泡泡图，宴会前厅与原有旅馆需连接，在餐厅上方布置宴会厅是一个不错的选择，东侧布置会议室，通过前厅和休息前厅将两个功能联系起来，前厅与休息厅连成一体与连廊相连，交通便捷。回字形西段布置厨房与后勤服务。

（4）确定交通核心位置。

根据一层的布局设置交通核心位置。

（5）确定卫生间位置。

供客人使用的卫生间，在两个核心筒位置有两套公共卫生间，客房区房间内部有独立的卫生间。供员工使用的卫生间用一层员工入口处的即可。

五、确定柱网

根据客房的要求，32m²，可以将柱网设定为8m×8m的方格网，一个方格64m²，计算大房间面积比较方便。客房部分两个8m，再加2.2m走廊，可以采用两个8m，外悬挑2.2m的关系来布置。场地东西宽90m，柱网布置8m×11=88m；南北方向62m，布置8×7=56，再悬挑2.2m，共58.2m。

六、在柱网内定位各功能区

1. 一层平面图

（1）布置大堂，在大堂进入首先看到的是正前方的前台，前台背面布置行李间和库房，以方便客人存放行李，减少动线，北侧布置大堂吧，与大堂联系紧密，南侧布置商店和商务中心和前台办公。

（2）布置健身区，旅馆的健身服务对象是入住的客人，客人从楼上客房通过垂直交通到达一层，直接进入健身区，健身区布置需先进入休息厅再依次布置台球和健身房。

（3）布置餐饮区，餐厅要求直接面向城市公园或基地内保留大树景观，中餐西餐并排一字形布置在回字形北侧，中餐厅面向原有旅馆内的保留树木，西餐厅面向新建建筑内的保留树木。

（4）布置厨房区，中餐西餐厨房宜紧紧贴邻餐厅布置，制作间与餐厅之间设置备餐与洗碗，形成内部的备餐洗碗流线，中餐厅位于北侧，故中餐加工布置在北侧，西餐加工布置在其南侧与西餐厅紧邻，紧挨着餐厅布置相对应面积的库房。

（5）布置货物区，货物区流线为：货物出入口—收验—库房，相邻库房布置货物电梯厅与收验间，方便货物进出。

（6）布置垃圾厅，垃圾厅宜设置独立的厅室，垃圾进入垃圾间直接从垃圾厅出口出去，避免交叉流线。

（7）布置员工门厅，员工门厅布置在西南角形成独立的入口空间，在员工门厅内布置员工服务间，其中包括员工更衣和卫生间，形成进入式流线，与其他流线没有交叉。

2. 二层平面图

（1）布置宴会区，宴会区域包含两部分，一部分宴会厅区域，另一部分会议区，从面积表上看，宴会厅面积和中餐面积大致一致，且宴会厅前厅需与原有旅馆的连廊相连，故在前厅左侧布置宴会厅。会议区放置在大堂上方，依次布置。会议室与宴会厅前留出的走廊空间作为休息廊，并与宴会前厅相通。

（2）布置客房区，题目要求客房区至少 14 间面向南边城市公园，一跨两间依次布置，剩余的 9 间布置在北侧面朝保留树木，9 间可占四跨半，剩余半跨布置服务间和消毒间。

（3）布置辅助部分，依据一层的后勤辅助区的布置，将货物厅和垃圾厅在同样位置布置完成，紧邻宴会厅布置加工制作间。在货物电梯厅对面布置总厨办公。

（4）布置茶水和家具间，为便于服务于宴会厅和会议厅，在休息廊与服务区交界处布置茶水间和家具间，一方面分区明确，另一方面通过休息廊便于服务。

参考答案

作答如图 4～图 6 所示，评分标准见表 3。

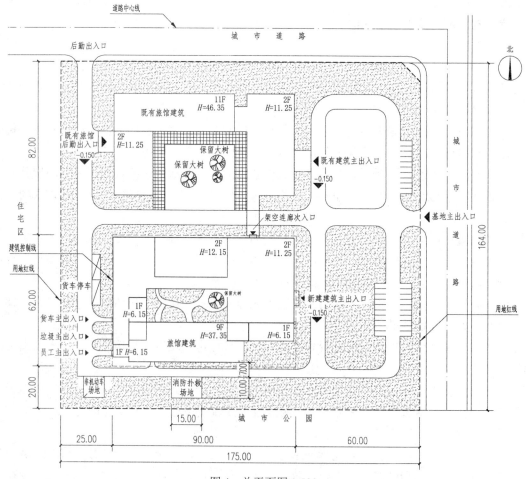

图 4　总平面图 1:500

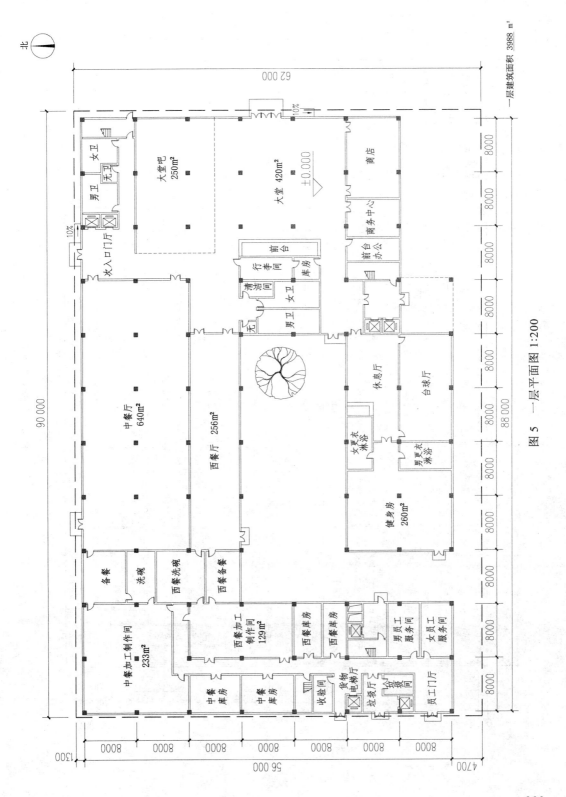

北

62 000

一层建筑面积 3988 m²

女卫
无卫
男卫

次入口门厅
10%

大堂吧
250m²

大堂 420m²
±0.000

商店

商务中心

前台办公

前台

行李间

清洁间

库房

女卫

男卫

无

90 000

中餐厅
640m²

西餐厅
256m²

休息厅

台球厅

女更衣淋浴

男更衣淋浴

健身房
260m²

备餐

洗碗

西餐洗碗

西餐备餐

中餐加工制作间
233m²

西餐加工制作间
129m²

西餐库房

西餐库房

中餐库房

中餐库房

收垫间

垃圾间

货物电梯间

公共卫生间

员工门厅

男员工服务间

女员工服务间

8000 8000 8000 8000 8000 8000 8000 8000

8000 8000 8000 8000 8000 8000 8000 8000

1300

56 000

4700

图 5 一层平面图 1:200

88 000

233

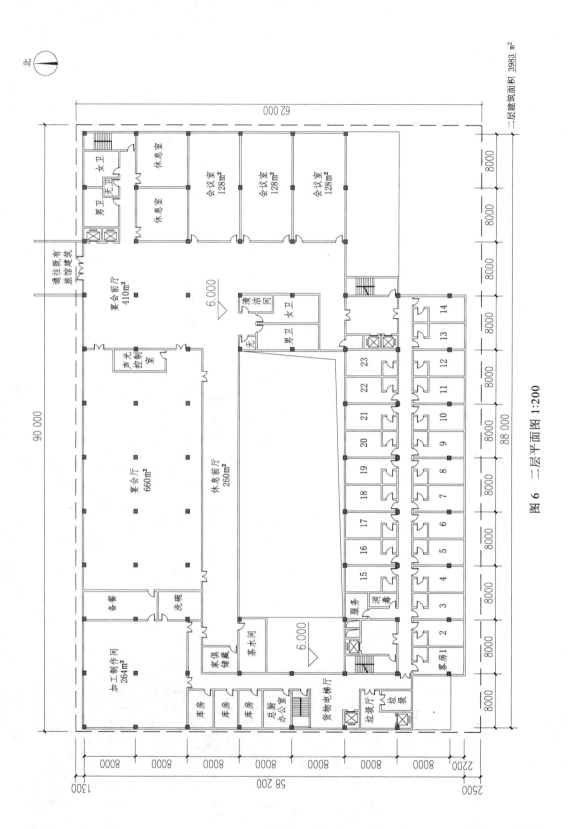

北

62 000

二层建筑面积 3983 m²

通往既有旅馆建筑

男卫 女卫 无卫

休息室 休息室

会议室 128m²
会议室 128m²
会议室 128m²

宴会前厅 410m²

6.000

清洁间

无 男卫 女卫

声光控制室

宴会厅 660m²

休息前厅 260m²

6.000

备餐

洗涤

家俱储藏

茶水间

服务

消毒

加工制作间 264m²

库房 库房 库房 总厨办公室

货物电梯厅

垃圾厅 垃圾

客房1

14 13 12 11 10 9 8 7 6 5 4 3 2

23 22 21 20 19 18 17 16 15

1 2 3 4 5 6 7 8 9 10 11 12 13 14

90 000

8000 8000 8000 8000 8000 8000 8000 8000 8000 8000

88 000

2200 8000 8000 8000 8000 8000 8000 8000 2500

58 200

1300

图 6 二层平面图 1:200

234

表3			模 拟 试 题 评 分 表				
提示			1. 一层或二层未画（或基本未画）该项为 0 分，序号 4 项也为 0 分，为不及格卷				
			2. 总平面图未画（或基本未画），该项为 0 分				
			3. 扣到 45 分后即为不及格卷				
序号	考核项目		分项考核内容	分值	扣分范围	分项扣分	得分
1	总平面（15 分）	整体布局及交通绿化	建筑物超出控制线或未画扣 15 分（不包括台阶、坡道、雨篷等）	15	5		
			扩建旅馆主入口未设于东侧、次入口未设于连廊下，缺一处，各扣 3 分		3～6		
			基地内道路未表示扣 3 分，表示不全或流线不合理，扣 1～2 分		1～3		
			机动车停车场未画（含基本未画），扣 3 分；车位不足（20 个），未布置货车停车位（2 个），非机动车停车场（1 处），或布置不合理，各扣 1 分		1～4		
			未布置消防登高场地扣 3 分；位置不合理、尺寸不合理，或未布置绿化，各扣 1 分		1～4		
			总图与单体不符，扣 2 分；未标注层数或相对标高或标高错误，扣 1 分		1～3		
			未标注建筑出入口（5 个），缺一个扣 1 分		1～5		
2	一层平面（43 分）	布局功能	公共部分、客房部分、辅助部分未相对独立设置，缺区、分区不明确或不合理，每处扣 5 分	43	5～20		
		公共部分	大堂与餐饮、宴会、健身娱乐、客房联系不方便，每处扣 2 分；服务台位置不明显，扣 1 分；餐厅及健身娱乐未直接面向城市公园或基地内保留大树，每处扣 2 分		1～9		
			功能房间布置不合理或流线交叉，扣 3 分；大堂吧与大堂或次入口门厅联系不紧密，公共卫生间布置不合理，各扣 1 分；客梯厅及货梯厅未设在大堂区，每处扣 2 分；未经专用休息厅进入健身房或台球厅，每处扣 2 分		1～4		
		辅助部分	货物出入口、员工出入口、垃圾出入口缺少或公用，每处扣 3 分		5～12		
			货物流线不符合门厅-验收-库房程序，扣 3 分；员工流线不符合门厅-更衣-各服务区程序，扣 3 分；垃圾电梯未直接对外开门，扣 1 分		1～10		
			厨房流线不符合加工间—备餐-餐厅流线，每处扣 3 分；洗碗间未与备餐间直接联系，每处扣 1 分；垃圾流线穿越其他用房，扣 3 分				
		缺房间或面积	未在指定位置标注一层建筑面积（4100m²），或误差面积大于±5m² 以上，扣 1 分		3～6		
			缺带★号房间：大堂（400m²），大堂吧（260m²），中餐厅（600m²），西餐厅（260m²），健身房（260m²），中餐加工制作间（180m²），西餐加工制作间（120m²），每间扣 2 分		1～6		
			未标注带★号房间面积，或面积严重不符，每间扣 1 分；缺其他房间，每间扣 1 分				

序号	考核项目		分项考核内容	分值	扣分范围	分项扣分	得分
3	二层平面 （30分）	布局功能	公共部分、客房部分、辅助部分未相对独立设置，缺区、分区不明确或不合理，餐厅或厨房设置于客房正下方，每处扣5分	30	5～20		
		公共部分	功能房间布置不合理或流线交叉，扣3分；宴会厅前厅与宴会厅、架空连廊、客房电梯厅联系不紧密，每处扣2分；休息廊与会议室及宴会厅联系不紧密，每处扣2分，公共卫生间布置不合理，各扣1分		1～9		
			宴会厅层高小于6m，或无法辨认，扣2分				
		客房部分	客房楼未临近城市公园布置，客房楼东西长度大于60m，扣1～4分		1～4		
			客房楼客梯数量未按照2台、货梯未按照1台设置，每处扣2分		3～8		
			直接面向城市公园客房少于14间，扣3分，客房贴邻电梯井道、服务间未临近货梯厅，客房总数量不正确、面积不符或开间小于3.3m²，每处扣3分		1～4		
		辅助部分	家具间与茶水间未合理联系宴会厅及会议室，每处扣2分		1～10		
			厨房流线不符合加工间—备餐-餐厅流线，每处扣3分；洗碗间未与备餐间直接联系，每处扣1分；垃圾流线穿越其他房间，扣3分				
		缺房间或面积	未在指定位置标注一层建筑面积（3800m²），或误差面积大于±5m²以上，扣1分		3～6		
			缺带★号房间：宴会厅（660m²），宴会前厅（390m²），会议室（390m²），加工制作间（260m²），每间扣2分		1～6		
			未标注带★号房间面积，或面积严重不符，每间扣1分，缺其他房间，每间扣1分				
4	规范图面 （12分）		房间疏散门至最近安全出口：袋形走廊＞20m，两出口之间＞35m，首层楼梯距室外出口＞15m，各扣5分	12	5		
			大堂出入口、次出入口未设置无障碍坡道，各扣4分；设置不合理，各扣2分；塔楼疏散楼梯未封闭或设计不合理，扣2分		1～6		
			除更衣室、库房、收验间、备餐间、洗碗间、茶水间、家具库、公共卫生间、行李间、声光控制室、客房卫生间、客房服务间、消毒间外，其余用房无自然采光的，每个扣1分		1～3		
			一、二层平面单线表示墙线，各扣2分。未画门或开启方向有误，每个扣1分；未标注轴线尺寸、总尺寸，或为标注楼地面及室外地面相对标高，每项扣1分		1～5		
			结构布置不合理，或未布置柱，图面潦草、辨认不清，扣1～3分		1～3		

注：1. 方案作图的及格分数为60分。

2. 扣分小项不得超越过该项分值；当考核扣分已达到该项分值时，其余内容可忽略不看。

参考规范、标准

[1]《建筑设计防火规范》（GB 50016—2014）

[2]《综合医院建筑设计规范》（GB 50039—2014）

[3]《铁路旅客车站建筑设计规范》（GB 50226—2007）

[4]《交通客运站建筑设计规范》（GB 50039—2014）

[5]《中小学校设计规范》（GB 50099—2011）

[6]《图书馆建筑设计规范》（JGJ 38—2015）

[7]《博物馆建筑设计规范》（JGJ 66—2015）

[8]《剧场建筑设计规范》（JGJ 57—2000）

[9]《商店建筑设计规范》（JGJ 48—2014）

[10]《旅馆建筑设计规范》（JGJ 62—2014）

[11]《办公建筑设计规范》（JGJ 67—2006）

[12]《托儿所、幼儿园建筑设计规范》（JGJ 39—2016）

[13]《展览馆建筑设计规范》（JGJ 67—2006）

[14]《民用机场航站楼设计防火规范》（GB 51236—2017）

[15]《民用机场工程项目建设标准》（建标 105—2008）

参 考 文 献

[1] 中国建筑设计院有限公司. 建筑设计资料集　第 4 分册　教科　文化　宗教　博览　观演 [M]. 3 版. 北京：中国建筑工业出版社，2017.

[2] 中国建筑设计院有限公司. 建筑设计资料集　第 5 分册　休闲娱乐　餐饮　旅馆　商业 [M]. 3 版. 北京：中国建筑工业出版社，2017.

[3] 中国建筑设计院有限公司. 建筑设计资料集　第 7 分册　交通·物流·工业·市政 [M]. 3 版. 北京：中国建筑工业出版社，2017.

[4] 张一莉，陈邦贤，李泽武，等. 建筑师技术手册 [M]. 北京：中国建筑工业出版社，2017.

[5] 张文忠. 公共建筑设计原理 [M]. 4 版. 北京：中国建筑工业出版社，2008.

[6] 黎志涛. 一级注册建筑师考试建筑方案设计（作图）应试指南 [M]. 6 版. 北京：中国建筑工业出版社，2016.